한 권으로 끝나는
생태 위기

한 권으로 끝나는
생태 위기

초판 1쇄 인쇄일 2025년 4월 2일
초판 1쇄 발행일 2025년 4월 10일

지은이 그린노믹스 경영연구원
펴낸이 양옥매
디자인 송다희 표지혜
교   정 조준경
마케팅 송용호

펴낸곳 도서출판 위시앤
출판등록 제2019-000116
주소 서울특별시 마포구 방울내로 79 이노빌딩 302호
대표전화 02.372.1537   **팩스** 02.372.1538
이메일 booknamu2007@naver.com
홈페이지 www.booknamu.com
ISBN 979-11-992187-0-3 (03450)

한 권으로 끝나는
Ecological crisis
생태 위기

그린노믹스 경영연구원 지음

위시앤

인류세라는
새로운 역사의 출발점에서

2022년 8월, 국제지질과학연맹(IUGS)은 "홀로세에서 인류세(人類世 · Anthropocene)로 지질 역사를 전환하겠다"고 선언하였습니다. 그리고 2024년 8월, 부산에서 열리는 세계지질과학총회에서 이를 발표하기로 하였으나 최종 투표 결과 아직 준비가 부족이라는 결론을 내렸습니다.

그렇지만 홀로세를 마감시키고 인류세로 전환해야 된다는 사실은 대체로 공감하고 있습니다.

인류세란 "인간활동에 의해서 지질학적인 변화를 일으켜 앞으로 지금까지의 이런 인간 활동은 더 이상 허용될 수 없다"는 의미입니다.

지금으로부터 1만 년 전, 세계 인류가 농경을 시작하면서 홀로세가 시작되었고 그간 기후 및 생태환경은 매우 안정적으로 유지돼 우리들은 평안한 생활을 누릴 수 있었습니다.

그렇지만 1750년 산업혁명 이후 270년간 지속적인 화석연료를 많이 사용하여 지구온난화로 일으켜 기온은 1℃ 이상 상승하였습니다. 그리고 폭염, 산불, 홍수, 태풍, 지진 등 기상재난을 일으키는 기후 위기를 맞게 되었습니다.

더욱이 환경오염으로 지구생태계는 3분의 2나 멸종된 상태여서 세계 인류가 지금 당장 화석연료 사용을 중단하는 탄소중립과 지구생태계 파괴를 중단하는 생태 중립을 통하여 지구를 살려야 합니다.

1950년대에 런던 스모그, 일본의 중화학단지에서의 이타이이타이병과 같은 대형 환경 사고가 발생 되었는데 이를 그대로 방치하다가 1992년에서야 브라질 리우회담에서 겨우 기후변화협정을 체결하기에 이르렀습니다. 그렇지만 그동안 EU 국가들을 제외하고는 대부분 국가들은 경제성장에만 집중하였을 뿐 지구 살리기에는 방관적인 자세를 견지하였습니다.

결국 2015년에 파리협상으로 전 세계 각국이 의무적으로 '2050 탄소중립'을 결의하였지만

40% 이상 탄소를 배출하는 미국과 중국은 패권전쟁을 벌리고 있어 사실상 '2050 탄소중립'을 성공적으로 완성시켜 나가기 어려운 상황입니다. 더욱이 패권전쟁이란 다른 한 나라가 사라지기 전에는 끝날 수 없는 전쟁이라고 하니 걱정이 되지 않을 수 없습니다.

홀로세에서 인류세라는 새로운 역사의 출발점에 선 우리들은 "화석연료 사용은 인간의 원죄에 해당하는 일이라는 사실을 반성하고 고해성사를 하는 자세로 에너지 효율성 향상, 재생에너지, 화석연료 퇴출, 낭비적인 생활방식의 변화 등을 확실하게 앞당겨야 한다"는 프란치스코 교황의 기도문을 되새겨야 할 것입니다.

때마침 그린노믹스경영연구원에서는 이런 환경문제를 알기 쉽게 체계적으로 정리한 환경지침서를 내놓아 인류세라는 새로운 역사의 출발점에서 이를 헤쳐 나가는 좋은 길잡이 역할을 담당해 나갈 것으로 기대됩니다.

국제 백신연구소 한국후원회 이사장 조완규

새로운 그린노믹스 세상을 만들고자
첫발을 내딛으면서

　세계 인류는 화석연료에 기반을 둔 자본주의를 마감시키지 않으면 기후 위기를 극복할 수 없어 더 이상 우리들은 생존할 수 없게 됩니다. 그렇지만 우리들의 일상생활은 모두 화석연료의 뒷받침으로 이뤄지고 있어 사실상 이의 사용을 중단하기란 엄청난 고통을 전제로 하지 않으면 이뤄질 수 없는 문제입니다.

　보다 좋은 상품을 값싸게 만드는 기업들이 세계 시장을 지배하고 너도나도 많은 제품을 대량생산 하여 대량소비, 대량 폐기하는 자본주의 체제에서 환경 오염 물질과 쓰레기 방출을 더 이상 억제시킬 수 없습니다. 그래서 '2050 탄소 중립'을 추진해 나가기 위해서는 경쟁 위주의 자본주의 체제에서 벗어나 전 세계 인류가 다 함께 손을 잡고 살아가는 공생 발전 사회라는 새로운 세상을 만들어 나가야 합니다.

　하지만 지금까지 화석연료를 많이 사용하여 과학 문명을 누렸던 선진국들은 전체 탄소의 80%를 배출하면서도 기상재난은 20%만 겪고 있습니다. 이에 반해 화석연료를 거의 사용하지 못했던 개도국들은 탄소 전체의 20%만 배출하는

데 기상재난의 80%를 겪고 있습니다.

이런 기후 불평등 문제가 해결되지 않으면 개도국들이 탄소중립에 나서려고 하지 않을 것입니다. 그래서 선진국들이 지난 역사의 잘못을 반성하고 개도국들에 기술과 투자재원을 지원하면서 지구 살리기에 동참할 것을 호소해야 할 것입니다.

그런데도 불구하고 선진국들은 자국민 보호 우선주의와 국익 우선주의만을 부르짖으면서 개도국의 지원을 외면하고 있는 실정입니다.

때마침 와이즈먼의 과학 논픽션, '인간 없는 세상'을 내놓으면서 "인간이 사라진 지구에서는 생태계가 본래의 모습을 되찾게 되며 오히려 활기를 되찾게 된다"는 사실을 밝혔습니다. 결국 인간은 지구를 망가뜨린 장본인이며 인간이 지구에서 사라진다고 해도 지구생태계는 본래의 모습을 되돌아갈 수 있다는 사실은 지구를 지배한다는 인간의 자존심을 크게 손상시키는 일입니다.

지구는 기후 위기와 생태 멸종이라는 위기로 난파선이 되었습니다. 여기에 벗어날 수 있는 길은 같은 공동운명체라는 사실을 절감하고 '나 혼자 빨리 가는' 경쟁사회에서 벗어나 '다함께 손을 잡고 멀리 가는' 공생 발전사 회로 나가야 합니다.

사실 '2050 탄소중립'이란 EU의 탄소국경세 도입, RE 100 캠페인, EGS경영 체제 구축 등으로 세계 각국들이 이제 탄소중립의 시작 단계에 진입하고 있어서 갈 길이 멀다 하지 않을 수 없습니다.

탄소중립이란 100% 새로운 기술이 뒷받침되어야 실현될 수 있으며 현재 활용할 수 있는 기술은 전체의 4분의 1에 불과하다고 합니다. 나머지 대부분은 개발단계에 있는 기술이어서 선택과 집중이 무엇보다도 중요한 시점입니다. 그런데도 선도적인 역할을 담당해 나가야 될 선진국들이 자국민 보호나 국익 우선주의에서 벗어나지 못하고 있으니 정말로 답답할 노릇입니다.

사실 탄소중립이란 화석연료 사용을 중단해야 하기 때문에 무엇보다도 무탄소 청정에너지로 전환시켜 나가야 하고 에너지 사용을 절약하기 위해서 효율성을 향상하게 시켜 나가야 합니다.

그리고 사용한 각종 제품을 재활용화, 자원화를 통하여 자원고갈과 쓰레기 방출을 최소화할 수 있는 자원 순환 체제를 구축해야만 비로소 성공적으로 완성될 수 있습니다.

유엔은 지구 살리기 위해서 '지구를 생각하고 지역적으로 행동하라'는 지침서를 내놓았습니다.

지구적으로 위급한 기후 위기, 생태 위기를 생각하고 세계 인류가 위기에 처해 있다는 사실을 인식하여 어떻게 지구를 살려 나갈수 있는 방안을 모색해야 합니다.

그리고 우리들이 사는 지역에서 이를 실현시켜 나가는 일을 찾아내서 추진해 나갈 때 탄소중립은 성공적으로 추진해 나갈 수 있는 것입니다.

이는 지역 단위에서도 기술개발에 참여하는 전문가 그룹과 이를 활용하고 상품 해 나갈 수 있는 일반 시민과의 거버넌스 체제를 구축하여 집단지성을 발휘할 때 성공적으로 추진해 나갈 수 있는 기틀이 마련되는 것입니다.

이에 저희 투데이 그린노믹스라는 인터넷 신문과 교육기관의 역할을 담당해 나갈 그린노믹스 경영연구원 전문가 그룹과 시민단체들을 연결하는 고리 역할을 담당하고 이를 촉진시켜 나가는 교육기관으로서 역할까지 담당해 나갈 계획입니다. 그래서 국내 최고의 탄소 배출지역인 당진시를 기반으로 전문가 그룹과 당진시민을 연결하는 다리 역할을 담당하면서 이를 지속적으로 촉진시켜 나갈 수 있는 교육기관으로 역할까지 담당해 나갈 것을 다짐하게 되었습니다.

성경에 '시작은 미약하나 그 끝은 창대 하리라'는 말씀이 있습니다. 그리고 한 알의 밀알이 땅에 떨어져 썩어질 때 10배, 100배의 결실을 보게 되리라는 말씀도 있습니다.

　대한민국은 60, 70년대 중화학공업을 수출기업으로 키워 선진국 대열에 참여할 수 있는 경제적인 기적을 이뤄냈습니다. 그렇지만 화석연료 사용이 중단된다면 하루아침에 중화학공업이 무너질 수 있어 다른 나라보다도 환경 선진국이 되어야 한강의 기적을 그대로 유지 발전시켜 나갈 수 있습니다.

　저희 투데이 그린노믹스와 그린노믹스 경영연구원은 한 알의 밀알이 되겠다는 결심으로 지구 살리기 앞장서서 우리 후손들에게 큰 죄를 짓는 일이 일어나지 않도록 최선을 다할 것을 다짐합니다.

　아무쪼록 아낌없는 성원과 지도 편달을 부탁드리면서 다함께 지구 살리기에 적극 참여합시다.

그린노믹스 경영연구원 원장 김종서

제2장   지구생태계의 진화 발전

제3장   지구생태계 살리기

제1장

홀로세에서
인류세로의 전환

지금까지 우린 화석연료에 기반을 둔 자본주의 체제에서 살아가고 있다. 다국적 기업들의 횡포와 저개발국가의 희생 속에서 빈익빈, 부익부의 악순환 고리에서 벗어나지 못한 채 지옥 같은 생활을 하고 있다.

더욱이 이런 악순환의 결과 화석연료를 지나치게 사용하여 기후 위기와 생태 위기를 자차하고 있어 더 이상 악순환의 고리를 끊지 않으면 지구는 살 수 없는 곳으로 변하게 된다. 그런데 이런 특권을 누리고 있는 선진국과 기득권자들은 이런 사실에 대한 반성도 없고 세계 인류가 악순환 고리에 벗어나려는 노력을 오히려 방해하고 있다.

그렇지만 이런 악순환 고리에서 벗어나지 못한다면 기후 위기와 생태 위기에서 벗어날 수 없게 되어 세계 인류는 다 함께 전멸할 수밖에 없다는 절박감에 우리들은 당혹하지 않을 수 없다.

우린 무탄소 청정에너지로 전환하면서 다함께 손을 잡는 공생 발전 사회를 만들어 나가야 탄소중립, 생태 보전, 생태 복원이라는 지구를 되살릴 수 있다. 앞으로 세상은 나 혼자 가는 세상이 아니라 다함께 손잡고 살아가는 공생 발전 사회이어야 하는 것이다.

제1절.
새로운 대전환의 역사,
인류세 만들기

세계 인류가 너무나 많은 화석연료를 사용하여 우린 기후 위기와 생태 위기를 겪고 있다. 이로 인하여 세계 인류는 더 이상 생존할 수 있느냐 하는 관건이 이들에게 달려있어 큰 위험에 당면해 있다. 세계 인류는 이를 어떻게 극복해 나갈 것인지 걱정되지 않을 수 없다.

제임스 러브록이 쓴 '가이아의 복수'에서는 "기상이변이란 지구환경은 항상성을 유지 시켜나가기 위한 자기 회복이라는 여건을 조성하기 위한 몸부림이다"라고 설명하고 있다. 즉 지구환경은 가이아라는 대지의 여신과 같이 지구 생태계가 편안하게 살 수 있도록 대기 기온을 평균 15도에 알맞게 맞춰져 있다. 이를 그대로 유지 시켜나가는 항상성을 생명으로 삼고 있는 지구생태계에 최근 그 항상성이 무너지면서 세계 인류는 큰 위기를 맞고 있다. 그 원인은 화석연료를 너무나 많이 사용하여 거기에서 배출되는 이산화탄소가 너무나 많기 때문이라는 것이다. 그래서 세계 인류는 지금까지 화석연료를 너무나 많이 사용한 것은 인류의 원죄에 해당되는 무거운 죄라는 사실을 자각하고 화석연료로부터 완전히 벗어나도록 최선을 다해야 하는 것이다.

지금까지 지구온난화라는 항상성을 지켜온 대서양의 해류교류가 지구의 기온이 상승함에 따라서 남극과 북극의 빙하가 녹아서 해수면이 상승하면서 해양의 염도가 낮아져 기상 메커니즘이 고장이 나 있다고 한다. 즉 지금까지 기상 메커니즘은 온실가스로 열대, 중위도 지역의 온도를 상승시키고, 멕시코 만류와 북대서양 해류가 따뜻한 해수를 북극해까지 운반해 주고 북극해의 차가운 해수를 열대, 중위권으로 운반하여 지구상의 온도를 조절하는 역할을 담당해 왔다.

그런데 바닷물이 늘어나면서 해수면 상승과 함께 바닷물의 염도를 낮추는 효과가 나타나 대서양의 해류교류가 지연 또는 중단 사태를 발생시켜 지구상의 온도를 조절하는 기능이 상실해 가고 있다는 것이다.

이런 해류교류가 일어나지 않으면서 북쪽의 추운 바람을 막아주던 제트기류도 거의 발생하지 않아 우리나라에서 겨울철이면 으레 불어오던 삼한사온(三寒四溫) 기온도 사라졌다. 그리고 가뭄, 폭염, 폭우, 태풍, 지진 등 기상이변을 일으켜 기후 위기를 자초하고 있는 것이다.

겨울철에 북극 지방에 대기권에 차가운 공기덩어리가 형성되는데 북극 지역의 기온이 상승하면서 지면으로 내려앉지 않고 둥둥 떠돌게 된다. 그러다가 이런 혹한 구름이 다른 지역으로 흘러가 결국 차가운 공기덩어리가 전혀 예상하지 못한 지역에서 터져 뜻하지 않는 곳에 북극 혹한이 발생하게 된다. 구체적인 사례가 2021년 2월에 발생한 텍사스의 혹한 추위라고 할 수 있다.

최근 지구의 허파 역할을 하는 아마존 열대우림이 파괴되어 가고 있다. 만일 열대우림지역이 무너진다면 적어도 매년 500억 톤이 넘는 온실가스가 대기 중으로 한꺼번에 배출될 수 있다. 이는 곧 전 세계에서 1년에 배출되는 온실가스가 적어도 2배 이상이 짧은 기간에 배출될 수 있는 원인이 된다. 이렇게 걷잡을 수 없는 온실가스 배출은 지구온난화가 가속화되고 있어 더 이상 세계 인류는 지속적인 생존을 영위할 수 없는 지경에 이를 수 있다.

2023년, 아마존 열대우림은 사상 최악의 가뭄을 겪었다. 가뭄으로 강물이 마르면서 산불이 곳곳을 덮쳐 많은 야생동물이 목숨을 잃었다. 이에 전 세계 최대 숲이라 할 수 있는 아마존 열대우림이 돌이킬 수 없는 징후가 나타나고 있다.

우선 지역주민들은 씻을 물조차 충분하지 않고 게다가 이들이 수확한 바나나, 카사바, 밤, 아사이베리 등의 작물은 도시로 빨리 운송되지 못해 상해버리고 있다. 여기에서 나오는 메탄가스로 인하여 탄소 흡수원이었던 열대우림지역이 오히려 온실가스 배출지역으로 변해버려 세계 인류가 도저히 살 수 없는 열대화 현상이 일어나고 있는 것이다.

그래서 화석연료를 너무 많이 사용하여 지구온난화를 가속화시킨 세계 인류의 책임을 통감하고 화석연료 사용을 중단시키는 특단의 조치가 이뤄져야 한다. 그런데 불구하고 지구 탄소배출의 거의 절반을 차지하는 미국과 중국이 패권전쟁이나 벌이고 있으니 세계 인류의 미래를 걱정이 되지 않을 수 없다.

1. 부산 '제37차 세계 지질과학총회(IGC 2024)' 개최

2024년 8월 25일부터 31일까지 부산 벡스코에서 지질과학 분야 올림픽인 '제37차 세계지질과학총회(IGC 2024)'가 열렸다. 이번 총회는 '위대한 여행자들: 지구 통합을 위한 항해'를 주제로 3천여 개의 학술 발표와 함께 100여 개 기관이 참여한 전시회를 통해 지구를 연구하는 다양한 지질학적 관점이 공개된다.

이런 세계지질과학총회는 4년마다 열리는 세계 최대의 과학 학술행사이다. 자연사 및 층서학, 지구물리학, 지형학, 환경 지리학, 인류세, 에너지와 탄소중립, 자연재해 등 각 분야에서의 많은 연구자들이 참여하여 기후 위기, 생태 위기, 그리고 인류 위기를 논의하였다.

　이번 총회장에서는 최근 지질과학 분야 주요 이슈인 달 자원탐사 등 우주 지질, CO2 지중 저장 등 탄소중립, 방사성폐기물 지층처분, 에너지 개발, 지질공원 등의 주제로 대형 전시 홍보관이 운영되었다. 특히 전시장에는 1억 2천만 년 전 공룡 뼈 화석인 부경고사우루스가 선보였다. 부경고사우루스는 우리나라 전기 백악기 지층에서 처음으로 보고된 용각류 공룡으로 석회질 고토양층(범람원퇴적암층)에서 발견됐다.이번 폐막식에서는 과학계의 지구환경 변화와 미래 위기 대응 협력을 약속하는 '부산선언'이 채택되었다. 그 내용은 "현재 지구환경변화의 심각함과 이에 대한 지구과학자의 역할과 지구환경 위기 극복을 위해 모든 지구과학자가 국경을 초월한 협력과 자료 공유를 통해 과거와 미래의 지구환경 변화에 대한 진단과 대책을 도출해야 한다"는 점을 강조하였다. 그리고 이러한 계획을 실현하기 위해 개최지인 부산에 '글로벌 미래지구과학연구센터'를 건립하기로 하였다.

　지질시대란 지구가 형성된 이후부터 현재까지의 지구 지층 역사를 통하여 지구 시스템의 변화를 살펴 미래의 지구 상태를 예측하고 이전까지 지구의 변화 양상을 파악하여 지질시대를 구분해야 한다.

　이런 지질시대에서는 지질학적으로 큰 변동이 발생하면 새로운 지질시대로 전환된다. ▲대규모의 화산 폭발 ▲빙하기의 도래 ▲운석의 충돌 ▲급격한 기후변화와 같은 지질학적 사건이 지구 시스템을 크게 변화시키면 새로운 지질시대가 도래하는 원인이 되는 것이다.

　지질학적 변동을 확인하기 위해서는 물리적인 증거가 필요한데, 암석이나 빙하코어가 그 역할을 수행하고 있다. 지층은 암석과 토사로 이뤄져있기 때문에 암석을 관찰하면 지층의 변화를 파악할 수 있다. 그리고 빙하코어에 포함된 메탄, 이산화탄소 등의 구성 물질을 분석함으로써 과거의 기후변화 등을 알아낼 수 있다.

한국환경연구원에서는 2022년 초, '인류세 도래에 따른 녹색 전환의 가치와 중장기 전략 발굴 연구'라는 보고서를 내놓았다. 여기에서 "기후 위기는 인류세로 지칭되는 새로운 지질시대 도래를 알리는 핵심 증거로 받아들여지고 있다."며 "인류세는 나날이 가속되는 환경위기를 효과적으로 포착하는 메타포이자 위기의 원인을 인간 활동에서 찾아 즉각적인 행동 변화를 촉구하는 규범적 개념으로 기능한다."라고 설명했다.

시대 및 지층을 구분할 만큼 인류가 지구에 큰 영향을 끼친다는 증거로 제시된 대표적인 것은 폭발적인 플라스틱 쓰레기 배출과 닭 사육량이 꼽혔다. 즉 먼 미래에 누군가 지구의 지층을 살폈을 때 인류세의 지층에서 플라스틱과 닭뼈 등이 대거 발견되는 특징을 이룰 수 있다는 것이다. 특히 플라스틱 쓰레기는 태평양에 거대한 섬을 이뤄 떠다니고 있으며 미세 플라스틱은 동물의 먹이사슬 속에서 순환하고 있어 '플라스틱 식성(Plastivore)'라는 말까지 나오고 있다. 그리고 2016년 기준 15억 마리의 돼지가 소비되는 동안 닭은 658억 마리나 소비됐다고 밝혔다.과도한 대기 중 이산화탄소, 플라스틱 배출, 닭 사육 및 소비 외에 인류세의 가장 뚜렷한 특징으로 꼽히는 것은 생물의 대멸종이다.

오늘날의 생물 멸종의 속도 역시 과거 대멸종과 유사한 속도로 진행 중이라는 것이다.

지질학적 변동은 생물종의 멸종이 일어나기 때문에 대표적인 생물학적 변동은 '대량 멸종'이 라고 할 수 있다. 대량 멸종은 자연스러운 진화 과정이 아니라 소행성의 충돌과 대규모의 화산 활동 등 지질학적 변동에 의한 갑작스러운 생물종의 변화라고 할 수 있다.

생물종의 변화는 화석을 통해 파악될 수 있다. 이는 생물이 죽으면 오랜 시간 땅속에 묻혀 있다가 화석으로 굳어지면서 형성된다,

화석을 통해 고생물의 ▲생존 기간 ▲분포 면적 ▲서식 환경 등의 정보를 파

악할 수 있으며, 최근에 생긴 화석일수록 진화된 생물의 화석들이다. 즉 존재하던 화석의 종류가 급변한 지질학적 사건이 그 시대의 생태계에 매우 큰 영향을 미쳤다는 의미로 분석된다.

가. 인류세에 관한 논의

2022년 8월, 국제지질과학연맹(IUGS) 국제층서위원회(ICS)은 인류세워킹그룹(AWG)을 구성하고 "인류세"(人類世 · Anthropocene)라는 새로운 지질시대에 들어섰는지 지속적으로 논의하겠다는 방침을 세웠다.

인류세란 인간을 특권적인 종의 지위에서 끌어내리고, 다양한 생명체 중 하나로서 위치시키고 이를 통해 인간중심주의에서 탈피하는 새로운 대안적인 세계를 만들어 나가자는 새로운 대전환의 역사를 만들어 나가자는 의미이다.

지구환경을 이대로 방치할 경우 지구는 더 이상 생태계의 생명력을 유지시켜 나갈 수 없어 우리 후손들에게 엄청난 큰 죄를 짓게 되기 때문에 이를 막기 위해서 지구환경을 되살려 나가야된다는 절대 절명한 과제를 성공적으로 추진해 나가야되는 목표를 수립하고 이를 실행해 나가야된다는 의미를 부여하자는 것이다.

이제 지구생태계는 인간이 지배하고 편의를 도모하겠다는 욕심을 벗어버리고 자연생태계의 일원으로 복귀하면서 지구환경에 순응하는 자세로 살아가야 한다. 이는 화석연료에 기반을 둔 자본주의 체제에서 벗어나 다함께 살아가는 무탄소 청정에너지를 기반으로 하는 공생 발전 사회를 만들어 나가야 한다는 책임을 부담하게 되는 것이다. 그래서 지구환경을 되살려 지구생태계가 지속적으로 영위할 수 있는 행복하고 편안한 새로운 세상을 만들어 나가는 포트프휴먼 세상이라는 프로그램을 실현해 나가자는 것이다.

이는 무엇보다도 지구환경이 너무나 심각하게 오염되어 있어 더 이상 기상

운영시스템이 작동되지 않고 각종 기상재앙이 더욱 심화 되고 있어 세계 인류의 생명을 위협하는 것으로부터 벗어나야 한다.

이 때문에 인류세 워킹그룹에서는 대기 중 이산화탄소, 플라스틱 배출, 닭 사육 및 소비 외에 인류세의 가장 뚜렷한 특징으로 꼽히는 것은 생물의 대멸종 시대를 빨리 마무리 해야된다고 강조하고 있다. 그리고 "오늘날의 생물 멸종의 속도 역시 과거 대멸종과 유사한 속도로 진행 중이다"라고 밝히고 있다.

나. 인류세 선언 연기 결정

지난 2023년 3월 5일, 국제지질학연합(IUG) 산하 제4기 층서 소위원회가 인류세 선언 안건을 다수결에 따라 붙였다. 그런데 소위원회 구성원 중 66%가 이를 반대면서 인류세 도입은 일단 무산됐다.

이는 70년에 불과한 인류세 연대가 너무 짧기때문에 새로운 지질시대로 지정하기엔 성급하다는 견해가 우세하였다. 그렇지만 인간의 활동이 지구생태계 및 환경에 큰 영향을 미쳐 돌이킬 수 없는 지구적 변화를 일으키고 있어 새로운 지질시대로의 전환이 불가피하다는 데 공감하고 있다.

인류세(Anthropocene)란 인류를 뜻하는 'Anthropos'와 'Cene'가 합쳐진 말로, '인류가 빚은 지질시대'라는 의미이다. 지구의 일부에 속하는 인류가 우점종으로 자리 잡아 지구 시스템을 급속도로 파괴시키고 있기때문에 새로운 지질시대가 열렸다는 뜻이다.

지난 15년 동안 지질학계는 인류세를 새로운 시대로 인정해야 할지를 두고 지속적인 논쟁을 벌여왔다. 그렇지만 "우리가 살고 있는 지구가 예전과 달라졌다는 점은 매우 분명하며 20세기 중반 지구가 변화하는 큰 분기점이 있다"는 사실에 모두 공감하고 있다.

다. 1만 2천 년 지속된 홀로세

현재 우리가 살고 있는 시대는 '홀로세(holocene)'로, 대략 만 2천 년 전 마지막 빙하기가 끝나면서 시작된 간빙기이다. 간빙기의 따듯하고 안정적인 기후 덕분에 인류는 정착 생활과 농업을 시작하면서 문명을 발전시킬 수 있었다.

그렇지만 인간이 화석연료를 사용하면서 대기 중 탄소량이 급증하였고, 이로 인하여 대기의 화학적 조성과 지구의 환경 조건이 돌이킬 수 없이 기상이변을 일으키게 되었다. 이에 과학자 크루첸은 인류세의 근거로 인구 및 에너지 사용의 증가, 온실가스 배출 급증, 삼림 파괴, 수산물 고갈 등을 들고 있다.

증기기관이 발명되고 산업혁명이 일어난 18세기를 본격적인 인류세의 시작 시점으로 주장한다. 산업혁명으로 인하여 화석연료의 사용이 폭발적으로 증가하고, 탄소 배출량이 급증하면서 지구환경이 결정적으로 변화하기 시작했다.

그리고 세계 2차대전 이후인 1950년대 자본주의 산업화가 급격히 이루어진 결과 '대량생산체제 – 대량 소비 체제 – 대량 폐기 시대'를 연출 화면서 원자재 부족, 다량 쓰레기 양산, 그리고 환경오염으로 세계 인류는 만성질환에서 벗어나지 못하고 있다.

더욱이 코로나19와 같이 미생물들도 변이 바이러스를 통하여 인간의 뜻대로 움직일 수 있는 수동적인 대상이 아니라 인간을 공격하고 전쟁을 할 수 있는 능동적인 존재로 변화되고 있다. 또한 정신세계를 컴퓨터에 업로드하고 기계적 보철 장치로 신체 기능을 강화한다는 것이 아니라 그들을 인간의 몸속에 진입시켜 함께 살아가야 하는 세상이 되었다. 그래서 인류세는 인간이 투공성의 존재이며 주변 환경과 모든 비–인간 존재들과 연결되어 운명을 함께 하는 존재이다라는 인식 전환이 요구된다는 것이다.

사실 영국의 과학자 제임스 러브록은 1972년에 대기권 분석을 통해 본 가이아 연구라는 논문을 발표하였다. 여기에서 지구와 지구에 살고 있는 생물, 대기권, 대양, 토양까지를 포함하는 모든 생물과 무생물이 상호작용하면서 스스로 진화하고 변화해 나가는 하나의 생명체이자 유기체라는 사실을 밝혔다. 이는 지금까지 가설로 인정하고 있었지만, 지구온난화와 기상재앙 등 기후 위기 시대에 접하면서 환경주의자들은 이를 대부분 인정하고 있다.

2. 인류세라는 새로운 지질시대의 의미

과학철학자 브루노 라투르는 인류세의 위기를 설명하기 위해 가이아 개념을 다시 가져와야 한다고 주장한다.

1972년 제임스 러브록은 '가이아(Gaia)'라는 저서에서 "가이아는 지구의 항상성과 안정성을 유지하며 인간이 살아갈 터전을 보살펴주는 자애로운 어머니 여신의 모습이다."라고 설명하고 있다. 그렇지만 지금은 실제로는 인간이 통제할 수 없는 광포하고 잔인한, 비인간적인 힘을 가진 악마로 묘사되어야 한다고 주장한다. 즉 인간의 무분별한 활동이 지구의 항상성을 회복 불가능한 정도까지 돌고 가는 순간, 과거 공룡 등 다른 생명체들을 멸종시켰던 무자비한 가이아로 돌변하여 지구생태계의 생물체들을 3분의 2나 멸종시켰다.

인간 활동이 일으키는 변화는 어느 한 영역에만 국한될 수 있는 것이 아니라 암석층의 변화만이 아닌 지구 시스템 전반에 일어난 큰 변화에 대한 종합적인 연구로 확장되어야 한다. 하지만 이것만으로도 인류세를 올바로 파악하기에는 충분치 않다.

인류세 연구는 지질학이 되었건 지구시스템과학이 되었건 자연과학의 주제로 한정되지 않고, 학문 분과의 벽을 넘어 사회과학과 인문학의 영역까지 포괄해야 한다. 결국 '인간이 지질학적 힘'으로 변화되었다는 것은 인간의 역사와

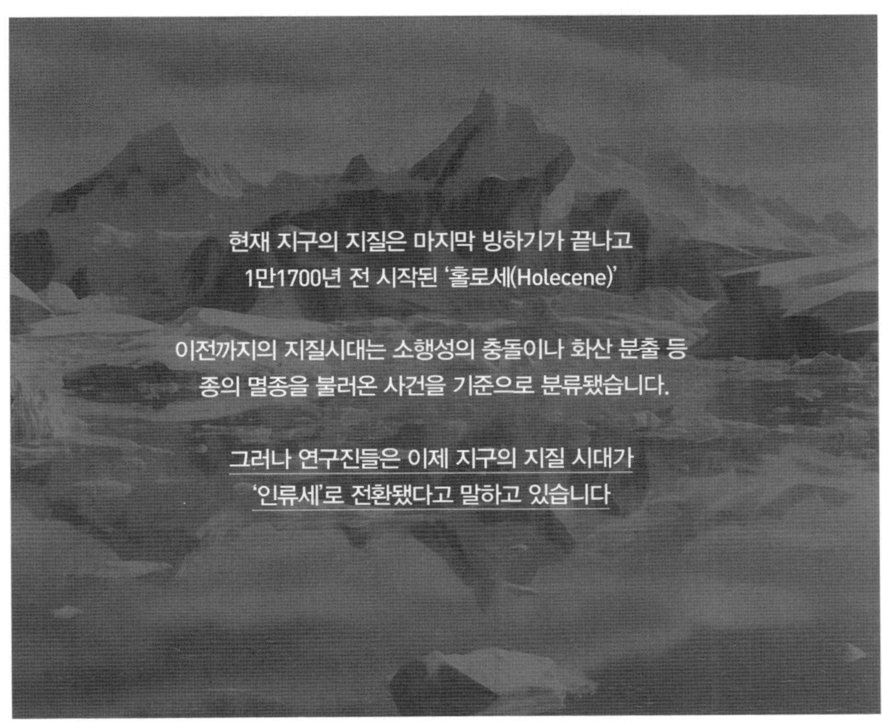

자연의 역사를 더는 분리해서 이야기할 수 없는 모든 영역에서 영향을 미치고 있다.

즉 지금까지의 역사의 배경은 치부했던 비인간 존재들이 무대 위에 수동적인 입장에서의 행위자이었을 뿐이다. 그렇지만 인류세에서는 인간이 코로나19와 같이 미생물들도 변이 바이러스를 통하여 인간의 뜻대로 움직일 수 있는 수동적인 대상이 아니라 인간을 공격하고 전쟁을 할 수 있는 능동적인 존재로 변화되고 있다. 따라서 지금까지의 홀로세와는 전혀 새로운 인류 역사의 시작이라고 보아야 한다는 것이다.

역사가 디페시 차크라바르티는 인류세에 들어서서 인간의 역사와 자연의 역사를 갈라놓고 있던 벽에 균열이 가기 시작했다고 주장한다. 인간의 역사와 자연의 역사가 같은 지구 역사로 얽히게 되었으나 이젠 자연이 더는 인간 역사의 배경 막에 머물지 않게 되었다.

근대 이후 인류는 자유를 성취해야 할 중요한 가치로 추구하면서 이를 부정의와 불평등, 억압적 사회제도로부터 벗어나는 것으로만 생각했다. 이제 자유의 성취는 화석연료의 이용을 통한 문명의 발전과 깊은 관계가 있게 되었다.

차크라바르티는 근대적 자유의 집은 화석연료 사용을 기반으로 세워졌으며, 대부분 자유는 '에너지 집중적'이라고 표현한다. 즉 사회 정치 제도 역시 지구환경의 물적 기반과 연관되어 상호 영향을 주고받으며, 사회과학과 인문학을 자연과학과 분리된 영역에서 그 자체의 법칙에만 따르는 것으로 볼 수는 없다.

그러므로 인류세는 인간이 자연과 무관한 사회 속에서 살아온 것이 아니라 줄곧 지구의 물질적 조건 위에서 삶을 영위해 왔다는 사실을 자각하게 만든다. 그런 점에서 인류세의 이야기는 주체적이고 자율적인 인간 주체가 역사의 주인공이 되어 환경과 비인간 존재들을 지배하고 통제함으로써 물질세계를 배경으로 인간의 이상을 성취하는 휴머니즘 시대의 이야기가 아니다.

인류세란 인간과 자연이 서로 대립적 관계에서 자체적인 목적을 갖고 전쟁하는 관계로 발전하게 될 것이다. 따라서 비인간 행위자들에 대한 인식은 인간을 세계의 중심에 놓고 자연환경을 단순히 인간의 필요에 따라 이용 가능한 자원으로만 보아서는 안 된다. 그리고 인간을 예외적이고 특권적인 존재로 보는 인간 중심적 사고에서 벗어나야 한다.

나. 새로운 포스트 휴먼 시대의 시작

인류세의 이야기는 단순히 인간의 종말에 관한 어둡고 음울한 경고가 아니다. 그보다는 우리가 포스트 휴먼이 된다는 것이 진정, 앞으로의 미래라는 자각이 요구된다.

포스트 휴먼이란 정신세계를 컴퓨터에 업로드하고 기계적 보철 장치로 신체 기능을 강화한다는 것이 아니라 그들을 인간의 몸속에 진입시켜 함께 살아가야 되는 세상이다. 그래서 인류세는 인간이 투공성의 존재이며 주변 환경과 모든 비-인간 존재들과 연결되어 운명을 함께 하는 존재이다. 모든 것들이 연결되어 있으며 인간도 물질적인 세계의 구성요소의 하나라는 생태적 인식을 가져야 한다.

인류세라는 새로운 역사시대에 인간의 생존이 인간 이외의 모든 것들의 생존과 떼어서 생각할 수 없는 문제임을 인식해야 된다. 따라서 인류세 담론은 지구생태계의 위기에 대한 응답과 동시에 인간중심주의에 대한 반성을 내포하며 인류세를 야기한 원인과 그에 대한 책임에서 인간은 자유롭지 못하기 때문에 새로운 역사를 만들어 나가야 한다.

지루와 그라함 웨이크필드는 '인공 자연'이라는 이름의 팀으로 협업하여 가상의 생물학적 복잡계를 선보였다. 2018년, 우리나라 대전 비엔날레에서 되었던 '중첩 속으로'는 자연의 감각을 모사하는 디지털 환경과, 배아를 모사하는 컴퓨터가 결합하여 인공 생태계를 형성하는 과정을 보여주고 있다.

이 세계는 세균이나 물고기와 같은 형태로 표현되며 관객은 모래 위에 그림자를 드리워 이 인공 생태계와 상호작용할 수 있다. '유사-생명'이 서식할 수 있는 생태계를 만들기 위해 이들은 사전에 인터페이스나 환경, 제약조건, 법칙 등 많은 요소를 프로그래밍한다.

하지만 작가는 프로그램을 통해 철저히 통제하는 대신 여백을 남겨 인공 생명체가 제작된 생태계 안에서 유기적으로 진화하도록 한다. 즉, 창조주를 자처하지 않고 생명체가 자율적으로 성장하도록 유도하고 돕는다.

실제로 작가가 인공 생태계의 여러 조건들을 프로그래밍할 때 가장 염두에 두는 것은 인간과 작품의 자연스러운 상호작용이다. 따라서 즉각적인 상호작용에도 인간의 영향은 제한적이다. 인간의 역할은 절대적이지 않으며, 따라서 인간은 시스템의 주체가 될 수 없다. 인간을 특권적인 종의 지위에서 끌어내리고, 다양한 생명체 중 하나로서 위치시키는 것이 이 작업의 핵심이다. 이를 통해 작가는 인간중심주의에서 탈피하고 대안적인 세계를 제시한다. 이같이 인류세에서 인간-사물-생명이 융합하기도 하고 투쟁하기도 하면서 각자 자기 위치에서 환경에 적응하면서 생존하여 나가게 될 것이다.

3. 지구생태계를 설명하는 러브록의 가이아 가설

러브록의 '가이아 가설'을 주장할 당시 많은 과학자들은 근거가 부족하고 지나치게 서정적이라며 이를 무시했다. 그렇지만 20세기 들어서 지구온난화, 플라스틱 쓰레기 등 지구환경문제가 대두되면서 이를 해결해 나가야되는 입장에서 지구를 하나의 생명체로 인정하기 시작하였다.

지난 40여 억 년 동안 대기권이 원소 조성과 해양의 염분 농도가 거의 일정하게 유지됐다. 이런 지구환경을 조성할 수 있게 된 것은 지상에 생물들이 출현하지 않았다면 절대로 이뤄질 수 없는 일이라고 러브록의 '가이아 가설'에는 이를 간파하고 있다.

지구생태계가 탄소, 질소, 인, 황, 염소 등 지구를 구성하는 주요 원소들이 대륙과 해양을 오가며 물질순환이 이뤄지고 있다. 그런데 놀랍게도 이런 물질들의 매개체가 바로 지구를 구성하고 있는 생물체라는 사실이다.

이런 생물체들은 기후를 조절하고 해안선을 변화시키고, 때로는 대륙을 이동시킬 수도 있어 자연스럽게 지구환경이 진화 발전해 나갈 수 있는 기틀을 마련하게 되었다는 사실을 밝혀냈다. 그래서 지구는 생물과 무생물의 복합체로 구성된 하나의 거대한 유기체라는 결론을 내리게 되었다.

실 러브록은 NASA 태양계 조사에 참여하면서 지구의 대기 조성이 주변 행성과는 크게 다른 점을 발견했다. 즉 금성과 화성의 경우, 두 행성은 모두 대기 중 이산화탄소의 비율이 95%를 차지하는 데 비해 지구의 탄소 비중은 0.03%라는 매우 낮은 수치를 나타내고 있다. 이는 원시 지구의 탄소 비율은 금성, 화성과 비슷했지만, 지구가 생명체를 배태하면서 이 생명체가 지구의 대기 성분이 바꾸게 되었다는 사실을 알게 되었다. 즉 광합성을 하는 세균, 조류(藻類) 등이 이산화탄소를 빨아들이고 산소를 내뿜어 지구 대기를 변화시키는 과정을 통하여 지구생태계는 진화 발전해 온 것이다.

산소가 존재하지 않던 원시대기에 광합성 박테리아의 출현 이후 산소농도가 계속적으로 증가 시켰고 현재 상태인 21% 수준이 유지될 수 있었다. 그래서 지구 기온은 평균 15도를 이루면서 생물체가 살기에 알맞은 지구환경을 조성하게 될 것이다.

대기 중의 산소농도는 과거 2억 년 동안 15~20% 범위에서 유지돼 왔다. 이
것은 지구가 생물권에서 일어나는 광합성과 호흡량의 조절, 그리고 물질순환
을 통해 대기의 산소와 이산화탄소의 농도를 지속적으로 조절해 왔기 때문에
가능했던 일이다.

가. 급진적으로 증가하는 이산화탄소

요즈음 대기 중의 이산화탄소가 지구 대기의 약 0.03% 정도를 차지하였던
것이 크게 변화하고 있다. 이는 화석연료의 사용, 산불, 화산 활동 등에 의해
이산화탄소의 농도가 점점 늘어나고 있어 그 비율이 늘어나면서 지구온난화
현상이 발생하게 되었다. 이는 결국 기후변화 시스템이 제대로 작동될 수 없게
되어 각종 기상이변이 일어나 기상재앙으로 많은 인류들은 위험에 처해 있다.

세계 곳곳에서 발생하는 각종 기상재앙도 따지고 보면 이산화탄소량이 갑자
기 증가하여 '가이아'가 생명력을 유지하여 나갈 수 없기 때문에 발생되는 일이
라는 것이다. 더욱이 열대우림이 파괴되면서 지구가 자체적으로 이산화탄소의
농도를 조절할 수 있는 능력조차도 상실하게 되면서 지구생태계 운영시스템이
붕괴 되고 있다.

나. 지구는 지구환경을 적극적으로 조성해 나가는 주체자

지금까지 지구생태계는 단순히 주위 환경에 적응해서 생존하여 나가는 소극
적이고 수동적인 존재라고 여겨왔다. 그렇지만 실제로는 지구생태계가 전반적
으로 굴리, 화학적 환경을 조성해 나가는 네트워크를 구성해 지구환경을 적극
적으로 변화시켜 나가는 능동적인 존재로서 해야 할 역할을 담당해 왔던 것이
다. 그런데 지구환경에 너무나 많은 이산화탄소의 비중이 높아짐에 따라서 지
구가 능동적으로 자신을 조절하여도 지구의 항상성(恒常性)을 유지할 수 없게

  한 권으로 끝나는 생태 위기

되었다. 따라서 이산화탄소량을 줄여서 지구환경을 되살려 나가야만 가이아가 지구 생명의 어머니로서 역할을 제대로 담당해 낼 수 있다고 했다.

우리는 무엇보다도 인간을 포함하여 지구상에 존재하는 "모든 생물 개체들은 독립된 존재가 아니다" 지구환경을 구성하는 네트워크를 갖고 살아왔다. 앞으로 그렇게 살아갈 수 있도록 지구환경을 되살려 나가야 된다. 이는 지나친 화석연료 사용을 억제하고 탄소 배출량을 감소시켜 지구가 자체적인 조정기능을 회복시켜 제 기능을 발휘할 수 있도록 만들어 나가야 한다.

이에 세계 인류는 지구환경을 되살려 나가야되는 의무를 갖게 되었고 이를 성공적으로 실현시켜 나가야 한다는 사명감으로 자손만대까지 인류의 삶의 터전인 지구가 지속될 수 있도록 최선을 다해야 할 것이다.

4. 2천 년 만에 가장 더웠던 2023년 여름

2023년 여름은 2천 년 이래 가장 더웠다는 가상관측결과가 발표되었다. 그리고 나무의 나이테를 통하여 가장 추웠던 536년 여름보다 거의 4도나 더 따뜻했다는 사실이 밝혀졌다.

이는 지난해 북반구 여름 평균 기온이 산업화 이전인 1850~1900년 여름 평균 기온보다 2.07도 높았다는 계산이 나왔다. 이는 파리협정에서 산업혁명 이후 1.5도 이하에서 억제하겠다는 티핑 포인트가 무너졌다는 결론이다.

최근 스웨덴 스톡홀름대학의 요한 록스트룀은 '브레이킹 바운더리스'란 그의 저서에서 "티핑 포인트(tipping point)는 영화 '록키'의 주인공 실베스타 스텔론에 비유했다. 9라운드까지 상대에게 얻어맞기만 하다가 마지막에 무시무시한 펀치로 상대방을 한 방에 날려버리는 모습과 같다"고 비유했다. 즉 온실가스를 배출하는 인류에게 오랜 시간 짓밟히다가 한순간 한계선을 넘자마자 인류에게 무차별 공격하기 시작하게 되어 결국의 무참히 무너지는 환경의 역습이 바로 티핑 포인트라는 것이다.

최근 독일에서는 오랜 가뭄으로 라인강이 말라버렸고 석탄을 운송하기 어려워지면서 일부 석탄화력발전소는 발전량을 줄여야 하는 처지가 됐다. 하지만 불과 1년 전인 2022년 7월 독일 · 벨기에는 100년 만의 대홍수가 발생했고 이로 인해 200명이 넘는 사람이 목숨을 잃었다.

2022년 2월 미국 텍사스주 잭슨빌의 기온은 영하 21.1도로 떨어졌고 기록적 한파와 폭설에 석유 · 정제유 생산 중단되는 등 미국 에너지 산업에 대란이 벌어졌다. 그런데 그 후 4개월 후에는 북미 태평양 연안을 덮친 극심한 폭염으로 캐나다 서부 브리티시 컬럼비아의 리턴 지역 기온은 섭씨 49.5도까지 치솟았다.

이런 기상이변들이 폭염, 가뭄, 산불 등으로 나타나면서 더욱 강도와 빈도들이 높아지면서 폭우, 태풍, 지진, 쓰나미 등도 일어나고 있어 더 이상 지구촌을 생물체들이 살 수 없는 곳으로 변해 가고 있다는 사실을 절감하지 않을 수 없다.

가. 임계점을 가진 4개의 기후 시스템 분석 결과

지금까지 인류가 공기 중에 배출한 전체 이산화탄소는 육상식물이 4분의 1, 바다가 4분의 1을 흡수하고 대기 중에 머무는 것은 절반가량이 되었다. 그런데 이들이 산불과 토양 산성화 등으로 탄소의 흡수원이 아니라 배출원으로 전환하게 된다고 하니 지구온난화는 예상보다도 훨씬 빠르게 다가오고 있다.

기후변화에 관한 정부 간 협의체(IPCC) 역시 2023년 8월 내놓은 제6차 평가보고서(제1 실무그룹 보고서)에서 21세기 중반에는 지구 기온상승 폭이 1.5도를 웃돌게 될 것이라고 지적했다. 그리고 기온 한계 초과의 영향을 분석하기 위해 기온 임계점을 가진 4개의 기후 시스템을 분석하고 있다고 밝혔다. 즉 그린란드 빙상(氷床, ice sheet), 서남극 빙상, 대서양 자오선 역전 순환, 그리고 아마존 열대우림이라고 했다.

이 가운데 서남극 빙상은 남극 대륙을 가로지르는 남극 종단 산맥의 서쪽에 드넓게 펼쳐진 빙하를 말한다. 그리고 대서양 자오선 역전 순환(AMOC)이란 상층의 따뜻한 물이 북쪽으로 흐르고 북쪽에서 차가워진 물이 하층으로 내려가 다시 남쪽으로 흐르는 대서양의 해류를 말한다.

이렇게 얻어진 조합을 기후 모델에 적용, 모두 435만 6,000개의 시뮬레이션 결과를 얻는 방대한 작업을 진행했다.

분석 결과를 보면, 정점 온도가 2도일 때 전체 시뮬레이션의 36.5%는 아마존 열대우림 등 4개 시스템 가운데 적어도 한 개 이상이 임계점에 도달하는 것으로 나타났다. 즉 대서양 해류나 아마존 열대우림은 임계점에 도달할 위험이 뚜렷하게 증가했다. 정점 온도가 2도에서 4도로 상승하면, 대서양 해류의 경우

24.7%에서 50.8%로 상승할 것으로 전망됐다.

나. 사라지고 있는 그린란드 빙하

그린란드 남동쪽 해안의 빙하. 그린란드의 거대한 빙상은 지난 20년 동안 4조 7,000억 톤이 사라졌고, 이로 인해 해수면이 1.2cm 상승한 것으로 평가되고 있다.

미국 항공우주선은 균열이 가면서 바다로 떨어져 내리고 있는 남극 대륙의 빙붕(60미터 높이)이 더 이상 회복이 불가능한 임계점에 도달할 수 있다는 우려가 나오고 있다.

바다 수온이 상승하면 탄소를 흡수하는 능력이 떨어지고 산성화로 변하여 바닷물고기들이 떼죽음을 당할 수밖에 없다. 또한 동토 지대에 매장되었던 메탄가스까지 분출하게 된다.

이렇게 세계 인류는 다 함께 난파선이 되어가는 지구에서 살고 있다. 그렇지만 머지않아 지구환경을 되살리고 싶어도 되살릴 수 없는 티핑포인트에 도달하게 된다. 그래서 세계 인류는 탄소중립과 생태 보전이라는 지구환경을 되살리는 일을 최고의 지상과제로 삼아 지구환경을 되살리는 일이 세계 인류가 살아남을 마지막 기회라는 사실을 잊지 말아야 한다.

5. 지구환경을 위해서 자신의 인생을 바꾼 사람들

2023년 3월 22일, 에너지 포럼 창립 5주년 기념으로 '한국 사회의 대전환을 위한 주요 전략과 방향'이라는 주제로 토론회를 가졌다.

여기에서 탄소중립은 기업들에게 생존 여부가 결정되는 중대한 사안이라는 인식을 같이하고 있다. 그렇지만 구체적으로 탄소중립을 추진해 나가기 위한

한 권으로 끝나는 생태 위기

방안은 아무것도 제시하지 못했다. 이는 무엇보다도 탄소중립이란 하루 이틀 만에 해결될 수 있는 단기적인 사업이 아니라 20, 30년 장기간에 걸친 장기 프로젝트이기 때문에 이를 담당해 나갈 수 있는 조직이 요구된다는 것이다. 이런 조직은 "우리가 사는 현대사회에서 지구환경을 되살리겠다"는 희생정신 위에서 노력하는 사람들이 씨앗이 되어 10배, 100배 확산될 때 이뤄질 수 있는 일이다.

그래서 우리들은 탄소중립을 위해서 자기들의 인생을 바꾼 사람들을 기억하고 이들의 작은 씨앗을 소중히 여기고 가꿔 나가야 하는 것이다.

탄소중립이란 현재 사용하고 있는 에너지원인 화석연료를 중단시키는 일로 누구나 나서서 이를 실행해 나갈 수 있는 일은 아니다. 우선 화석연료를 청정 에너지로 전환, 대체 에너지로 사용하여야 한다. 그리고 현재 에너지의 20%만 사용하고 80%는 버려지고 있는데 버려지는 에너지를 최소화시켜 에너지 효율성을 높여 에너지사용을 감축시켜 나가야 한다.

여론조사 기관 칸타 퍼블릭이 10개국 국민을 대상으로 실시한 여론조사에서 "응답자의 78%가 지구환경을 걱정하고 있지만 이 때문에 우리 삶의 방식에 바꿔야 하겠다고 믿는 사람은 단 1%에 불과하다."고 밝히고 있다.

사실상 우리들의 일상생활이란 화석연료를 기반으로 하는 생활이며 모든 일들이 화석연료와 연관된 일이다. 그래서 에너지 소비를 축소하고 에너지 효율을 높이는 일은 얼마든지 할 수 있는 일이다. 우선 자가용을 사용하지 않고 대중교통수단을 이용하는 생활 습관을 바꾸는 일도 탄소중립에 크게 기여하는 일이지만 이를 쉽게 실행해 나가는 사람들은 그리 많지 않다.

2022년 2월, 영국의 BBC 뉴스에서 "지구환경을 되살리기 위해서 자신의 인생을 바꾼 사람들"이라는 특집기사를 게재하였다. 사실 지구환경을 되살리기 위해서 자신의 인생을 바꾼다는 것은 엄청난 희생을 각오하지 않으면 절대 할 수 없는 일이다. 그런데도 희생을 각오하면서 한 알의 밀알이 되겠다는 각오로 자신의 인생을 바꿔 성공한 사람들의 이야기를 들으면 우리들은 감명을 받게 된다.

첫째, 가난한 나라인 나이지리아 남부 오코로에테에 있는 마을에 사는 우크페 벤슨 우도(30)라는 사람의 이야기이다. 그는 이 세상에 태어나서부터 줄곧 아버지의 가게에서 시멘트를 파는 일을 해왔다. 그런데도 이런 그의 직업을 과감하게 바꿔 지금은 나무 심는 일에만 몰두하면서 살아가고 있다.

그는 2019년에 청소년을 위한 리더십 프로그램에 참여하면서 자신이 몸담은 시멘트업종이 지구환경을 더욱 악화시키고 있다는 사실을 알게 되었다. 그리고 난 후 "우리 지역의 기후 문제를 해결할 수 있는 일을 해야 되겠다."고 결심하게 되었다.

우선 우크페는 "여가 시간을 활용해서 나무를 심는 일부터 시작했으며 본격적으로 나무가 지구환경을 살릴 수 있다는 사실을 깨닫게 되면서 아예 직업까지 바꾸겠다는 결심을 하게 되었다."고 토로하였다.

이젠 자신을 스스로 '기후 지킴이'로 부르며 우크페는 시멘트 사업에서 완전히 손을 떼고 본격적으로 숲 조성 사업에 전념하고 있다.

둘째, 인도 서부 푸네에 있던 코트왈의 가족 이야기이다. 엔지니어로 일하는 수니트 코트왈은 조부모로부터 물려받은 세 칸짜리 집을 재생에너지로 바꾸기로 결심하였다. 그리고 1년에 걸쳐 집 전체를 태양열로만 사용토록 하고 국가 전력망 사용을 중단시켰다. 그래서 4인 가족은 코로나19 대유행으로 경제가 봉쇄에 들어가기 며칠 전인 2020년 3월에 새집으로 이사했다.

바깥에서 태양광을 통하여 전력 생산하는 데는 별문제가 없었다. 그렇지만 실내에서는 이를 사용하는 데는 많은 문제점이 발생 되었다.

전력이 너무 과부하가 걸리는 날이나 에너지가 모자라는 날에는 태양광 전력을 전혀 사용할 수 없게 되었다. 그렇지만 시간이 지나면서 자연광과 전기의 가치를 활용할 수 있는 방법을 터득하게 되었고 이젠 태양광에서 생산되는 전력만으로 모든 가족들이 생활을 할 수 있게 되었다

셋째, 러시아 출신 소프트웨어 엔지니어인 유진 키르피초프(30)의 이야기이다. 그는 글로벌 기업인 구글에서 약 8년 동안 일했지만 기후변화 NGO를 설립하기 위해 회사를 그만뒀다.

코로나19 대유행 이전 수년간 여행을 하면서 기후 다큐멘터리와 영화들에서 본 기상재앙이 실제로 일어나고 있다는 사실을 확인하게 되었다. 이에 따라 세계 인류는 많은 고통 속에서 생활 해야 된다는 사실을 직접 목격하게 되었다.

이런 사실들을 SNS 등에 올렸더니 많은 사람들이 이에 적극적인 호응을 보내왔다. 그래서 그는 기후변화에 관심 있는 사람들을 환경 관련 기업들과 연결시키는, '녹색 일자리'를 찾아주는 회사를 설립하겠다는 결심을 하게 되었다. 그래서 많은 사람들과 친환경 일자리에 대한 이야기를 나누면서 녹색 일자리에 취업하고자 하는 사람들을 위해서 일하게 되었다.

다른 사람들은 좋은 직장을 내팽치고 이런 일을 왜 하느냐고 하지만 지구환경을 되살린다는 것은 세계 인류가 모두 살 수 있는 일이라는 보람을 느끼면서 많은 동료들과 하루하루를 의미있게 보내고 있다고 만족해 하고 있다.

이같은 이야기를 들으면 "시작은 미약 하지만 그 끝은 창대하리라"는 성경의 말씀이 생각난다. 우리가 시작하는 지구환경을 되살리는 일은 미약하지만 결국에는 전 세계 인류가 다 함께 할 수 있는 일이기 때문에 그에 대한 파급효과는 엄청나게 클 수밖에 없다.

지구환경을 되살리는 일에 헌신하겠다는 단 1%의 사람들이 탄소중립을 성공적으로 완성 시킬 수 있는 한 알의 밀알이 될 것이라는 기대를 갖게 한다. 한 번뿐인 인생, 보람되고 의미 있는 일을 위해서 지구환경에 헌신하는 생각은 참으로 훌륭한 일이라는 생각은 저버릴 수 없다.

6. 몽골 고비사막의 황사 바람과 싸우는 푸른 아시아 사람들

우리나라는 매년 3월이 되면 황사 바람과 미세먼지 때문에 큰 홍역을 치르게 된다. 이는 대체로 몽골 고비사막과 중국 북부 네이멍구에서 날아오는 황사 바람 때문이다. 몽골의 고비사막은 매년 서울 면적의 5배가 넘는 3,370㎢씩 확대되고 있어 황사 바람은 더욱 심화 되고 있다.

잉흐툽신 몽골 기상청장은 "1940~2008년 사이 몽골의 평균 기온은 2.14도 상승했는데, 이는 전 세계 평균의 3배 수준이며 2000년대 들면서 황사와 사막화가 본격화됐다."며 몽골의 황사 바람의 위험성을 설명하고 있다.

2010년, 몽골 정부가 발표한 조사 결과를 보면 "이전 10년 동안 호수 1,166개, 강 887개, 우물이 2,277개 말라버렸고 전 국토의 77%가 사막화됐다."고 몽골 사막화의 심각성을 밝히고 있다.

몽골 국립대 연구팀이 과거 20년(1976~1995년)과 최근 20년(1996~2015년)의 가뭄 위험을 비교해 본 결과 1975~2015년 사이 몽골 초원의 연평균 기온은 1.73도나 급격히 상승했고, 연간 강수량은 5.2% 감소했다고 발표하였다. 그리고 가축 방목은 34%나 늘어나고 초원의 식물 광합성이 20~65%나 줄어들어 가뭄 위험성은 훨씬 증가하고 있다고 평가하고 있다.

몽골 초원은 지구 전체 초원의 2.6%, 몽골 국토의 최대 80%를 차지하고 있다. 초원에는 7,000만 마리의 가축이 방목되고 있는데, 목축업은 몽골 노동 인구의 29%, 국내총생산(GDP)의 최대 15%를 차지하고 있다.

1990년대 사회주의경제 체제가 무너지고 가축 숫자가 급격히 늘면서 방목으로 인한 생태계가 파괴는 더욱 심화 되고 있다. 가축들이 초원에 풀뿌리조차 파먹고 있기 때문에 사막화가 급진전 되고 있다.

한겨울 30~40㎝의 폭설이 내리고, 뒤이어 영하 50도의 혹한이 몰아치면 초지가 단단한 얼음으로 뒤덮인다. 이렇게 되면 눈을 헤치고 풀을 뜯던 가축들이 굶어 죽게 되는 재앙이 발생하게 된다. 2002년과 2010년 겨울 1,000만 마리의 가축이 한꺼번에 죽었고, 두 차례에 걸쳐 10만 명의 환경난민이 발생했다.

그 당시 울란바토로 게르촌에 거주하는 빈민 80만 명 가운데 50만 명은 환경난민과 금융 난민이라고 한다. '금융 난민'이란 2007년을 전후해 염소 털에서 채취하는 캐시미어가 인기를 얻었고, 몽골 농민들은 35%의 비싼 이자를 물어가며 대출을 받아 염소를 길렀다. 염소 숫자는 400만 마리에서 2,000만 마리로 급증했고, 캐시미어 가격은 폭락하면서 대출 이자도 못 갚게 된 농민들은 도시로 야반도주해 난민이 됐다.

이같이 토지 황폐화에는 신경 쓰지 않고, 가축만 늘리면 그만이라는 '공유지의 비극'이 현실로 나타난 셈이다. 따라서 몽골은 한반도의 7.4배가 되는 국토 중 77%가 사막화됐고, 수시로 대규모의 모래폭풍이 불어오는 빌미가 되고 있다.

지난 2000년에는 20만 명이던 울란바토르 게르촌 주민이 최근 80만 명에 이르게 되었다. 그리고 가축을 기르는 유목민들은 과거에는 연간 10㎞만 이동하면 됐지만, 이제는 이의 20배나 되는 연간 200㎞를 옮겨 다니면서 가축들의 먹이를 찾아 헤매고 있다.

사실 2021년 3월 28일 중국 베이징 차오양(朝陽) 구의 경우 미세먼지 농도가 2,605㎍/㎥에 달했고, 일부 지역에서는 3,000㎍/㎥를 넘기도 했다. 그 당시 몽골 서부와 중부지역에서는 초속 30m 안팎의 강풍을 동반한 모래 먼지 폭풍과 눈 폭풍이 발생했기 때문이다. 이로 인해 게르(이동식 가옥)가 무너지고, 가축 200여 마리가 죽었고, 몽골에서는 극심한 모래폭풍이 닥친 몽골 현지에서는 6명이 숨지고 548명이 실종됐다. 실종자 대부분은 구출이 됐지만, 일부는 이틀 뒤까지도 생사가 확인할 수 없었다.

요즈음 몽골과 중국 북부에서 불어온 황사 때문에 서울에선 한때 미세먼지(PM10)가 ㎥당 300㎍(마이크로그램)을 넘어서기도 한다. 지난 2015년 2월 23일에는 심한 황사가 불어 서울의 미세먼지 하루평균 농도는 569㎍/㎥까지 치솟았고 그날 초미세먼지 평균도 평소의 2~3배인 66㎍/㎥까지 늘어났다. 이는 중국의 대기오염물질과 섞여 날아올 수도 있어 초미세먼지까지 높게 나타났기 때문이다. 대체로 스모그가 심한 날은 미세먼지 중에서 초미세먼지가 차지하는 비율도 높아지기 마련이다.

2022년 평균값으로 보면 서울의 미세먼지는 48㎍/㎥, 초미세먼지는 26㎍/㎥인 점을 감안하면 황사 바람은 우리나라 국민들에겐 큰 재앙이라고 할 수 있다.

황사 바람에 초미세먼지 비율이 평균 54.2%를 차지하고 있고 평상시 스모그가 없는 경우에는 초미세먼지 비중이 절반 이하로 나타나게 되면서 황사 바람에도 하늘이 파랗게 보인다. 그렇지만 초미세먼지 비중이 70~80%까지 높아지면 황사에 스모그까지 발생하여 앞을 볼 수 없을 지경이 된다.

황사 바람은 중국을 거치고, 한국과 일본을 지나고, 태평양을 건너 미국 서

  한 권으로 끝나는 생태 위기

부까지도 날아간다. 물론 미국 서부까지 날아가는 경우는 초미세먼지가 제트
기류를 타고 빠르게 날아가기 때문이다.

이런 몽골은 기후변화와 방목으로 사막화가 가속화 하면서 모래폭풍도 급증
했다. 즉 1990년대에는 연간 10일 정도 발생했는데, 이제는 연평균 48일로 5
배로 늘어났다. 이 같은 모래폭풍은 몽골의 주민과 가축의 목숨을 앗아가기도
하고, 황사가 돼 한반도로 날아와 미세먼지 농도가 높아져 각종 호흡기 질환을
앓게 된다.

한국에 푸른 아시아라는 환경단체는 "내일의 종말이 오더라고 오늘 사과나
무를 심겠다."라는 각오로 몽골의 초원에 나무를 심어 몽골 사막화를 중단시키
겠다는 결심으로 몽골에 나무 심기운동을 전개하고 있다.

푸른 아시아 오기출 상임이사는 "몽골 황사가 중국이나 북한을 거치면서 오
염물질까지 더해져 '오염 황사'가 돼 한반도로 불어온다."며 "몽골 빈민들에게
고향에 돌아가 나무를 심고 다시 정착할 수 있도록 하는 시스템을 정착시킬 필
요가 있다."고 설명하였다. 그래서 한국의 환경단체인 푸른 아시아에서는 사
막화 방지를 위해 몽골 주민들과 함께 나무를 심고 가꾸는 일을 몽골에서 하고
있다.

푸른 아시아가 주도해 바양노르 120ha(1.2㎢)에 12만 그루 나무를 심어 기른
결과, 도시로 갔던 주민이 되돌아오면서 마을 인구가 1,360명에서 1,700명으
로 늘어났다.

"내일의 종말이 오더라고 오늘 사과나무를 심겠다"는 각오 몽골의 초원에 나
무를 심어 몽골 사막화를 중단시키는 것이 우리나라에서도 황사 바람에서 벗
어날 날 수 있는 방안이라 푸른 아시아 구성원들은 낯선 몽골 땅에서 오늘도
나무 심는 일을 지속하고 있다.

7. 화석연료 없이 살아가려는 선애빌 사람들

선애빌이라는 한적한 충청북도 속리산 자락에 20여 채의 집들이 옹기종기 모여 사는 생태 마을이 있다. 본래 선애빌이란 '사람과 자연이 어울려 사랑하는 마을'이라는 의미이다. 이는 서울에서 잘 나가는 디자인이었던 조정윤씨가 들어오면서부터 생겨난 마을이다.

조정윤씨는 산골 마을에 내려와 마을 곳곳에 벽화를 비롯해 많은 그림을 그리면서 생태 마을을 만들어 나갈 것을 권유했다. 이어서 목수, 화가, 음악가, 국방연구원, 약사, 건축가, 은행원, 선생님 등 다양한 분야의 사람들이 선애빌을 찾았다.

물질만능주의와 소비 중심의 생활을 벗어나 자연과 어울려 함께 살아가는 새로운 세상을 만들겠다는 뜻을 가진 60여 명이 모였다. 이 마을에는 '4시간은 명상, 4시간은 공동 울력(공동작업), 4시간은 취미' 등 개인 시간을 보내자는 '444 원칙'이 지켜지고 있다.

이 원칙에 의해서 마을공동체를 운영하고 있어 모든 결정이 마을의 규범으로 새로운 질서를 만들어냈다. 모든 문제점은 찬반 의견을 가진 사람들이 열띤 토론을 한 후 마을 주민들이 투표로 결정한다.

모든 이들이 긍정할 때까지 회의는 진행되는 데 힘든 과정을 거쳐서 결정을 하면 나중에 뒷말이 없게 하기로 약속하였다. 그리고 자연에 해를 끼치지 않는 삶을 위해 다양한 실천과 실험들을 진행하고 있는데 그중에서도 단전, 단수, 단식하는 마을로 유명하다.

가장 눈에 들어온 것은 재래식 해우소 방식으로 만들어진 화장실이다. 이곳에서 모인 똥은 유용 미생물(EM)과 왕겨, 톱밥과 섞어 발효해 마을 농사 퇴비로 사용된다. 주민들은 집마다 있던 화장실을 폐쇄하고 이곳의 공동 화장실을 이용하고 있다.

집마다 설치된 빗물 저장소도 눈길을 끈다. 곳곳에 있는 창고엔 냉장고, 세탁 등도 공동사용이며 자동차도 공동으로 사용한다. 식사도 공동식당에서 함께 준비하고 함께 먹으면서 이렇게 줄인 에너지양도 상당하다. 그래서 한 달 마을 전체 전기요금이 50만 원도 채 되지 않았다.

주민들은 1박 2일 전기 없이 살아보기로 했다. 한 겨울, 영하 20도까지 내려가는 날, 뿔뿔이 흩어졌던 사람들이 한 방에 모여 촛불로 방을 밝히고 바람막이 텐트도 치고 화롯불도 갖다 놓고 추위를 이겼다. 물론 힘들고 불편한 하루지만 주민들은 밤새 수다를 떨기도 하고 각자의 노하우로 전기 없는 날을 보냈다. 이후에도 일주일에 한 번 날을 정해 온 마을 주민들이 단전과 함께 단수, 단식을 실천하고 있다. 특히 선애빌 주민들의 이러한 시도들은 언론을 통해 알려지며 전기 없는 마을로 유명해졌다.

이런 선애빌 주민들의 사는 이야기를 담은 '생태공동체 뚝딱 만들기'라는 책도 나왔다. 그리고 선애빌 주민들은 마을 안에서 실천했던 일들을 다른 이들과 함께 나누고 싶어 다양한 체험캠프를 진행하고 있다.

전기 없는 마을에서 에어컨은커녕 선풍기도 없이 부채 하나로 더위를 쫓고 딱 두 바가지의 물과 수건으로 샤워하고 전기밥솥이 아닌 가마솥으로 직접 밥을 해 먹는다. 불편하고 힘들겠지만 21세기 지구환경 시대를 살아가는 모범답안을 찾으려는 그들의 노력에 우리들은 감동하지 않을 수 없다.

선애빌에서는 매월 '힐링 그린 콘서트'가 진행된다. 외부에서 초청된 음악인들의 재능기부로 다양한 음악 공연과 영상 음악을 감상할 수 있다. 그리고 인간과 자연, 지구의 소중함을 깨닫게 하는 시간을 갖고 있다.

이제 자연보전이라는 환경친화적 개념의 한계를 넘어 자연과 사람이 공존하고 상호 교감하는 생태적인 삶, 소비 중심의 도시문화에 대한 대안의 문화가 될 수 있다는 사실을 선애빌 사람들로부터 우리들은 배우게 된다. 그리고 한 달에 한 번, 사흘간 이 마을의 전기 없는 축제는 현대문명에 대한 근원적인 성찰을 통하여 인간과 자연과의 단절, 인간과 인간간의 단절을 극복할 수 있다는 자신감을 갖게 만든다.

우린 21세기 지구환경 시대에 살기 위해선 불편하고 힘들지만 지구환경과 친해지려는 노력을 통하여 화석연료에 기반을 둔 생활에서 벗어나야 한다. 이 길만이 지구환경을 되살려 나갈 수 있는 길이며 이를 실천해 나가는 선애빌 마을 사람들은 바로 지구환경을 되살려 나가는 선구자들로서 모범을 우리에게 보여주고 있다.

이는 어찌 보면 지금까지 누렸던 과학 문명의 혜택을 부정하고 다시 원시시대로 되돌아간다는 무의미한 일이라는 비난을 받을 수 있다. 그렇지만 이를 감내할 수 있는 고통은 너무나 크기 때문에 다른 사람들이 이에 가담한다는 것은 불가능한 일이다. 그래서 이런 선애빌 사람들의 이야기 실제로 실행되고 널리 확산 되길 기대할 수 없는 일이라고 여겨진다.

8. 세계적인 환경 수도를 만든
　독일의 프라이부르크 사람들

독일의 프라이부르크는 1970년대 초부터 시작된 원자력발전 반대운동부터 태양에너지로의 에너지 전환 등 시민참여로 인해 가장 성공적인 재생에너지 정책을 펼쳐 세계적인 환경 수도로 알려져 있다.

프라이부르크는 '독일의 환경 수도'로 만든 주체는 바로 지역주민들이다. 이들은 새로운 에너지 대안을 스스로 제시하며 환경계획을 확립하는 등 환경에 대한 높은 시민의식으로 화석연료에서 벗어나는 노력을 해 왔다.

1960년대 말 산성비로 인해 슈바르츠발트의 나무들이 죽어 가는 피해를 겪으면서 프라이부르크 시민들은 큰 충격을 받았다. 그래서 거대한 숲에 둘러싸인 프라이부르크 지역을 위해서 무언가 해야 되겠다는 결의를 하게 되었다. 그 원인이 너무나 많은 화석연료를 사용하였기 때문이라는 사실을 알아내고 자발적으로 화석연료를 적게 쓰기 운동을 하게 되었다.

1970년대 초, 독일 정부는 프라이부르크에서 불과 30km 떨어진 빌에 3개의 원자력 발전소 건설을 추진하겠다고 발표하였다. 이에 시민들은 장기간에 걸친 격렬한 반핵운동을 펼쳤고, 마침내 원전건설 계획을 백지화시키는 데 성공하였다. 지역주민들은 다 함께 단합하여 비폭력 저항운동으로 빌 핵발전소 건설 반대운동이 성공적으로 끝날 수 있었다. 이로써 시민들에게 환경에 대한 인식을 바꿔놓는 계기가 되었고 지역주민들의 이런 친환경 의식이 대중매체를 통해 독일 전역에 전파 시키는 계기가 되었다.

　이런 움직임은 결국에는 중앙정부의 반 환경정책을 무산시켜 나갈 수 있는 힘을 갖게 되었다. 이에 프라이부르크 시민들은 핵발전소 건설을 반대하는 데 그친 것이 아니라 동시에 핵에너지에 대한 새로운 대안으로 대체 에너지에 많은 관심을 두고 이를 연구하게 되었다.

　결국 핵발전소 건설 반대운동이 대체 에너지로 파급시키는 데 앞장서서 그 대안을 찾아 나서는 계기가 되었다. 이에 시민들은 친환경 세미나나 포럼을 열고 도시 전체를 태양광발전으로 만들어 나가자는 결의를 하게 된다.

　프라이부르크 시민들은 선거할 때마다 가장 우선시하는 정책은 환경문제이었다. 그 결과 2002년에는 독일 최초로 녹색당 출신인 디터 살로몬이 시장으로 당선되었다. 이로 인해 프라이부르크에는 60여 개의 환경 NGO, 환경단체와 지자체, 산업계의 연구기관들이 서로 폭넓은 네트워크를 구축하고 친환경 방안에 대한 시민의 의견이 체계적으로 정책에 반영시켜 나가는 민관 거버넌스 체제를 구축하는 계기가 되었다.

　프라이부르크의 대체 에너지는 직접 시민들이 참여하는 태양에너지가 대부분을 차지하고 있다. 이는 그동안 환경문제를 깊이 있게 논의한 결과로 얻어진 결과이다. 이에 따라서 구체적인 사례로 드라이잠 축구 경기장이 만들어졌다. 이 축구장은 남쪽 스탠드 지붕에 시민참여 형으로 대형 태양전지 패널을 설치하였다. 이는 솔라 주식을 모집해 시민 출자로 투자금이 마련되었고, 이익금은 출자자들에게 배당되고 있다.

　이런 시민사회의 논의에 바탕을 둔 대체 에너지 체제가 수립되면서 다양한 분야에서 친환경 개선 사업이 추진되었다. 이런 독일 프라이부르크 시민의 환경 의식이 바탕을 두고 재생에너지 비중이 40%를 넘어서고 이젠 탈석탄, 탈원전을 마음 놓고 부르짖을 수 있게 되었다.

구체적으로 프라이부르크 내에 보봉은 프라이부르크의 에너지 전환을 상징하는 대표적인 시민 참여형 생태 마을로 발전하게 되었다. 이같이 시민들이 직접 나서서 환경운동을 전개하는 일들이 얼마나 중요하다는 사실을 깨닫고 마을 전체 주민들이 이에 적극적으로 참여하게 되었다.

보봉은 약 5,300명이 사는 이 도시는 유럽에서 제일 성공한 생태 주거단지이다. 이 도시계획의 기본 정신은 '처음 계획과정에서부터 주민들이 자율적으로 참여하여 건축회사나 시 정부의 도움 없이 생태적이고 사회적인 녹색 주거단지를 만들자'는 것이었다.

1996년에 대학생들이 기숙사를 만들기 시작했고, 점차 발전해 약 8~10개의 가족을 단위로 모인 작은 건설그룹이나 주거협동조합이 만들어졌다. 큰 건축회사의 개입 없이 주민들 스스로가 건축가와 건설수공업자를 선택하였고, 주민들도 스스로 팔을 걷어붙이고 리모델링에 참여하였다. 이러한 시민들의 자발적인 행동을 통해 여러 환경정책 또한 잘 시행되고 있다.

그중 교통수단에도 환경적 교통개념을 도입하여 주민의 40%가 승용차를 소유하지 않는 것에 동의하고 있으며, 환경친화적인 대중교통시스템을 갖추게 되었다.

그리고 편리한 카쉐어링 제도 또한 보봉 지역이 보유하는 우수한 대중교통체제도 세계 각국의 가장 큰 관심 사항이 되고 있다. 보봉에는 승용차가 사라진 거리와 공공장소는 어린이들의 놀이터와 사회교류의 장으로 애용되어 많은 국가에서 벤치마킹의 대상이 되고 있다.

탄소중립은 어느 한 사람만의 일이 아니다. 어찌 보면 세계 인류 전체의 문제이기도 하지만 결국에는 각 지역 단위에서 그 지역의 특성에 맞춰 화석연료로부터 벗어나기 위한 각종 방안을 마련해서 완성시켜 나가는 일이라고 할 수 있다. 따라서 탄소중립은 무엇보다도 중장기 프로젝트 사업을 추진해 나갈 수 있는 민관 거버넌스 체제를 구축하는 일이 가장 먼저 해결되어야 할 과제인 것이다.

이런 민관 거버넌스 체제가 구축된 다음 지역의 특성에 맞는 탄소중립 방안을 마련하여 중장기 프로젝트를 수립하고 이를 단계적으로 추진해 나갈 때 성공적으로 완성시켜 나갈 수 있는 것이다. 따라서 우리들은 독일 프라이부르크 사람들에게 환경문제를 해결해 나가기 위해서 민관 거버넌스 체제를 구축하고 다 함께 논의를 통하여 중장기 프로젝트사업을 추진해 나가는 추진력을 배워야 할 것이다.

제2절.
시장경제에서의 빛과 그림자

1992년, 브라질 리우 선언을 발표하기 이전에 리스본그룹은 리스본 보고서를 내놓았다. 리스본그룹이란 신대륙 발견 500주년을 기념하기 위해서 세계적인 석학 19명이 생태계를 되살리고자 설립된 순수 학술연구단체이다.

여기에서는 "이제까지 세계를 지배해왔던 정복과 경쟁의 논리를 반성하고 협력과 상생의 논리를 추구하여 지구환경을 되살려 나가야 한다."는 내용을 담고 있다.

리스본 보고서에서는 "현대 자본주의가 맹목적으로 추구하는 무한 경쟁 논리는 살벌한 경쟁의 전쟁터, 적자생존의 정글을 만들어 놓았다."며 지구촌에 세계화 열풍이 몰아치면서 모든 분야에서 '승자 독식주의'가 일반화되었다. 이에 따라서 세계 각국들은 사회와 경제의 상호의존적 측면과 불평등한 권력 구조가 더욱 강화되어 '빈익빈 부익부 현상'이 더욱 심화되고 있다고 밝히고 있다.

또한 "세계화나 경쟁력 향상"이란 경제적인 효과는 거두지 못한 채 특정한 경제 세력들에게 지배력을 강화시켜 주는 것 이외 아무런 의미를 갖지 못하고 있다며 "범지구적 차원에서의 공존 번영을 위한 새로운 규범을 만들어 나가야 하며 상호협력에 바탕으로 한 새로운 지구촌 시대를 열어 나가자"고 제안하고 있다.

우리가 사는 지구생태계는 온통 해결해야 될 환경문제 덩어리를 안고 있다. 오존층 파괴, 지구온난화, 생물의 멸종, 유전적 다양성의 상실, 산성비, 사막화, 홍수, 기아, 지하수의 오염과 고갈, 산호초의 멸종, 쓰레기 매립지의 확대, 유독성 폐기물 등이 있다.

이렇게 많은 당면과제를 안고 있는데 세계 각국은 아직도 아무런 해결 방안도 찾지 못한 채 방황하고 있다. 결국 지구생태계는 날이 갈수록 더욱 파괴되고 각종 환경재앙으로부터 벗어날 수 없게 환경문제는 자꾸만 쌓여만 가고 있다.

1. 로마클럽에서의 '성장의 한계'라는 보고서

2022년은 로마클럽의 '성장의 한계'가 출간된 지 50년이 되는 해다. 1972년 출간 당시 그토록 비난받았던 로마클럽의 예상대로 대부분 들어맞았다. 이런 사실이 재확인되면서 이에 대한 재평가가 이뤄졌다.

지구생태계란 무한한 양적 성장은 가능하지 않고 지구라는 그릇의 시스템은 한계가 있다는 사실을 인지하게 되었다. 그런데 지난 50년간 이를 무시해서 성장제일주의만 부르짖던 상황이 결국에는 기후 위기와 환경오염에 의한 생태계 멸종을 자초한 셈이다.

이런 '성장의 한계'를 극복하기 위한 해법으로 지속가능성이라는 새로운 사실이 요구되었다. 그리고 그 수단으로 기술적이고 제도적인 것만으로 해결될 수 없고 '꿈꾸기', '네트워크 만들기', '진실 말하기', '배우기', '사랑하기'라는 새로운 인문학적 접근을 통하여 세계 인류가 다 함께 탄소중립을 추진해 나갈 수 있는 여건을 조성해 나가야 한다.

로마클럽에서는 "컴퓨터 월드 3"을 통한 미래 예측에서 "한계, 존속 가능성, 충족, 평등, 효율성과 같은 개념들은 장벽이 아니며 장애물도 협박도 아니다. 그런 개념들은 신세계로 이끌어 주는 길잡이가 된다"는 주장이다.

문제 제기

- **투입 위주의 경제성장의 한계**

- 과거 경제성장의 엔진이었던 노동, 자본 투입의 증가 둔화
- 물적 자본과 노동 등 양적 투입의 증가율 둔화 추세
- 향후 노동과 물적 자본 투입의 감소가 예상
- 지속적인 성장 한계 직면

지구는 한계를 초과하고 있다. 한계 초과란 빠른 운동으로 변화하기 때문이다. 급격한 변화에 따른 한계 또는 장벽이 있다. 부주의, 데이터의 결함, 피드백의 지연, 부적절한 정보, 느린 반응 또는 단순한 관성으로 인한 통제의 어려움이 있다.

지구에서 자원을 추출하여 환경에 공해나 폐기물 규모의 초과 문제, 과학, 경제이론, 통계적 정보, 컴퓨터 모델, 세계관, 패러다임 등에도 한계성을 보이고 있다.

로마클럽의 예측 모델에 의하면 세계 인구는 80억 명에서 안정을 보일 것으로 전망하고 있다. 1971년에서 1991년 사이 인구는 36억에서 54억으로 증가율은 2.1%에서 1.7%로 둔화 되어 인구는 지수 증가, 지수감소, 동태적 균형으로 발전하여 나갈 것이다.

1970년에서 1990년까지 20년간 산업산출이 거의 100% 증가하였으나 인구의 증가 때문에 1인당 평균 산출은 약 3분의 1밖에 늘지 않았다. 그런데 "부자는 돈이 늘고 가난은 자식이 는다"라는 속담과도 같이 저개발국가 (소득이 감소하는 국가)들은 8억으로 세계 인구의 6분의 1을 차지하고 있다.

더욱이 저개발국가인 인도네시아, 중국, 파키스탄, 인도, 방글라데시, 5개국인 세계 인구의 절반을 차지하고 있다.

가. 더 나은 미래는 쉽게 오지 않는다.

로마클럽 '성장의 한계'라는 보고서가 나온지 40주년이 되는 2012년에 공동 저자로 참여했던 미래학자이자 노르웨이 경영대학원 기후 전략 교수인 요르겐 랜더스가 내놓은 '더 나은 미래는 쉽게 오지 않는다.(생각연구소 刊)'는 책에서 그는 세계 야생동물 및 원시적 환경 보호 조직인 세계자연보호기금의 부국장으로 활동하면서 전 세계 글로벌 기업들을 대상으로 기후변화 및 지구온난화에 대응하는 방법에 대해 자문하는 업무를 맡고 있었다.

이 책은 2052년 우리들의 삶의 모습을 포괄적으로 설명하는 내용을 담고 있다. 그동안 미래에 관한 다양한 연구 발표가 있었지만, 환경, 에너지, 세계 패권 전망 등 부분적인 전망에 국한되었을 뿐이다.

미래를 포괄적이면서도 전체적으로 그린 내용은 없었다. 그래서 지구환경문제를 해결해 나갈 방안을 마련하는데 큰 애로를 겪고 있는데 그는 우리들의 삶을 포괄적으로 다루고자 노력하였다.

젊은 세대나 노령 세대가 물려받을 연금을 갈등 없이 받아 들는 방안이라든지 인류는 온실가스배출을 줄이지 못한다면 그 피해를 어떻게 감당해 낼 것인지라는 구체적인 대안을 가지고 그 해결 방안을 모색해 나가려고 노력하였다. 그렇지만 이를 해결해 나간다는 것은 쉽지 않다는 사실을 깨닫고 그 내용을 자세하게 기록하여 책자로 발표하기에 이른 것이다.

이에 요르겐 랜더스교수는 인류의 근본적인 의문들과 걱정에 대한 해답을 얻고자 미국 중심의 미래 전망에서 벗어나 세계를 다섯 개 지역으로 나누어 각 지역을 직접 탐방하면서 전문가들에게 2052년까지의 전망에 대한 상세한 설명을 듣고 구체적인 방안 마련하려고 노력하였다.

인구와 GDP를 기준으로 세계를 미국, OECD(미국 제외) 회원국, 중국, 신흥대국(브라질, 러시아, 인도 등 10개국), 나머지 150여 개의 가난한 나라들로 나누어 각 지역의 성장과 후퇴 또는 정체를 예측하고 있다. 그리고 세계의 불평등과 빈부격차가 얼마나 심각해질지 가늠해 볼 수 있는 기초 자료를 제공하려고 노력하였다.

요르겐 랜더스는 여느 학자들처럼 오랜 시간 축적한 방대한 분량의 통계치와 도표, 시스템 역학 분석 경험만으로 미래를 전망하지 않았다. 그는 최대한 객관성을 유지하기 위해 전 세계에서 활동하고 있는 각 분야 전문가 41명에게 "2052년까지 틀림없이 일어날 것이라고 생각하는 일들이 무엇인가?"라는 질문을 던지고 그들의 생각을 경청했다. 그런데 흥미롭게도 이들의 시각은 놀라울 정도로 일치했으며 이러한 과정을 거쳐 미래에 대한 다차원적이고 객관적인 그림이 완성되었다.

결론적으로 "현재 자본주의는 우리에게 충분한 일자리를 공급할 만큼 건강하게 유지될 수 없다면서 일자리 창출, 소득 증대를 위한 경제성장은 계속 이어지기 어렵다"는데 모든 전문가들이 대부분 동의하고 있다.

그래서 "세계 경제는 극심한 기후변화와 저성장 경제가 지속되고 있는 가운데 자본주의, 경제성장, 민주주의, 세대 간 불평등, 기후변화의 양상을 근본적으로 해결해 나가기 어렵다"는 비관적인 결론을 내리고 있다.

지구의 미래는 '더 나은 미래는 쉽게 오지 않는다'는 결국 "좀 더 깊이 있는 인간성에 대한 성찰을 통하여 새로운 세상을 만들어 나가지 않으면 지구의 미래는 암울할 수밖에 없다"라는 결론에 도달하게 되었다. 따라서 세계 경제를 운영하는 기본 시스템에 대한 깊이 있는 연구를 통하여 새로운 세상을 만들어 나가야 한다는 것이다.

나. 지속 가능한 세계로의 전환

1972년에 내놓은 로마클럽의 '성장의 한계'에서는 "인구 급증, 급속한 공업화, 식량부족, 자원고갈 및 환경오염으로 100년 이내 세계 경제의 성장이 멈출 것이다"라는 암울한 미래를, 모형화를 통하여 전망했다. 그리고 "많은 사람들은 인간의 기술 진보를 고려하지 않은 단순한 모델링만으로 미래를 너무 비관적으로 그렸다면서 그동안 아무런 준비도 하지 않았다"고 재차 경고에 나섰다.

사실 2000년대 이후 중국 등 신흥 국가들의 경제성장이 폭발적으로 이뤄지면서 전 세계 자원소비량이 급격하게 증가하였다. 1900년의 전 세계 자원소비량은 70억 톤에 불과했으나 2017년에는 이의 13배에 해당하는 920억 톤으로 증가했다. 그리고 2050년이 되면 약 1,800억 톤으로 이의 2배가량 증가할 것으로 전망되고 있다.

이는 지구생태계가 감당해 낼 수 없는 규모이므로 더 이상 지속 가능한 지구생태계가 유지될 수 없다는 사실이 확인된 셈이다. 결국 이런 자원소비량의 증가는 앞으로 자원채굴 및 소비로 인한 생태계 파괴, 자원고갈로 인한 자원공급부족 등을 고려할 때 더 이상 지속 가능한 세계가 유지될 수 없다는 데 공감하지 않을 수 없다.

이런 자원소비량 증가로 인해 2000년대 이후 자원가격 및 상품의 실질 가격이 급격하게 상승하면서 전략자원을 독점적으로 공급하고 있는 국가들은 자원

무기화를 통하여 더 많은 국익을 확보하고자 하는 시도가 지속되고 있다.

이같이 세계 경제는 이런 혼란의 소용돌이 속에서 벗어날 수 없게 매몰되어 가고 있다. 그래서 "지구생태계를 지속 가능한 생태로 유지시켜 나가기 위해서 지금까지의 선형 경제체제를 순환 경제체제로 전환하여 사용한 자원을 폐기할 것이 아니라 재활용하고 지구생태계의 자원순환체제와 같이 지속 가능한 세계로 만들어나가야 한다"는 제안을 하게 되었다.

다. 선형 경제체제에서 순환 경제체제로 전환

지금까지 우리들은 선형경제 체제 속에서 생활했다. 선형 경제란 시스템적 관념으로 성장, 쇠퇴, 진동, 초과 등 역동적으로 전개되는 일련의 행동 패턴을 인식, 상호연관성에 초점을 맞춰 사고하는 것이다. 즉 선진국에서 세계의 경제성장이 고용, 사회적 유동성 및 기술 발전을 위하여 필요하다고 여기고 있다. 이에 반해 빈곤한 나라에서는 경제성장이 빈곤에서 벗어날 수 있는 유일한 탈출구로 인식하고 있다.

그렇지만 지구생태계는 본래 생산자, 소비자, 그리고 중간자가 있어 자연스럽게 순환 체제를 유지시켜 나가면서 진화 발전해 나가고 있다. 이런 자연 생태계의 물질 흐름을 세계 인류도 그대로 도입하여 지속 가능한 체제로 전환시켜 지구환경을 되살려 나가야 한다.

지구생태계 내의 물질은 끊임없이 순환하고 있고 쓸모없이 버려지는 것이 없으며 재활용을 통하여 지속 가능한 세계를 만들어 나갈 때 지구환경을 되살릴 수 있다. 이는 지구생태계에서의 물질순환 방식을 그대로 도입한다면 인간생활에서도 자원 부족이나 쓰레기 문제도 자연스럽게 해결할 수 있다.

따라서 세계 인류도 자원 순환 체제를 도입, 자원을 쓰고 버리는 선형 경제로부터 쓴 자원을 재활용화, 재자원화를 통하여 순환 경제체제로 전환되어야 자원고갈을 막아낼 수 있고 쓰레기 문제도 해결할 수 있어 지구환경도 되살릴 수 있다.

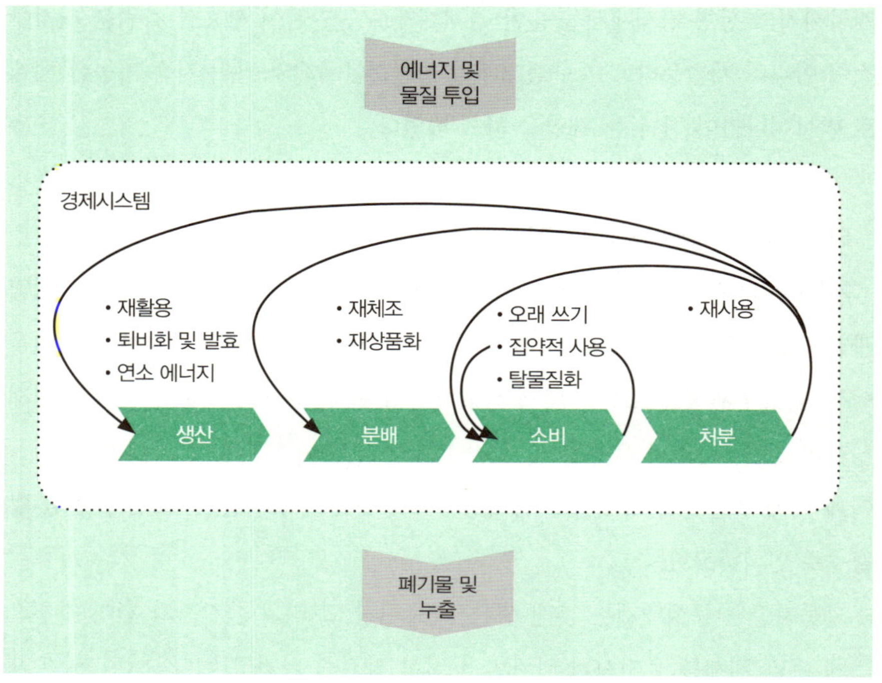

2. 무한경쟁체제에서의 시장경제

현대 자본주의는 지구생태계의 일반 원칙도 철저히 무시한 채 화석연료를 통한 이윤 추구에만 몰두하고 있다. 그래서 많은 온실가스를 배출하여 기상재앙을 자초하고 있으며 쓰레기 소각장에서 다이옥신이라는 독성물질이 발생하여 우리들의 생명을 위협하고 있는데도 이를 묵인하고 있다.

각 기업은 환경오염이나 파괴에 대한 비용은 최대한 회피하면서 수익 창출에 몰두하고 있어 결과적으로 생태계를 짓밟는 반 생태적 행동을 과감하게 저질러 놓고 아무런 책임도 지지 않는다. 그러면서도 "환경문제는 과학기술로 충분히 해결해 나갈 수 있다"고 뻔뻔하게 거짓을 믿고 홍보하면서 기득권을 누리려고만 하고 있다.

플라스틱이나 살충제 같은 유기 화합 물질은 지구생태계에 존재한 적이 없는 새로운 물질이다. 이런 물질이 생태계에 유입되면 생태계의 순환 고리를 왜곡시켜 순환 경제체제가 제대로 작동되지 않는다.

그런데도 정부는 이를 묵인하면서 기득권을 누리는 기업의 입장에서 모든 정책을 수립하고 추진해 나가고 있다. 더욱이 각 기업들에게 더 많은 수익 창출에 몰두하도록 독려하면서 각종 지원 대책을 마련하여 자본주의 체제가 지속적으로 유지시켜 오히려 유해 물질 배출을 방치하고 환경위기를 자초하는 일에 방조하고 있는 셈이다.

이런 무한경쟁체제란 최고에서 탈락한 99%의 사람들을 결국에는 소외시키고 가난과 우울증에 시달리게 만든다. 이렇게 되면 결국 중도층의 소득이 감소하면서 소비시장은 점차 감축되면서 세계 경제는 장기 불황에 빠지게 된다. 이같이 세계 경제는 빈부격차가 심화 되면서 소비시장이 위축을 가져와 장기 침체국면에 빠지는 불행한 사회로 변해 가고 있다.

너도나도 승자가 되고자 죽기 살기 무한경쟁체제에서는 지구환경을 되살릴 수 없고 오히려 지구환경을 악화시켜 기후 위기를 더욱 심화시키는 꼴이 된다.

더 많은 수익을 창출하는 자만이 승자가 될 수 있는 자본주의 체제에 대한 근본적인 전환 없이는 지구환경을 되살린다는 것은 사실상 모래 위에 궁전을 짓는 것처럼 무모한 일이 되는 것이다.

가. 빨라지는 인구 증가 속도

최근 학술지 '미국립과학원회보'에 게재된 '지구생태계의 분포에 대한 변화추이'라는 논문을 좀 더 깊이 있게 살펴보면 "과학 문명이 발달하면 할수록 인구 증가 속도는 더욱 크게 빨라지고 지구생태계는 인간 위주로 재편되는 현상이 일어나 결국에는 지구생태계를 파괴하고 있다."는 사실을 밝히고 있다.

농경 수렵시대에 세계 인구는 700만 명에 불과했는데 3천 년이 지난 BC 1000년 철기시대에는 세계 인구는 5.000만 명으로 늘어나 3천 년 동안에 인구가 7.14배로 증가하였다. 이는 100년 당 인구 증가율은 3%에 불과하다. 그렇지만 그 후 서기 1000년, 봉건 중세 시대에서의 세계 인구는 3억 명으로 2천 년 동안에 6배로 늘어나 100년당 인구 증가율은 30%로 인구 증가 속도가 10배나 빨라졌다.

1차 산업혁명인 서기 1800년에는 세계 인구가 10억 명이었는데 전기를 사용하게 된 2차 산업혁명인 1900년에는 세계 인구가 17억으로 늘어났다. 이는 100년당 인구 증가율이 170%가 된다. 그리고 2017년 말, 세계 인구는 76억 명으로 100년 동안에 인구가 4.4배로 늘어나 100년당 인구 증가율이 무려 442%나 된다. 이같이 과학 문명이 발달하면 할수록 인구 증가 속도가 더욱 빨라지고 있다.

한편 1800년, 산업혁명이 일어나 수공업 형태가 공장 형태로 전환되면서 농사를 짓던 농민들이 노동자로 전환, 인구가 대거 도시로 몰려들게 되었다. 그리고 자본주의 체제가 본격적으로 도입되면서 '대량생산, 대량소비, 대량 폐기'라는 시장경쟁체제가 구축되었다.

이런 도시화로 인하여 도시의 인구는 과밀해지게 되었고 교통체증, 쓰레기 양산, 주거환경 악화 등 환경오염 문제가 심각하게 발생하게 되었다. 더욱이 과학 문명의 발달로 첨단 수송 기술과 통신수단, 의료가 발전하면서 인간의 평균수명은 크게 늘어나면서 인구의 증가 속도를 더욱 가속화시켜 지구환경을 더욱 악화시키는 요인이 되고 있다.

나. 인구의 집중화

세계 인구의 절반이 아시아의 몬순지대에 밀집해 있으며, 그다음으로 인구의 밀집도가 높은 지역이 서북유럽과 북아메리카의 동북 지방이다. 이 지역들을 합치면 육지 면적이 10% 미만의 지역에 인구의 5분의 4가 집결해 있는 셈이다. 즉 가장 쾌적한 온대에 50% 가까운 인구가 집중해 있고 문명이 발달 된 북위 20～60°의 지대에 대부분 인구가 살고 있다. 이런 인구집중은 또한 지구환경 오염을 더욱 가중 시키는 요인이 되고 있다.

한편 선진국에는 12억이 사는 반면 개도국에는 49억이 거주하고 있어 세계 인구 5명 중 4명이 개도국에서 살고 있어 세계 경제의 빈부격차는 더욱 확대시키는 요인이 되고 있다.

개도국들은 인구가 매년 큰 폭으로 증가하고 있는데 선진국들은 오히려 인구 감소 추세를 보이고 있어 1인당 소득 격차는 더욱 크게 벌어지기 마련이다.

그래서 개도국들은 빈곤의 악순환에서 벗어나지 못하고 있으며 선진국들은 부를 지속적으로 축적시켜 빈익빈, 부익부의 격차 현상은 더욱 확대되고 있다.

이같이 빈익빈 부익부의 현상은 지구환경을 악화시키는 요인이 되면서 리스본 보고서에서는 자본주의 체제에 근본적인 반성을 통하여 구조적인 개혁을 추진해야만 지구환경을 되살려 나갈 수 있다고 주장하고 있다.

3. 다국적 기업의 횡포

지난 80년대에 국내에서 나이키 신발의 인기는 정말 대단했다. 정품 나이키 신발을 신는 게 청소년들의 꿈이었다고 할 정도로 브랜드 파워가 대단했다. 정품을 신지 못하는 사람들중에서는 빨강 초승달 모양의 로고가 선명한 나이키 짝퉁을 신고 거리를 활보하는 경우도 많았다.

이미 국내에서는 '그때를 아십니까?'가 되어 버린 일화이다. 하지만 범세계적으로 보면 이러한 열풍은 여전하며 이런 나이키의 '환상'의 이면에는 다국적 기업들의 엄청난 횡포가 내재 되었음을 아는 소비자들은 그렇게 많지 않다.

'에어 슈즈'라는 운동화를 팔고 있는 나이키는 세계적인 다국적 기업이다. 세계 청소년들은 나이키 상품을 갖고 싶어 하고 큰 인기를 누리고 있다. 그렇지만 실제로 살펴보면 '에어 슈즈'는 나이키에서 생산되는 것이 아니라 중국이나 동남아에서 OEM 방식으로 2~3만 원에 만들어지고 있다. 그렇지만 생산가의 3배에서 5배나 되는 10만 원 이상에 팔리고 있다.

사실상 나이키는 20~30%의 생산비만 개도국에게 제공하고 나머지 이익은 대부분은 모두 다국적 기업들이 독식하고 있는 셈이다.

이같이 다국적 기업들은 대부분 브랜드만을 보유하고 있을 뿐 상품은 값싸게 개도국에서 생산하고 불합리한 유통 체제만 장악만 하고 있어 아무런 노력도 하지 않은 채 고스란히 이익의 대부분 챙기는 독점 형태로 운영되고 있는 셈이다. 이런 유통 관행을 개선 시키지 않으면 빈익빈 부익부의 구조적인 세계 경제 체제는 고쳐질 수 없는 노릇이다.

가. 브랜드가치

브랜드의 가치란 시장주도력, 브랜드에 대한 소비자 충성도, 국제적으로 영업을 할 수 있는 네트워크 등을 나타낸다. 세계적인 다국적 기업들은 자신의 유통망을 이용하여 세계시장을 대상으로 판매하고 있다. 그리고 각종 홍보 수단을 통하여 브랜드가치를 높이고, 이를 바탕으로 이익을 독식하고 있는 구조이다.

이에 반해 개도국 기업들은 브랜드가치가 낮아서 이에 대응할 수 있는 입지가 전혀 마련되지 않았다. 결국 다국적 기업들에게 시장을 빼앗기고, 다국적 기업들은 모든 이익을 독식하고 있는 꼴이 된다.

우리들이 매일 마시는 커피 한잔에도 이런 다국적 기업들이 개입하고 있다. 즉 국내 커피숍에서 4천 원 내외로 판매되는 100㎖ 커피 한잔에 들어가는 커피콩의 생산지 가격은 10원에 불과하다. 그렇지만 대부분 이익은 다국적 기업인 커피 회사들이 독점하고 있다.

국제기구 옥스팜이 분석한 자료에 의하면 커피 한 잔의 가격 중에 가공하고 유통·판매하는 다국적 기업들이 약 94%의 이윤을 차지하고 있고 커피 생산 농가의 수입은 겨우 0.5%에 만족해야 하는 실정이라고 밝히고 있다.

이렇게 커피 한잔에도 커피 생산국 농민들의 눈물이 배어 있으며 더욱이 이 커피 생산을 위해 아동들까지도 동원하고 있어 눈물 어린 착취를 당하는 경우도 허다하다. 즉 과테말라 집단농장 농민들이 커피콩 100파운드를 수확하고 버는 돈은 3천 원도 채 되지 않는다. 그래서 커피 재배 농가의 1년 수입은 평균 우리 돈으로 6만 원에도 미치지 못해서 연간 수입이 고작 6만 원이다.

이렇게 개도국들은 처참하게 생활하면서 선진국들은 엄청난 부를 누리고 있는 불합리한 세상을 만들어 놓고 있는 것이다.

나. 공정무역

지금까지 다국적 기업들이 자신의 이득을 위해서 세계적인 유통망을 활용하여 생산자와 소비자를 격리시키고 독점적 위치를 확보하여왔다. 그렇지만 앞으로 이들의 횡포로 소비자들이 불이익을 받는 일이 없도록 새로운 소비자주권운동이 전 세계적으로 번져 나가고 있다. 대표적인 운동이 '공정무역'이다.

1964년 시작된 '공정무역'은 거대자본에 억눌려 있던 사람들이 가난과 굶주림에서 벗어나 자립의 삶을 살 수 있도록 하는 취지이다. 따라서 공정무역 상품은 시장가격과 관계없이 최소 가격을 생산자에게 지불해야 한다.

<table>
<tr><td colspan="2" align="center">공정 무역(Fair Trade)의 10대 원칙</td></tr>
<tr><td>1. 희망의 기회 제공</td><td>6. 남성과 여성의 평등</td></tr>
<tr><td>2. 투명성과 책임성</td><td>7. 안전하고 쾌적한 작업 환경</td></tr>
<tr><td>3. 상호신뢰와 존중</td><td>8. 아동노동금지</td></tr>
<tr><td>4. 생산자들의 능력 개발</td><td>9. 친환경적 생산방법</td></tr>
<tr><td>5. 공정한 가격 지불</td><td>10. 공정무역 홍보</td></tr>
</table>

자료 출처: 국제공정무역연합(IFAT)

국내에도 각종 환경단체들이 앞장서서 생산자와 소비자가 직접 손을 잡고 소비자 주권을 지켜나가는 생활협동조합 운동이 붐을 형성하고 있다.

한국기독교 청년연맹(YMCA)은 커피가 유일한 수입원인 동티모르 사람들을 돕기 위해 '평화 커피'라는 이름을 붙여 커피를 팔고 있다. 또한 아름다운 가게가 보급하고 있는 네팔산 커피 '히말라야의 선물'은 다국적 커피 회사의 이윤 고리를 끊고 생산 농가에서 정당한 대가를 지불 하자는 '공정무역'의 기치를 내걸었다.

최근 세계 경제는 새로운 전환점을 맞이하고 있어 경제성장도 좋지만, 생태

 한 권으로 끝나는 생태 위기

계 보전이 더욱 중요하다고 생각하는 사람들이 많이 늘어나고 있다. 이에 다국적 기업들의 횡포도 소비자들의 권리를 보호하기 위해서 더 이상 용납하지 않겠다는 소비자 주권 시대를 펼쳐 나가겠다는 추세를 나타내고 있다.

다. 생지옥 같은 빈민국의 생활상

세계 최빈국 방글라데시는 5세 미만 영아 사망률이 1,000명당 77명으로 세계 최고이고 문맹률이 41%를 넘는다. 더욱이 세계 최고의 인구밀도와 잦은 홍수 등으로 경제생활이 더욱 궁핍해지고 있다. 이런 어려움에도 불구하고 국민이 느끼는 행복지수는 무척 높다고 하니 미스테리가 아닐 수 없다.

아프리카 어린아이들은 대부분 하루 한 끼도 제대로 먹지 못하고 살아가고 있다. 주식은 옥수숫가루로 만든 우갈리와 밀가루로 만든 지파티이다. 그리고 한 달에 5만 원이면 5~6명의 식구가 배불리 먹을 수 있는데도 그만한 돈도 없어 아사지경에 이르는 주민들이 늘어만 가고 있다.

굶주린 아이들은 먹을 음식이 없어 쓰레기 더미에서 음식 찌꺼기를 찾고 있는 광경을 자주 보게 된다. 14~15세 아이들이 마치 6~7세처럼 작아 보이는 것도 먹지 못했기 때문이다. 한편 토굴처럼 흙으로 쌓아 올린 1평짜리 집에는 5~6명의 식구가 살을 부딪치며 웅크리면서 살고 있다.

이곳에는 모든 사람들이 말라리아, 황열병, 폐렴, 영양실조, 그리고 에이즈로 고통을 겪는 환자뿐이라고 한다. 더욱이 주민의 80%가 에이즈 환자인데도 한 달 총수입은 3,000실링(약 4만 8천 원) 정도인 주민들은 한번 진료에 500실링을 내야 하는 병원에서 치료받을 수 없다. 이런 생지옥과 같은 생활 속에서도 오염된 강물을 마시다가 수백 명이 집단 식중독을 일으켰는데도 정부는 수수방관 하고있는 실정이다. 더욱이 케냐지역에는 소말리아 내란으로 불법 무기가 대거 흘러들어와 미국 돈 1달러면 사람의 목숨까지 거래가 되기도 한다. 이 때문에 대낮에도 무장을 하지 않고는 외부인의 접근이 불가능한 실정이란다.

라. 다윈의 악몽

2004년 말, 유럽에서 인기를 누렸던 '다윈의 악몽'이라는 영화가 생각이 난다. 이 영화는 아프리카 탄자니아의 빅토리아 호주 주변 마을을 배경으로 일어난 현실을 다큐멘터리화한 것이다.

선진국 수송기가 유전자 조작 싸구려 식품들을 '인도적 원조'라는 이름으로 싣고 온다. 아프리카 극빈자들은 이를 고맙다고 받아먹는다. 그러나 이 수송기는 돌아갈 땐 1m 이상이나 되는 나일강 농어를 가득히 싣고 간다.

애당초 빅토리아 호수 주민들은 자연산 생선들을 잡아 수출해서 끼니를 해결했다. 그런데 나일강 농어가 빅토리아 호수에 양식된 이후 이들이 자연산 물고기를 모두 잡아먹기 때문에 더 이상 생선을 잡아 수출하는 생업에 종사할 수 없게 되었다.

생계 수단을 잃은 어부들은 나일강 농어의 가공공장이나 경비원으로 일하면서 하루에 1달러로 살아가고 있는 실정이다.

주민들은 술과 에이즈로, 또는 악어 밥이 돼 죽어 갔고, 여자들은 생계 수단을 위해 몸을 팔아야 했다. 그리고 아이들은 구더기 우글거리는 나일강 농어 쓰레기를 뒤져 먹을거리를 찾아야 했다.

이 영화는 "서구의 세계화 정책이 아프리카 대륙을 어떻게 피폐화시켰는가?"를 잘 나타내고 있다. 그리고 아프리카의 '일상적인' 전쟁이 어디서부터 기원하는 것인가? 거리의 아이들과 어린 창녀들에게 어떤 미래가 기다리고 있는가 등 '다윈의 악몽'은 적자생존의 법칙이 어떤 끔찍한 현실을 낳는가를 통렬하게 보여준다.

이 영화를 본다면 요즈음 남북문제가 왜 세계 경제에 큰 이슈가 되고 있는지를 쉽게 이해할 수 있다.

이 같은 자본주의의 논리는 경제 약자에게는 잔인하기 그지없는 '약육강식'의 생태계를 보여주고 있다. 그래서 저개발국가의 수탈을 막고 다함께 살아갈 수 있는 세상을 만들어 나가야 한다는 새로운 세상에 대한 기대를 하게 된다.

4. 거세지는 개도국의 반세계화 운동

지금까지 우리들은 시장경제에 바탕을 둔 자본주의 체제에서 생활하여 왔다. 그런데 이런 자본주의 체제가 우리에게 남겨 준 것은 화석연료를 과소비하여 온난화에 의한 환경재앙을 안겨주었고 다국적 기업들이 세계 경제를 지배하여 그들의 이권 다툼에 희생을 당해야 했다.

미국의 농산물을 생산하는 메이저들은 값싼 농산물을 만들어 수출하고 있다. 세계 개도국들은 미국으로부터 값싼 농산물을 수입해서 생활하고 공산품을 생산하여 수출하는 농업 중심 사회에서 산업 중심 사회로 구조 전환이 이뤄졌다.

이는 농민들이 도시로 이사하여 공장의 근로 노동자로 변신하게 되었고 농촌의 농토는 다국적 기업들에게 넘겨져 대규모의 농업 생산 체제를 구축하게 되었다. 그 결과 세계 각국의 농업들은 이미 다국적 기업들의 지배 아래 들어갔고 농민들은 소작농으로 탈바꿈하게 되었다.

요즈음 식량부족 문제가 제기되면서 농산물 가격이 치솟고 있으나 이는 미국의 농산물을 생산하는 메이저들에게 엄청난 이익을 챙겨 주고 있을 뿐 나머지 세계 각국들은 이로 인하여 식량부족이라는 엄청난 고통을 겪게 만든다.

'미주대륙을 위한 볼리바르 대안'(ALBA) 세 나라 경제력

	쿠바	베네수엘라	볼리비아
인구	1130만명(유엔, 2005년)	2660만명(")	910만명(")
면적	11만860km2	88km2	110만km2
수출액/수입액 (2005년 추산)	24억달러/69억달러	527억달러/243억달러	23억달러/18억달러
주요 수출품	설탕, 니켈, 담배, 의료품, 커피 등	석유, 보크사이트, 알루미늄, 강철 등	천연가스, 콩, 원유, 아연광 등
주요 수출국 (2004)	네덜란드(22.7%), 캐나다(20.6%)중국(7.7%), 러시아(7.5%), 스페인(6.4%),베네수엘라(4.4%)	미국(55.6%), 네덜란드(4.7%)'도미니카(2.8%)	브라질(40%),미국(13.9%),콜롬비아(8.7%),페루(6.3%) 일본(4.5%)
주요 수입품	석유, 식량, 기계류, 화학제품 등	천연광물, 기계류, 수송장비 건설자재 등	석유제품, 화학제품, 종이 항공기, 자동차 등
주요 수입국 (2004년)	스페인(14.7%), 베네수엘라(13.5%) 미국(11%), 중국(8.9%) 캐나다(6.4%)	미국(28.8%), 콜롬비아(9.9%), 브라질(7%), 멕시코(4.1%)	브라질(29.7%), 아르헨(17.6%),미국(10.8%), 칠레(7.7%)

　이런 불평등한 자본주의의 경제구조를 만든 것은 다름이 아닌 세계화라는 논리이다.

　물론 대량생산체제에서 생산되는 것이기 때문에 값싼 상품을 품질 좋게 만들 수 있는 강점을 안고 있다. 그렇지만 이를 통하여 선진국의 일부 다국적 기업들이 시장을 지배하면서 구조적으로 대부분 이익을 수탈해 가는 구조적 모순을 만들고 있다. 나머지 국가들의 경제는 가난에서 벗어나지 못한 채 부익부, 빈익빈의 악순환 고리에서 살아가고 있다.

그래서 이런 수탈 구조인 세계화를 무너뜨리고 공정한 무역에 바탕을 둔 세계 경제를 만들어 나가야 한다는 세계화를 반대한 목소리가 커지고 있다. 그렇지만 국제사회에서 모든 의사결정은 선진국에만 주어지는 특권이기 때문에 선진국들은 그런 기회는 만들려고 하지 않는다.

가. 누구를 위한 세계화냐?

공산품의 문제도 따지고 보면 농업 분야와 다를 바 없다. 개도국의 값싼 노동력을 이용하여 생산 단가를 낮춘다는 미명으로 다국적 기업들은 개도국에 공산품 제조공장을 건설하였다.

근로자들이 소득이 증가하면서 공산품 제조공장은 상대적으로 높은 임금을 지불 하게 되고 대외 경쟁력이 악화되었다는 미명으로 공산품 제조공장을 임금이 더 낮은 국가로 이전한다. 결국 공산품 제조공장은 텅 빈 건물 잔재만 남겨 놓고 훌쩍 떠난다.

저소득 국가들은 텅 빈 공장만 남겨둔 채 빈곤의 악순환에서 벗어나지 못하고 있다. 이런 방식으로 다국적 기업들은 엄청난 이익을 챙기면서 빈익빈, 부익부의 반복되는 체제에서 벗어나지 못하도록 만들어 나가는 것이 바로 세계화라는 허울인 것이다. 그래서 전 세계 인구의 절반가량이 먹을 식량과 물을 걱정하고 살아가야 하는 빈곤의 악순환 체제에서 벗어나지 못하고 있다.

매년 열리는 선진국 모임인 세계경제포럼(WEF)에서는 "전 세계를 하나의 시장으로 연결시키는 보다 효율적이고 합리적인 운영체제로 세계 경제발전에 기여하고 있다"고 주장하고 있다.

이에 반해 개도국의 모임인 세계 사회포럼(WSF)은 "세계화로 미국경제가 군사적 우위에 기초한 우월적 지위를 이용하여 불필요한 내정간섭을 하고 있다. 즉 미국은 상대 국가의 입장은 전혀 고려하지 않고 무차별적인 시장개방 압력이 가해서 미국의 국익만 챙기고 있다. 미국은 자국 내 산업의 보호만을 내세워 무차별적인 반덤핑 관세를 부과하고 있는 세계화는 누구를 위한 것인가?"라며 세계화를 반대하고 있다. 도대체 누구의 말이 옳은 것일까? 그렇지만 국제사회에서 의사 결정력을 갖고 있는 미국이 이를 반대하고 있어 세계화라는 허울이 지배되고 있는 자본주의 천국을 만들고있는 것이다.

나. 기업의 사회적 책임

부유한 나라와 가난한 나라 사이에 빈부의 격차 현상은 매년 더욱 심화되고 있다. 디지털 경제체제로 전환되면서 네트워크에 유리한 다국적 기업들이 더욱 크게 부상하고 있다.

더욱이 디지털 경제에서는 1등 하는 기업들이 시장을 지배하는 '승자 독식주의(勝者獨食主義)'가 적용되어 글로벌 기업들이 부를 독차지하는 세상이 더욱 가속화되고 있다.

지금부터 200년 전 최고 부유 국가와 최빈국의 소득 격차가 3:1 정도였다. 그런데 100년 전에는 10:1로 높아졌고 최근에는 60:1로 확대되고 있다.

이렇게 빈부격차가 심화 되면서 부유한 나라와 가난한 나라 간에는 대립적인 감정으로까지 발전하기에 이르고 있다.

가난한 자를 등에 업고 더 부유해지려 하는 세계화의 논리는 후진국 측면에서 볼 때 분통 터질만한 일이다. 게다가 더 열받게 하는 일은 선진국 공해산업을 전부 후진국으로 이전시켜야 한다는 논리이다.

미국 재무부 차관이었던 로렌스 서머즈(Lawrence Summers)는 "환경오염은 후진국으로 수출해야 한다."고 주장했다. 즉 "환경오염으로 죽거나 병들 때 그 피해 비용은 개인의 소득과 상관관계가 높으므로 환경오염은 후진국으로 수출하는 것이 가장 경제적이다."라는 주장이다. 즉 선진국들은 평균수명이 길기 때문에 장기간 환경오염에 노출되면 이에 따른 질병도 많이 일으키게 되어 비용 부담이 클 수밖에 없다는 경제적 논리로 모든 걸 해결하려는 사고방식이다.

　이런 사고로 세계를 바라보고 있는 선진국에 후진국들은 어떤 배려도 기대할 수 없다. 가난이라는 굴레에서 벗어나지 못한 채 그렇게 살아가야 하는 후진국들의 국민이 너무나 가엽다는 생각을 저버릴 수 없다.

　세계화란 무역자유화를 통하여 보다 싸고 품질 좋은 제품을 세계 각국에 제공할 수 있어 세계 경제 발전에 기여한다는 명분을 내세우고 있다. 즉 이론적으로 대량생산, 대량 소비 체제에서 생산 단가가 낮아져 값싼 제품을 생산할 수 있는 것은 사실이다. 그렇지만 그로 인하여 빈익빈, 부익부 체제가 더욱 심화되며 그 결과는 결국 선진국을 위한 것인지 후진국을 위한 것이 아니다.

　이에 세계 시민단체들이 다국적 기업들의 횡포를 성토하면서 이를 차단할 수 있는 국제적 규제를 요구하고 있다. 개도국들을 황폐화 시킨 선진국들의 책임을 인정하고 이를 지원하는 방안을 모색하여 나갈 때 세계 경제는 안정된 공정한 거래가 이뤄지고 지구환경문제를 해결해 나갈 수 있는 여유를 갖게 되는 것이다.

　이런 공생 발전의 기틀이 바로 기후 위기 시대를 살아가야 하는 세계 인류가 살아가야 할 길이라고 여겨진다.

　이는 곧 세계 경제가 지속 가능한 발전을 위한 기본적인 기틀을 마련하는 계기가 될 것이다. 다국적 기업들은 기후 위기의 막중한 책임을 통감하고 지구환경을 되살려 나가기 위해서 새로운 공생 발전의 기틀을 마련해야 할 것이다.

　어찌 보면 RE 100과 캠페인도 이런 선진국의 반윤리적인 반작용으로부터 나온 것이라고 여겨진다. 글로벌기업들이 앞장서서 지구환경을 되살려 나가는 것이 과거 잘못된 관행을 고쳐나가는 계기가 되기를 기대한다. 그렇지만 개도국들은 선진국의 압력에 경제적으로 더 핍박당하게 되는 꼴이다.

5. 빈부격차를 없애는 '온실가스 감축과 수렴모델'

2010년 5월 31일, 독일 본에서 개최된 유엔기후변화 협약(UNFCCC) 회의에서 '기후변화 시대 빈곤층 줄이기'라는 보고서가 발표되었다.

전 세계 인구의 3분의 1이 전체 소득의 94%를 취하며 그들이 배출하는 온실가스양은 전체 온실가스 배출량의 90%에 달한다. 이에 반해 나머지 3분의 2에 해당하는 세계 인구가 남은 6%의 소득을 얻고 10%의 온실가스를 배출하고 있다.

이런 불평등한 소비패턴을 개선하지 않는 더 이상 지구환경을 되살릴 수 있는 사업을 제대로 실행해 나갈 수 없다는 결론이다.

선진국들은 기후변화의 원인 제공자이지만 환경재앙에 대한 적응 능력이 높기 때문에 기후변화에 따른 피해를 덜 받고 있다. 그렇지만 개도국들은 기후변화를 초래하는 화석연료를 사용하지 않았는데 기후변화에 대한 적응력이 떨어져 더많은 피해를 입고 살아가는 기후 불평등 문제가 제기되고 있다.

이런 기후 불평등 문제를 해결하지 못한다면 "전 세계 인구의 3분의 2를 차지하고 있는 개도국들은 지구환경을 되살리는 일에 협조하지 않을 것이다."라는 우려감을 갖게 된다.

이를 해결해야만 다함께 지구를 되살릴 수 있다는 논리에 기반을 두고 기후정의의 실현을 국제사회에 가장 큰 핵심과제로 삼아야 한다고 주장하게 된 것이다.

가. 에너지 빈곤 국가

세계은행의 '글로벌 트레킹 프레임워크'라는 보고서에서 "에너지가 가장 열악한 국가 10개 가운데 7개 나라가 아프리카에 있으며 전기 없이 살아가는 인구 가운데 87%가 남아시아와 사하라 사막 남쪽 아프리카에 있다."고 발표하였다.

국제에너지기구(IEA)가 정의한 '에너지 빈곤'이란 전기공급과 같은 오늘날 서비스를 이용할 수 없는 사람들뿐만 아니라 실내 공기를 오염시키는 가스레인지, 전통 방식인 화덕이나 아궁이 앞에서 일해야 하는 사람들도 관련돼 있다.

에너지 부족은 농업과 공업 발전을 늦춘다. 특히 영향을 받는 곳은 농촌이다. 냉각 시설이 없는 병원은 제대로 운영되지 않는다. 아프리카에서는 어린이 수백만 명이 전등과 환기 시설이 부족한 학교에 다닌다. 전기가 들어오지 않는 탓에 컴퓨터나 인터넷 교육도 받을 수 없다고 밝히고 있다.

또 다른 문제는 30억에 달하는 세계 인구가 나무, 가축 배설물, 등유로 요리와 난방을 해결하고 있다. 인도와 중국에만 6억 명으로 추산되고 짐바브웨에서는 시골에 사는 거의 모든 인구가 나무를 태워 생활하고 장작도 없는 곳에서는 분뇨와 풀로 대신한다.

이 같은 바이오매스 연료로 요리하면 건강에 해롭고 해마다 가정에서 오염된 공기 때문에 350만 명이 사망하고 있다. 이는 또한 장작과 숯을 구하려고 벌목하는 탓에 탄소중립을 방해하고 있는 꼴이 된다.

기후 위기를 극복해 나가려면 세계 인류가 다함께 화석연료 사용을 중단시켜야 하므로 개도국들의 참여 없이는 이뤄질 수 없다. 따라서 개도국들이 솔선해서 온실가스 감축에 참여할 수 있는 제도적인 장치를 마련해야 한다는 것이다.

나. 온실가스 감축과 수렴의 원칙

최근 온실가스 감축과 수렴(C & C: Contraction and Convergence)이라는 새로운 모델이 국제협약에서 채택하자는 제안을 하고 있다. 이 모델은 국제사회의 모든 시민이 소득의 높고 낮음에 관계없이 온실가스 배출에는 동등한 권리를 가지고 있다고 전제한다. 즉 동일한 온실가스 배출권을 보유하고 이 세상에 태어났다고 전제하고 있다.

그런데 선진국 시민들은 이미 많이 사용했기 때문에 이를 감축시켜 나가는 노력을 해야 한다. 이에 반해 후진국 시민들은 사용하지 않은 미사용분이 많이 남아 있으므로 부담 없이 이를 사용할 수 있게 된다.

이는 결국에는 일정한 기간이 지난 후 전 세계 모든 국민들의 1인당 탄소 배출량이 동일해질 수 있고 선진국과 후진국 간의 빈부 격차 문제도 상당 부분 해결될 수 있다고 믿고 있다.

기후 위기란 지구라는 난파선에서 세계 인류가 다함께 타고 있다는 사실에 바탕으로 공동 운명체라는 인식 위에서 세계 인류가 다함께 기후 위기로부터 구제받기 위해서는 지구생태계의 기본원리인 공생 발전을 기반으로 하는 새로운 세상을 열어나가야 한다. 이는 온실가스 감축과 수렴의 원칙을 제도적으로 도입하여 세계 인류가 다함께 온실가스 감축에 적극적으로 참여하면서 빈부격차 현상도 줄여나가는 노력을 해야만 지구환경을 되살릴 수 있다.

6. 현대사회의 만성질환에 대한 해법

환경오염은 발생자책임 원칙이 적용된다. 그렇다면 온난화의 원인을 제공하고 있는 선진국들이나 가진 자들이 당연히 책임을 지고 이를 해결해 나가야될 의무를 부담하는 논리는 너무나 당연하다.

그렇지만 세계 경제를 끌어 나가는 미국을 중심으로 선진국들은 이를 외면하고 있다. 더욱이 중국, 인도, 브라질, 러시아 등 세계 인구의 절반을 차지하는 브릭스(Brics)라는 거대한 신흥공업국들이 크게 부상하면서 미국식 생활방식을 그대로 따라가고 있다.

이런 선진국병이 확산되면서 더 많은 탄소를 배출하는 계기가 만들어지고 있어 지구환경을 더욱 오염시키고 있는 꼴이다.

선진국병이란 미국식으로 집을 꾸며놓고, 미국식 자동차를 타고, 미국식 패스트 푸드를 먹으며, 미국인과 똑같은 수준의 쓰레기를 만들어 내는 생활방식을 말한다. 이런 생활방식에서 많은 온실가스가 배출되고 있다. 그런데 선진국병으로 탄소중립에 역행하는 생활방식을 선호하고 있으니, 탄소중립을 기대할 수 없게 된다.

그래서 개도국들이 소득이 늘어나도 미국의 생활방식을 그대로 답습하지 않도록 새로운 생활방식을 도입할 수 있도록 유도해 나가야 한다.

이미 선진국들은 후진국의 20배 이상이나 되는 온실가스를 배출시키고 있어 이에 대한 당연한 책임을 부담하고 강력한 탄소 감축목표를 설정하여 이를 추진해 나가도록 해야 한다. 그리고 소득이 증가하는 후진국들은 늘어나는 소득을 바탕으로 선진국병에 걸려 탄소배출을 더욱 증가시키지 않도록 개도국들에도 강력한 탄소배출을 감축시켜 나가도록 환경 교육을 실시해야만 한다. 그래서 전 세계 각국들이 다 함께 탄소중립이라는 현안 과제를 기필코 완성시켜 나가겠다는 각오로 이를 강력하게 실행해 나가야 한다.

만일 세계 인구의 절반을 보유하고 있는 신흥 공업 국가들이 선진국병에 걸린다면 온실가스 배출량은 급격히 증가시키는 요인이 될 것이며 아무리 다른 나라에서 탄소 감축에 노력한다고 해도 지구환경은 개선될 수 없는 노릇이다. 그래서 전 세계가 다 함께 탄소중립을 최대의 현안 과제로 삼고 다 함께 해결해 나갈 수 있는 강력한 국제기구가 요청된다고 할 것이다.

가. 대량 실업

미국 경제학자 제러미 리프킨은 1992년에 발생한 LA 폭동의 원인은 "도시 내부 거주민의 집단적인 분노에 불을 당긴 것은 실업과 빈곤, 절망감"이라는 분석을 내놓았다. 누구나 자신의 의지와는 상관없이 불가항력에 휩쓸려 생산 현장에서 내쫓기는 노동의 종말은 피할 수 없다. 이런 대량 실업을 막고 실업과 고용 문제의 원활한 해결을 돕는 전제로 인간의 가치와 사회적 관계의 재정립이 요구된다.

"생산성을 중시하는 시장경제의 사고에서 벗어나 봉사, 연대, 친밀감 등 인간다움을 회복하는 것을 기반으로 일자리 나누기와 제3부문(비영리 사회활동)을 강화해야 한다"고 제안했다. 즉 휴렛팩커드의 그레노빌 공장은 생산시설 가동시간을 주 5일에서 7일로 늘리고 주 4일 근무제를 채택하여 250명의 노동자를 오전, 오후, 야간으로 나눠 근무하게 한 결과 3배 이상 생산성이 높아졌다. 이렇게 해서 실업 노동자를 감소시키고 생산성도 향상시켜 회사가 지속적인 발전 기틀을 마련해 나가는 공생 발전의 기틀이 마련되어야 한다. 이같이 다 함께 살아가는 공생 발전의 기틀이 마련되어야 기후 위기를 극복할 수 있는 기반이 마련되는 것이다.

나. 기계화된 화석 인간

독일의 경제학자 막스 웨버는 현대인을 '기계화된 화석 인간'으로 보고 있다. 즉 기계화된 화석 인간이란 "쾌락주의자들이 쾌락을 주는 물질만을 소유하고 소비할 뿐 정신적인 것에 대해서는 무식하고 무감각한 미개인이다."라는 것이다. 그래서 싱싱하고 팽팽한 육체, 맛있는 음식, 육체적인 쾌락 사냥에만 몰두하고 있는 현대인들이 과연 발상 전환을 할 수 있을까? 하는 비관론을 제기하고 있다.

육체적인 건강도 중요 하지만 정신적인 건강을 위해서 지식 소양을 쌓아나가는 생활을 누려야 한다. 더욱이 오늘날 우리들은 나눔을 배워서 생활화하지 않으면 지구를 되살릴 수 없고 생존할 수 없는 세상에 살고 있다는 사실을 명심해야 한다. 그래서 배려와 나눔을 생활화하여 다 함께 살아가는 공생 발전을 틀을 만들어 나갈 수 있다.

공생 발전의 기틀이란 나눔과 협력이라는 새로운 세상을 만들어 나가는 것이며 이런 기틀 위에서 기후 위기는 극복될 수 있는 기반이 마련되는 것이다.

다. 워킹 데드

2010년 10월. 미국의 FOX 채널에서 '워킹 데드'라는 좀비 공포드라마가 선풍을 끌었다. 12년간 지속해서 방영되다가 2022년 4월에야 종영하게 되었다. 이 드라마는 좀비라는 흔한 소재의 이야기가 아니라 시스템이 붕괴된 세상에 살아남은 사람들의 이야기가 주된 내용으로 되어 있다.

다양한 인간군상들이 시스템이 없는 사회에서 생존하려고 몸부림치는 처절한 생존을 위한 투쟁을 내용으로 담아내고 있다.

어느 날 눈을 떠보니 세상이 좀비가 점령한 폐허로 변해 버렸다. 워커 같은 사람들이 어디서 튀어나올지 모른 상황에서 생존자들은 무사히 질병통제예방센터에 도착하기만을 고대하면서 갖은 고생을 하면서 생존을 위한 투쟁을 해 나가고 있다.

오직 그곳에 도착하면서 지옥으로부터 벗어날 수 있다는 희망만을 간직한 채 언제 끝날지 모르는, 출구 없는 좀비와의 싸움을 계속해야 한다. 다시는 돌아가지 못할 풍요로운 세상에 대한 기억만 간직한 채 살아가야 되는 우리들의 후손들의 이야기라는 생각이 들어 끔찍하게 여겨졌다.

어찌 보면 화석연료에서 벗어나지 못한다면 지구환경은 각종 부작용이 만들어져 좀비와도 같이 존재들이 지속적으로 우리 주변에 남아서 우리들을 괴롭히게 될 것이다.

이런 좀비들을 물리치고 다시 평화가 찾아올 수 있다는 기대만으로 길고 긴 좀비와의 싸움을 지속될 수 밖 없다는 기후 위기의 비관론적인 세 상관을 그리고 있다고 할 수 있다.

라. '우분투 (Ubuntu)' 세상

세계 인류에게 미래는 정녕 없는 것일까? 우리들은 천성적으로 탐욕을 버리고 상대방을 배려하는 마음으로 세상을 살아가지 못하고 있다.

우선 내 자신의 욕심이 항상 먼저이고 이런 욕심으로 세상의 질서가 잘 지켜지지 않고 있다. 그렇지만 우린 지속 가능한 세상에 대한 희망의 끈을 놓칠 수 없다.

오늘보다 나은 내일을 만들어 나가려면 세계 인류는 지속 가능한 새로운 세상을 만들어 나가야 한다. 그래서 상대방의 입장을 배려하고 다 함께 살아갈 방안을 모색하는 공생 발전의 기틀이 되는 지속 가능한 세상을 만들어 나가야 한다.

 한 권으로 끝나는 생태 위기

남아프리카에는 "네가 있으니 내가 있다."라는 격언이 있다. 이를 '우분투(Ubuntu)'라고 부르며 상호 의존과 협동만이 밝은 미래를 만들어 나갈 수 있다고 믿고 있다.

남아프리카 공화국 성공회 데스몬드 투투 대주교는 이런 우분투란 의미를 다음과 같이 설명하고 있다.

"우분투 정신을 갖춘 사람은 마음이 열려 있고 다른 사람을 기꺼이 도우며 다른 사람의 생각을 인정할 줄 압니다. 그리고 다른 사람이 뛰어나고 유능하다고 해서 위기의식을 느끼지도 않습니다. 그것은 자신이 더 큰 집단에 속하는 일원일 뿐이며 다른 사람이 굴욕을 당하거나 홀대를 받을 때 자기도 마찬가지로 그런 일을 당하는 것과 같다는 점을 잘 알고 있기 때문입니다. 그런 점을 알기에 우분투 정신을 갖춘 사람은 굳은 자기확신을 갖고 상대방을 배려하면서 함께 같은 길을 걸어갈 수 있는 것이다"라고 설명하고 있다.

결론적으로 물질의 풍요와 소유를 삶의 척도로 삼는 세상에서 탈피하여 존재의 다양한 가치들을 끌어안고 자연과 조화로운 삶을 추구하는 새로운 마음가짐을 가질 때 우린 지속 가능한 세상을 만들어 나갈 수 있다.

요즈음 우리 사회는 인간은 자연과 공존하고 공생하는 삶의 지혜를 실천으로 옮기는 주체이자 동시에 객체임을 깊이 새겨 위기의 성장 사회로부터 건강하고 지속 가능한 성숙사회로 대전환을 서둘러 나가야 지속 가능한 세상이 열리게 된다.

이런 지속 가능한 세상을 만들어 나가기 위해서는 무엇보다도 우리들이 살고 있는 기존 시스템을 버리고 다 함께 살아가는 공생 발전이라는 새로운 시스템으로 전환 시켜나가는 자기혁신을 추진해 나가야 할 것이다.

7. 엔트로피 법칙과 소유와 존재 법칙

우리가 기후 위기를 극복하기 위해서는 자원을 낭비하고 갈등을 조장하는 소유 중심의 사회에서 벗어나서 존재 중심의 사회로 전환시켜 나가야 한다. 그리고 엔트로피 법칙과 같이 자원 낭비를 최소화해 나갈 수 있는 에너지 효율성을 늘이는 방안을 연구하여 순환 경제체제를 만들어 나가야 한다. 이것이 바로 지속 가능한 세상으로 가는 길인 것이다.

미국 경제학자 제라미 리프킨의 '엔트로피'와 독일의 사회심리학자 에리히 프롬의 '소유와 존재'라는 저서를 통하여 자원을 재활용하고 재자원화하는 방안을 찾아내야 한다.

사실 기후 위기 시대를 극복해 나갈 수있는 방안이란 자원고갈에서 벗어나고 지나친 자원 낭비를 하지 않는 방안이어야 한다. 여기에서 리프킨의 '엔트로피'는 "버려지는 자원을 재활용하여 순환 경제 시대를 만들어 나가자"고 제안하였다. 그리고 에리히 프롬의 '소유냐 존재냐'에서는 "소유 중심의 사고를 넘어서 존재 그 자체만으로 만족하는 삶을 누릴 때 자원 순환 체제를 갖춰 나갈 수 있는 인식 전환이 이뤄질 수 있다"는 주장을 하게 이른 것이다.

가. 엔트로피 법칙

1980년대에 리프킨은 그의 저서 '엔트로피'에서 "지구는 한정된 자원(에너지)을 가진 폐쇄계로서 그 안에서 지속적인 발전을 도모해 나가기 위해서는 나름대로 생존방식을 모색해 나가야 한다."고 주장하였다. 즉 "우리들은 지구라는 폐쇄계에 내재하는 물리적 한계를 인정하고 세계 인류가 생존할 수 있는 길이란 다른 모든 생물종과 함께 생존해 나갈 수 있도록 협력해 나가면서 살아가는 방법을 터득해야만 한다"고 주장하고 있다.

이런 사회를 만들어 나가기 위해서는 버려지는 쓰레기(자원)를 재활용하여 지구생태계의 자원 순환 체제와 같이 인간사회에서도 경제사회가 순환 체제가 도입돼 버려지는 자원을 재활용, 재자원화를 통하여 자원 소비를 최소화해야 한다는 것이다.

구체적으로 석탄 화력발전의 실례를 살펴보면 우선 석탄을 연소시켜 얻은 에너지로 물을 끓여 증기로 만들고, 그 증기로 터빈을 회전시켜 회전력을 얻은 후 터빈 축에 연결된 발전기로 전기를 만들어 낸다.

여기에서는 보통 30.40%의 에너지만 사용되고 나머지 60.70%의 에너지는 아황산가스, 온실가스 등으로 변형된 에너지 형태로 흩어져 지구환경을 오염시키는 원인이 된다.

결국 석탄 화력발전에서 우리들이 사용하는 전기란 80%란 에너지를 버리고 20%만을 사용하여 만든 전력을 사용하고 있는 꼴이 된다. 따라서 100% 에너지(자원)를 활용할 수 있는 세계가 만들어져야 지구환경은 깨끗하게 되고 자원 낭비도 최소화할 수 있다. 즉 연소 과정에서 60.70%가 버려지고 송배전 관리에서 평균 15% 내외가 버려져 80%를 버리고 20%만 사용하는 낭비하는 사회에서 벗어나야 한다.

엔트로피가 증가하는 경우

상태 변화

고체 상태에서 액체 또는 기체 상태로 상태 변화(융해 또는 승화)하는 경우와 액체 상태에서 기체 상태로 상태 변화(기화)하는 경우는 엔트로피가 증가하므로 AS(>)0 이다.

앞으로 디지털, 인공지능, 빅데이터 등 4차 산업혁명 기술을 동원하여 버려지는 에너지를 100% 사용할 수 있는 디지털 터미널을 만들어 버려지는 에너지

자원이 없도록 하는 세상을 만들어야만 한다.

그래서 화석연료에서 배출되는 아황산가스 등 오염물질은 지구생태계를 병들게 만들어 생물체를 멸종시키는 원인이 되는 환경오염 물질을 감축시켜 나갈 수 있다.

이미 지구생태계는 3분의 2나 멸종된 상태이고 세계 인류들도 독성물질이 체내에 쌓이면서 만성질환에 시달리면서 평생 괴롭게 세상을 살아가고 있는데도 순환 경제의 실현은 멀게만 느껴지고 있다.

나. 소유와 존재의 법칙

에리히 프롬은 '소유냐 존재냐'라는 저서에서는 "우리들이 추구하는 행복은 어떻게 이룰 수 있을까?"하는 것을 인간 본성에 통하여 모색해 내려고 노력하였다. 즉 2002년에 출판하는 에리히 프롬의 '소유냐 존재냐'는 책자에서는 우리들은 소유를 넘어서는 존재의 가치를 생활화하여야 세상이 안정되고 행복해질 수 있다는 내용이다.

학교에서 공부하는 목적도 더 많이 소유를 위해서 무엇인가를 배워야 한다는 소유 중심의 학습 방법을 채택하고 있다. 즉 대학 시험, 승진시험, 자격시험 등 보다 많은 것들을 소유하기 위한 목적으로 학교 공부를 해 왔다.

이는 결국 남들과 비교하면서 보다 많은 것을 갖기 위해서 밤새워 공부하고 이에 실패하면 삶을 포기하고 싶을 정도로 괴로워하면서 불안과 초조로 이 세상을 살아가고 있다.

그렇지만 길가에 핀 아름다운 장미꽃을 집에 가지고 가서 화병에 담아야 직성이 풀리는 소유 중심의 삶에서 벗어난다면 얼마든지 행복하게 살아갈 수 있다.

많은 사람은 길가에 핀 아름다운 장미를 오랫동안 감상하고 즐길 수 있도록 꺾지 않고 있는 그대로 즐기면 되는 일이다. 꺾인 장미는 며칠 후에는 금방 시들어 버리듯이 소유 중심의 삶이란 너무나 필요한 자원을 낭비하는 습관이 갖게 만든다.

오늘날 우리가 사는 지구에서는 자원고갈과 갈등 고조 현상이 우리들의 삶을 괴롭히고 있다. 그렇지만 소유 중심의 사고를 버리고 있는 그대로 즐기면서 공유할 수 있는 존재 중심의 생활을 한다면 여유를 갖고 생활 그 자체를 즐길 수 있는 세상을 만들어 나갈 수 있다.

이같이 존재 중심의 사고를 갖는다면 세상의 자원은 얼마든지 절약할 수 있고 재활용, 재자원화를 통하여 순환 경제를 이뤄 나갈 수 있으며 지구환경도 되살릴 수 있는 여유를 갖게 되는 것이다.

공생 발전이라는 새로운 패러다임

펜실베이니아 대학 교수인 제러미 리프킨은 '노동의 종말'이라는 그의 저서를 통하여 "공장 자동화의 추세는 노력에 따라 유토피아 혹은 디스토피아에서 살 수 있는 양날의 칼과 같다"고 분석하고 있다. 즉 "노동의 종말은 문명화에 대한 사형선고를 내릴 수도 있고 동시에 새로운 사회 변혁과 인간 정신 재탄생의 신호탄일 수도 있다"라는 것이다.

예를 들자면 교통카드 무인 충전기가 나오면서 매표요원이 필요 없게 되고 신분당선의 전철과 같이 종합 관제센터에서 원격으로 무인운전 운행한다면 기관사가 필요 없게 된다. 이같이 첨단 정보 기술이 인간의 노동을 대신 하기 때문에 사람의 노동력은 더 이상 필요하지 않다.

이에 따라서 미국의 기업은 매년 200만 개의 일자리를 없앴고 종업원을 해고 시켰다. 그런데 새로 일자리가 생기면 대부분 저임금 부문이거나 임시직일 뿐이어서 전 세계 각국은 실업 문제가 가장 큰 골칫덩어리로 등장하게 되었다.

우리들은 신기술이 생산 원가를 절감하고 값싼 재화의 공급을 촉진해 구매력을 높여 궁극적으로는 시장이 커지면서 국부가 증대되고 일자리가 늘어난다는 환상을 갖고 있다. 그렇지만, 4차 혁명에 의한 신기술은 실업률 상승, 구매력 감소 등 전 세계를 불황 시대로 몰아넣는 요인이 되고 있다. 즉 적은 노동력으로 더욱 많은 일을 할 수 있는 소프트웨어 프로그램이 개발되고 성능이 향상한 컴퓨터 네트워크가 구축되면서 대부분 일터에서는 많은 근로자들이 해고된다. 다만 일부 새로운 일자리를 만들어지고 있을 뿐이다.

이 때문에 세계 경제는 고용 없는 성장이 이뤄지게 돼 극소수 엘리트가 세계 재화의 98%를 생산하고 대다수가 2%만을 생산하게 되는 새로운 세상으로 바뀌어 지게 된다. 이에 많은 젊은이들은 적은 일자리를 둘러싸고 아귀다툼이 벌어지고, 일을 찾지 못한 사람들은 자신을 쓸모없는 존재라는 생각으로 우울증에 시달리게 만들고 있다.

이에 미국 시스템 생태학자 프리쵸프 카프라는 '생명의 그물'이라는 그의 저서에서 "지금까지의 경쟁의 논리에서 벗어나는 새로운 패러다임을 실행해야 한다. 즉 우리가 세상을 보는 눈, 사람을 보는 눈을 바꾼다면 실업 문제를 해결하는 것은 생각보다 아주 간단하다. 이는 곧 발상의 전환, 인식의 전환을 해야 할 것이다."이라고 설명했다.

이는 곧 나누면서 살아가는 방법을 배워야 하며 이 길만이 다 함께 기후 위기와 세계 경제의 불황을 극복할 수 있는 길이 된다. 그래서 20세기 위대한 영성가인 마더 테레사는 "나눔 없이 평화 없다"고 말하였다.

지금 지구상에 평화가 없는 것은 나누려는 마음이 없기 때문이다. 잘 사는 사람들이 자신들이 가지고 있는 것을 조금이라도 나누려는 나눔의 정신만 있다면 우리는 다 같이 평화롭게 살아갈 수 있다.

인구폭발의 문제는 어쩔 수 없는 것이라 하더라도 78억의 인구가 더불어 살아갈 수 있는 해법은 결코 경쟁의 논리라는 죽임의 논리는 아니라 다 함께 살아갈 수 있는 공생 발전이다. 공생 발전이라는 새로운 패러다임을 정착시켜 나가는 길이 기후 위기를 극복해 나가는 지름길이다.

가. 네트워크로 연결된 지구촌

에릭오르세나 교수는 오스트레일리아, 싱가포르, 인도, 방글라데시, 중국, 이스라엘과 세네갈을 비롯한 아프리카 국가, 알제리 등의 지중해 연안 국가에 이르기까지 물 위기의 현장을 구석구석 찾아다녔다. 그리고 가뭄과 홍수, 물로 인한 질병으로 생존의 경계에 선 사람들을 만났다.

우리가 살고 있는 지구촌은 참으로 긴밀하게 네트워크로 연결돼 서로 얽히고설켜 영향을 받으면서 살아가고 있다.

프랑스의 세계적인 석학, 에릭오르세나는 그의 저서 '물의 미래'에서 "일본의 참치 초밥이 아프리카 서부 사하라 사막 근처에 있는 모리타니 공화국의 물 부족을 일으켰다"는 사실을 밝혔다. 그리고 일본 사람들의 나무젓가락이 세계 산림을 파괴하는 요인이 되고 있다고 주장하고 있어 어안이 벙벙하게 만들었다. 이는 초현대식 저인망을 갖춘 일본 원양어선들이 모리타니 해역에서 참치를 잡는 바람에 낡고 작은 배를 가진 모리타니의 영세한 어부들은 일본 원양어선과 도저히 경쟁이 되지 않았다.

그래서 모리타니 시장에서 생선이 자취를 감추게 되었고, 주민들은 부족한 단백질을 보충하기 위해 소나 염소 같은 가축을 키우게 되었다. 이러한 가축들은 참치나 고등어와 달리 담수가 필요하며 목초를 기르기 위해 여기저기에서 지하수가 개발되었다. 결국 모리타니의 지하수층을 고갈시켜 이곳 사람들은 물 부족에 시달리게 만들었다.고 사실을 밝혔다.

실로 일본의 원양어선이 모리타니 영세 어민들을 생계를 어렵게 만들고 이런 생계를 유지시키기 위해서 소와 염소를 방목한 결과가 목초를 기르고 담수가 필요하여 결국에는 지하수를 개발하게 되었던 것이다. 이는 곧 모리타니의 물 부족을 야기 시키고 있다. 이같이 세계 모든 국가는 하나의 큰 먹이사슬로 연결되어 있다는 사실을 우리들에게 알려주고 있다.

 한 권으로 끝나는 생태 위기

70, 80년대에서는 세계 산림을 파괴하는 3대 요인이 '이탈리아의 고급 가구, 미국 사람들의 핫도그 막대기. 일본 사람들의 나무젓가락'이라고 했다. 물론 광활한 산림 가운데 일부의 산림이 훼손되는 것으로 생각할지는 모르지만, 훼손된 산림을 서식 기반으로 삼고 살던 생물들이 멸종되는 일이 동시에 일어나기 마련이다.

이런 자그마한 이들이 모아서 심각한 환경문제를 야기시키고 있는 것이다.

그래서 우리가 사는 지구촌에서는 우선 환경을 생각하고 환경에 대한 배려를 통하여 모든 일들이 통제되고 규제되어야 하는 원리를 깨달아야 하고 이로써 세계 경제를 관리하지 않으면 지구환경은 되살릴 수 없는 것이다.

1. 필(必) 환경, 그린 마인드, 그린슈머

마음이 없으면 눈이 있어도 보이지 않고 마음이 없으면 귀가 있어도 들을 수 없다. 결국 마음이 있어야 이 세상을 제대로 보고 들을 수 있다.

이같이 지구환경을 되살려야 하는 마음이 있어야 이에 따른 행동도 나올 수 있다. 그래서 환경문제를 해결하기 위해서는 무엇보다도 친환경 마인드를 갖는 일이 우선 되어야 한다.

만일 친환경 마인드가 없다면 지구환경을 되살릴 수 있는 아무런 행동도 기대할 수 없다. 그래서 지구환경을 되살리기 위해서 우선 지구환경을 되살려야 하겠다는 친환경 마인드를 갖도록 환경 교육이 전제되어야 한다.

세계적인 환경단체들은 "인간이 더 이상 지구에서 사람들이 살 수 있는 시간은 얼마 남지 않았다"며 "이젠 지구환경을 되살릴 수 있는 기회가 영영 사라지기 전에 지구환경을 되살려야 한다"라는 '엔드 게임'을 내세워 환경문제를 해결하려고 한다.

그렇지만 진정성이 없는 환경마인드가 무슨 힘을 발휘할 수 있겠는가? 진정으로 지구환경을 되살려야 한다는 마음 자세에서 출발해야만 환경문제를 해결해 나갈 수 있는 방안이 모색될 수 있는 것이다.

세계 인류는 지금 당장 탄소중립과 생태 보전을 시행하여 지구환경을 되살려야 한다는 거센 주장을 하고 있다. 이에 반해 기득권 세력을 대표하는 기업가나 정치가들은 탄소중립이나 생태 보전으로 기득권자의 불이익을 받는 것을 두려워하면서 "지구 종말론이라는 불확실성을 갖고 터무니없는 엔드 게임을 주장하는 것은 분명한 가짜뉴스이면서 허튼수작들이다"라고 역공세를 펼치고 있다.

이같이 지구환경에 대한 엔드 게임과 역공세로 양편으로 갈라져 치열한 공방전을 벌리고 있는 상황에서 무슨 환경문제를 모색해 나갈 수 있겠는가?

그렇지만 생물학자 최재천 교수는 "내일 당장 지구의 종말이 온다고 해도 우린 아무런 변명을 하지 못하는 상황이 이미 도래하고 있다"며 기후 위기의 심각성과 사실임을 확인시켜 주고 있는 것이다.

사실상 세계 인류가 다 함께 지구환경을 되살려 나가는 일에 매진한다는 것은 사실상 여러 가지 장애요인이 발생하기 마련이다. 이를 지혜롭게 풀어나가는 집단지성을 발휘할 수 있는 논의 기구를 마련하여 지속적으로 대화를 통하여 문제를 해결해 나가려는 노력이 뒷받침되어야 할 것이다.

가. 그린 마인드란?

대문호인 괴테가 지금으로부터 230년 전 '괴테의 식물변형론'이라는 시집을 내놓아 세상 사람들을 놀라게 하였다.

모든 식물은 씨앗에서 줄기, 줄기에서 잎, 잎에서 꽃과 열매로 진화한다. 이

     한 권으로 끝나는 생태 위기

는 세상 모든 만물이 점, 선, 면, 결실로 이어지는 자원의 섭리에 따라서 살아가고 있기 때문이라고 했다.

역시 식물뿐만 아니라 동물의 세계에서도 마찬가지이다. 정자와 난자가 만나서 자궁이라는 곳에서 태아가 생산되고 태아가 자라서 세상을 나오게 된다. 이도 역시 점, 선, 면, 결실이라는 과정을 거친다고 볼 수 있다. 이런 신비로움에 가득 찬 세상을 있는 그대로 시로 묘사하면서 많은 사람을 감동하게 하고 있다.

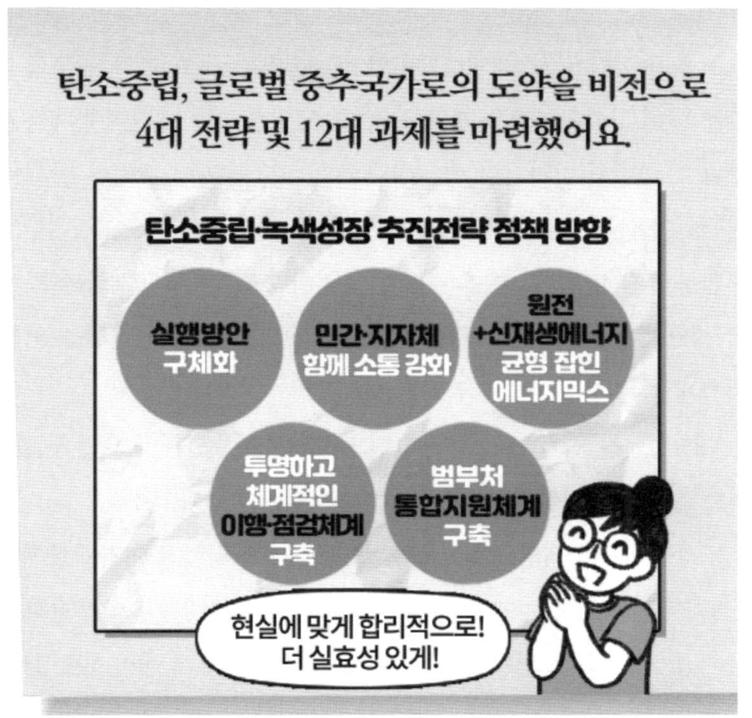

모든 식물이 원형 식물과 같은 방식으로 살아가고 있고 그 원형 식물에서 하고많은 식물들이 진화 발전하여 다양한 대자연의 모습을 만들어 나가고 있다.

이는 너무나 신기하고 아름다운 일이며 이를 관찰하면서 찬송하는 시를 쓴다는 것은 얼마나 의미 있는 일인가를 우리들이 깨닫게 된다고 했다.

괴테는 모든 생물체가 출생, 활동, 죽음이라는 근본원리에 따라서 그들의 일생을 그대로 유지 발전시키고 있는 조상 대대로 내려오는 대자원의 섭리가 지구촌을 움직이고 있다고 믿었다.

그래서 세상은 하나의 동일한 생명체라는 인식에 바탕을 두고 각양각색으로 변화하면서 다양한 생물체들이 이 세상을 함께 살아가도록 만든 대자원에 감사하는 마음을 갖도록 만든다는 생각으로 시를 쓰게 되었다고 한다.

그동안 우리 인간들은 이런 대자원의 섭리를 무시하고 인간 위주의 편의만을 위해서 멋대로 지구환경을 짓밟아 왔다. 이로 인하여 다른 생물체들은 생존의 위협을 느끼면서 살아가고 있는데도 우리 인간들만이 편하면 된다는 생각으로 지금까지 살아오고 있다.

이는 만물의 영장인 인간에게 주어진 특권이라고 착각하면서 살아왔기 때문에 결국 생태계 멸종과 기후 위기라는 재앙을 초래하여 지구환경을 되돌릴 수 없는 지경에 이른 것이다.

이젠 화석연료를 기반으로 쌓아 올린 과학 문명은 인간의 오만과 편견이라는 착각으로 빚은 크나큰 원죄라는 사실을 깨달아야 한다.

인간의 활동으로 화석연료를 너무 많이 사용하게 되었고 여기에서 배출되는 온실가스와 환경오염 물질에 의해서 기후 위기와 지구생태계가 무참하게 무너뜨리는 기상재앙을 겪으면서 세계 인류는 앞으로 어떻게 살아가는 것이 진정으로 세계 인류가 살아가는 방안일까를 모색해야 한다.

이는 참회하는 마음으로 지구환경을 되살리는 일에 모든 걸 바쳐야 하겠다는 친환경 마인드를 갖게 만든다. 이런 마음으로 지구환경을 되살려 나갈 때 지구를 되살릴 수 있는 동력이 생기게 된다.

나. 우리의 유일한 주주는 지구

친환경 아웃도어 브랜드인 '파타고니아' 창업주 이본 쉬나드 회장은 "우리의 유일한 주주는 지구이며 우리들의 사업이란 지구를 위한 수단에 불과하다"며 "회사의 모든 총력을 지구환경을 되살리는 데 초점을 맞춰져야 한다"는 경영방침을 밝히고 있다.

그는 우선 4조 2천억 원이나 되는 자신의 지분을 전부 환경단체에 기부하면서 "새로운 자본주의를 형성시켜 나가는 데 자그마한 도움이 되길 바란다"면서 회사 매출의 1%를 매년 환경을 위한 사업에 기부해 오고 있다.

지구환경을 되살리는 일을 이젠 개인들의 힘만으로 불가능한 시대가 개막되었다. 기업들이 나서지 않으면 지구환경을 되살릴 수 있는 동력을 발휘할 수 없게 되었다. 그래서 개인들도 친환경마인드를 갖고 기업들이 지구를 되살릴 수 있는 일에 총력을 집중시켜 나갈 수 있도록 무분별한 소비가 아니라 지구환경을 되살려 나가는 가치 있는 소비로 전환시켜 나가야 한다.

최근 친환경 소재를 사용하기로 유명한 파타고니아는 '이 재킷을 절대 사지 마라'라는 광고를 해서 소비자를 놀라게 하였다.

아무리 친환경 소재를 사용해서 옷을 만들어도, 제작 과정에서 탄소가 배출되고 그 후에 폐기물이 되어버리기에 때문에 기존 제품을 오래 입는 것이 오히려 친환경적이라는 메시지를 소비자에게 전달하고 있다.

이런 홍보 활동이 회사의 진정성을 소비자들에게 전파하는 힘으로 작용하여 당장 눈앞의 기업이익보다 환경을 먼저 생각하고 소비자들에게 가치 있는 소비를 권장하는 파타고니아의 높은 환경 가치를 더욱 신뢰하게 되었다.

그래서 이들의 상품들이 더욱 많은 매출을 가져와 오히려 40% 급성장하는 계기를 만들었다고 발표하였다. 이제 친환경 마인드를 갖고 친환경 상품을 만들지 않으면 결국 소비자들에게 외면당하여 시장에서 퇴출될 수밖에 없는 시대가 개막되고 있는 것이다.

다. 자연과 공존하는 그린 마인드

아웃도어 브랜드 네파는 "생활 속에서 자연과의 진정한 공존을 그리는 '그린 마인드' 운동을 전개한다"는 회사 경영 목표를 설정하였다. 그리고 그린 마인드 운동의 일환으로 해양에서 수거한 플라스틱을 재활용한 원사, 옥수수에서 추출한 당분으로 만든 원사, 미생물에 의해 가수분해 및 생분해가 가능한 원사 등으로 화석연료 원사를 대체시켜 친환경 재료를 바탕으로 하는 제품을 생산하고 있다.

이에 따라서 2023년부터는 자연과의 공존을 위하는 친환경 제품의 비중도 전체의 절반 이상으로 늘어나게 되었고 친환경 제품 만들기에 총력을 경주하는 기업 이미지를 심어가고 있다.

'자연을 향한 네파의 태도를 다시 쓰다'라는 컨셉으로 네파의 친환경 원사의 공정 작업의 과정을 보여줌으로써 자연에 대한 네파의 관심과 지속 가능한 패션에 대한 고민으로 생산 제품에 그대로 나타내고 있다.

최근 출시된 대표 제품인 '그린마인드 폴로 티셔츠'는 해양에서 수거한 플라스틱을 재활용한 친환경 폴리 원사로 만들어져 일반 폴로 대비 생산 공정에서 발생하는 에너지, 물 사용량, 탄소 배출량을 크게 줄인 친환경 제품이라고 홍보한다.

그리고 옷을 만드는 데 사용된 재활용 페트병의 개수를 텍과 라벨을 부착해 소비자들에게 회사의 친환경 의지를 전달하고 있다. 결국 이런 친환경 기업들이 주류로 나서면서 친환경 기업들만이 생존할 수 있는 세상으로 변해가고 있는 것이다.

라. 필(必) 환경

서울대 소비트렌드분석센터에서 '트렌드 코리아 2019'라는 저서를 내놓으면서 처음으로 '필(必) 환경'이라는 용어를 사용하였다. 이젠 환경에 좋은 것을 선택해야 한다는 주장을 넘어서 환경을 위해 반드시 실천하고 있다는 필(必) 환경을 행동으로 보여주어야 하는 그린슈머들이 소비시장을 지배해 가고 있다.

이런 그린슈머를 실천해 나가기 위해서는 소비자들이 위장환경주의(Green washing)를 경계하고, 리얼그린(Real Green)을 실천해 나가는 능력을 갖춰야 한다는 것을 깨닫게 되었다. 사실 개인적으로 기업의 광고에 대한 진실성 여부를 판단하기란 쉽지 않다.

얼마 전 세계 자동차 1위 업체인 폭스바겐의 클린 디젤이라는 라벨로 디젤 자동차를 홍보하였다. 소비자들은 이를 믿고 폭스바겐을 매입함에 따라서 클린 디젤의 매출이 일시적으로 증가하였다.

그렇지만 실제로 시민단체의 조사한 결과 오히려 오염물질 배출이 기준치보다 훨씬 초과해서 나온다는 사실이 밝혀졌다. 이에 2016년 폭스바겐은 260억 유로의 환매 사태가 발생하게 되었고 경영 위기에 직면하게 되었다.

그렇지만 폭스바겐은 이런 사실을 모두 인정하고 과감하게 경영혁신을 통하여 이제 겨우 경영정상화를 가져오게 되었다. 이같이 그린워싱은 그 회사의 파산을 야기시키는 원인이 되며 결국 그린 마인드를 갖지 않으면 기업들도 생존할 수 없는 시대가 개막되고 있다.

2. 공생이라는 생명 원리

우리들이 사는 지구는 정글의 법칙이 적용되어 힘센 놈이 약한 놈을 잡아먹는 약육강식(弱肉强食)의 법칙이 적용된다고 생각하고 있다. 그리고 우리들이 살아가는 인간사회에서도 디지털경제의 승자 독식주의(勝者獨食主意)가 적용돼 강한 자가 지배되는 세상이라고 여기고 있다. 그런데 이런 사실과는 달리 미국의 생물학자 린 마굴리스는 공생 이론을 내세워 지구생태계는 이런 갈등과 대립 관계가 아닌 서로 돕고 협조하는 공생관계로부터 출발하고 있다는 사실을 밝히고 있다.

마굴리스의 공생 이론에서는 지구에는 원래 원핵세포 미생물만 살던 까마득한 시대가 있었다고 한다. 그 당시 덩치 큰 미생물이 작은 걸 먹어 치웠는데 큰 녀석이 소화를 시키지 못했고 먹잇감이 포식자 내부에서 우연히 살아남게 되었다.

처음에는 생존을 건 사투를 벌어졌는데 먹은 놈은 소화 시키려고 애를 썼고, 먹힌 놈은 소화되지 않고 살아남으려고 애를 썼을 것이란다.

이와는 반대로 포식이 아니라 감염이었을 가능성도 있어 먹힌 놈의 몸속에 기생하게 되었다고 여기고 있다. 그래서 이들 둘은 더 이상 싸우지 말고 도움을 움을 주고받는 관계를 발전하게 되어 원핵세포가 진핵세포로 진화할 수 있는 발판을 마련되었다고 보고 있다.

오늘날 지구상의 모든 생명체는 공동의 조상인 루카(LUCA)가 존재했다고 한다. 지금으로 3억 5천 년 전에 LUCA는 심해의 균열, 뜨겁고 금속으로 가득 찬 기체 공기가 배출되는 지역, 마그마와 해수가 혼합된 매우 특정한 환경에서 나타났다고 여기고 있다.

자칫 소설과도 같은 이 가설은 처음에는 과학계에서 인정받지 못하였다. 그러나 화석들에 의한 각종 자료에서 이를 입증할 수 있는 증거들이 충분히 축적되면서 이제는 생물학 교과서에 나올 정도로 일반적인 학설로 인정을 받고 있다.

이런 공생관계가 이뤄지면서 서식지에서 먹이를 공유하며 서로 부대끼며 살아가는 과정을 겪게 되었다는 유래에 근거한 것이다.

공생발전은 위기극복을 위한 해법입니다

우리 사회도 자연생태계와 같이 서로 다른 계층을 조화롭게 하면서 진화·발전시켜 나가자는 것이 바로 공생발전(Ecosystemic Development)입니다. 개별 경제주체들의 창의와 경쟁을 보장하되 양적 성장뿐 아니라 질적 향상을 추구하고, 발전의 성과를 승자독식 하는 것이 아니라 서로 나누어 가짐으로써 격차를 줄이고, 일자리를 늘리는 데 씀으로써 시장경제를 진화·발전시키자는 뜻이지요. 따라서 그 바탕에는 시장경제의 장점을 살려 창의성과 지적 역량으로 혁신을 주도하면서, 탐욕을 버리고 사회적 약자를 배려하고 보살피는 인간애, 공정하고 바른 사회에 대한 책임의식이 담보되어 있다고 할 수 있습니다.

공생발전의 중심가치

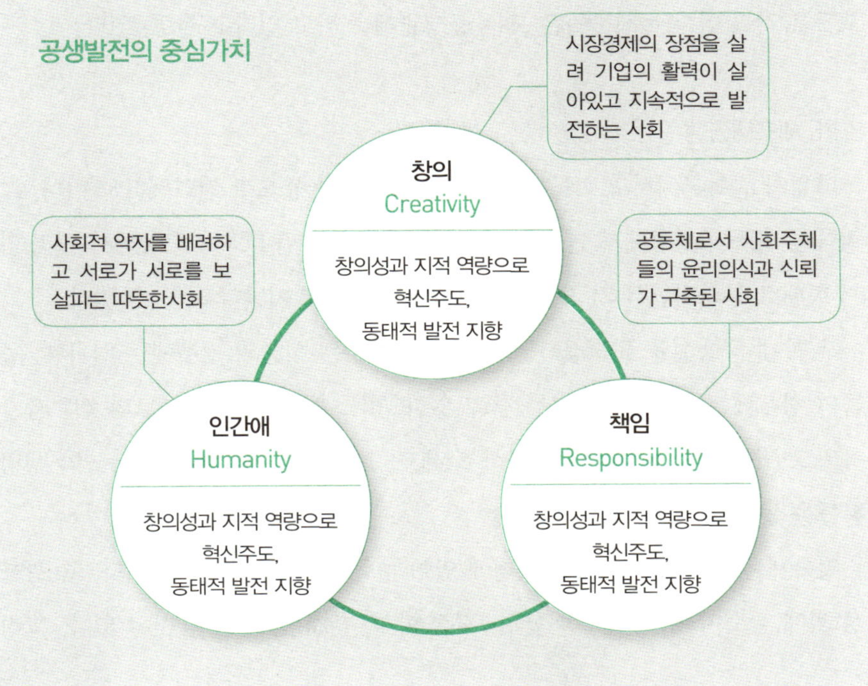

다른 생명체와 만남은 우연이지만, 이런 공생관계는 서로 돕기도 하고 싸울 때도 있을 수밖에 없는 상호관계 이어서 공생관계가 지속되면서 서로 협력하고 배려하는 관계에서 생명체가 유지될 수 있었다는 분석이다.

모든 생물체를 구성하고 있는 세포는 '진핵세포'와 '원핵세포'로 구분된다. 진핵세포란 세포 안에 여러 '세포소기관'이 있어 세포 내에서 특정한 기능을 수행하도록 분화된 구조물이며, 막으로 싸여 있다. 대표적으로 핵과 미토콘드리아, 엽록체 따위를 들 수 있다.

이에 반해, 원핵세포란 세포소기관은 말할 것도 없고 핵막조차 없어서, 유전물질인 DNA마저도 세포 한구석에 덩그러니 놓여 있다. 즉 진핵세포는 여러 개의 방이 있는 저택인 데 반해 원핵세포는 단출한 단칸방이라 할 수 있다.

그런데 동물과 식물, 일부 미생물은 기본적으로 같은 진핵세포로 되어 있으나 세균을 비롯한 미생물에게서만 원핵세포를 발견할 수 있다. 따라서 진핵세포들을 갖고 있는 동식물들은 모두 공생관계를 하고 있다고 할 수 있다.

가. 세포내공생

다윈의 진화론에서도 식물, 해상동물, 육상동물 등으로 진화됐다고 한다. 그렇다면 최초의 생명체가 단세포 원핵생물이었고 그런 LUCA 모습에서 여러 가지 형태로 분화되면서 지구상에 많은 생물체들이 태어났다고 볼 수 있다.

세포 내 공생설을 뒷받침하는 대표적인 경우는 식물의 경우에는 엽록체, 동물의 경우에는 미토콘드리아를 들고 있다. 이들은 독자적인 DNA와 리보솜을 가지고 있는 생명체인데도 불구하고 세포 속에서 공생하면서 동식물의 생명활동을 돕고 있다.

엽록체는 식물세포의 대사 과정에 있어서 중요한 기능을 하고 있다. 즉 광합성 외에 질소대사, 아미노산 합성, 지질 합성, 색소 합성 등을 하고 있다. 그리고 미토콘드리아는 세포 내 소기관으로서 자기 스스로 DNA를 보유하면서 산화적 인산화에 필요한 13개의 단백질을 스스로 합성시킬 수 있는 능력을 보유하고 있다.

여기에서 세포에서 사용할 수 있는 에너지원인 ATP로 전환하며, 이때 생성되는 활성산소종(ROS)을 통한 세포 내 신호전달 및 세포의 산화적 손상을 조절하고 있다. 즉 세포 자가사멸의 신호를 조절하여 세포의 자가사멸과 재활용을 조절하며 이외에도 세포 내 칼슘 신호 조절, 호르몬 합성 조절 및 세포의 염증 반응 조절 등을 통해 세포의 생(生)과 사(死)를 조절하는 중요 기관이다. 파킨슨, 알츠하이머 등의 퇴행성 뇌 질환은 미토콘드리아와 관련된 대표적 질환으로 꼽히고 있다.

나. 생명의 원천인 ATP

식물들은 태양광 에너지로 탄소동화작용을 하여 탄수화물을 만들고 우리들의 몸에 들어가면 소화가 되면서 포도당으로 세포 속에 이를 저장하게 된다. 여기에서 세포 내 소기관인 미토콘드리아에서 '아데노신3인산'이 합성된다.

즉 '아데노신3인산'을 영어로 'Adenosine Tri-Phosphate(ATP)'라고 부른다.

ATP는 사람으로부터 세균에 이르기까지 생활 활동에 다양한 장면에서 에너지를 받아서 전달하는 역할을 담당하게 된다. 이런 역할을 담당하기 때문에 '에너지 통화(화폐)'라고 부른다.

ATP에 빼놓을 수 없는 것은 이의 효율성을 높이는 역할을 담당하는 '효소'와의 합성이다. 결국 모든 생물체들은 ATP 에너지를 사용하여 생명력을 유지해 나가고 있다고 할 수 있다.

ATP 에너지는 이온 수송 때문에 이뤄지는데 여기에는 신경의 정보전달, 영양 섭취, 호르몬의 분비, 세포 내 기관의 기능 등에서 나트륨, 칼륨, 칼슘 등 금속이온과 함께 수소이온에 의해서 지원을 받게 된다.

이런 체내 에너지 메커니즘에 문제가 생기면 결국 질병의 원인이 되는 것으로 여러 가지 난치병, 유전병, 감염증, 암과 심근경색, 위궤양 등이 발병하게 된다.

다. 마이크로바이옴

우리들에겐 대장에는 마이크로바이옴이라는 미생물의 군집이 살아가고 있다. 최근 연구에 따르면 이런 마이크로바이옴의 불균형은 비만, 당뇨, 아토피, 관절염, 자폐, 치매 등 많은 질병이 연관되어 있다는 사실이 확인되고 있다.

실제로 우리들은 식이 섬유질과 같은 분해할 수 있는 유전자가 부족해서 여러 미생물이 분업을 통해 연합군을 만들어야 소화할 수 있다. 즉 현미나 통밀 또는 사과 껍질 등에 존재하는 식이섬유는 미생물이 연합한 군집인 마이크로바이옴이 형성되어야 분해할 수 있게 된다.

여러 개의 위를 갖고 있는 소의 경우에는 이런 대장 마이크로바이옴은 형성되어 있어 거친 셀룰로스까지 손쉽게 분해할 수 있다. 즉 마이크로바이옴은 분해가 몹시 어려운 식물의 섬유질을 분해해서 숙주인 동물에게 에너지원이 되는 짧은 지방산과 필수 비타민을 만들어 준다.

이때 장내에서 일어나는 발효의 부산물로 메탄가스가 발생한다. 이 메탄은 이산화탄소보다도 21배 이상의 영향력이 있는 온실가스다. 사람이 만드는 메탄은 다행히 미미한 양에 불과한 것으로 알려졌다.

미국 미네소타대학 병원에서 식도부터 대장에 이르는 소화기 질병을 다루는 소화기 내과 전문의인 알렉산더 코러츠 교수는 2008년에 건강한 사람의 대변을 이식시켜 위막성 대장염을 치료하는 데 성공하였다.

결국 건강한 사람에게 형성된 미생물의 군집인 마이크로바이옴을 형성시켜 이런 대장에서의 질병을 치료하는데 성공시킨 것이다. 이는 우리의 몸속에서도 많은 생물체들이 서로 공생하면서 돕고 협력하면서 살아가고 있다는 사례를 보여주는 표본이라고 할 수 있다.

그런데 우리들은 이 세상을 약육강식의 법칙이 적용되는 정글의 세상으로 오해하면서 상대방에게 배려하기보다는 나 자신이 이득을 위해서 상대방을 이용하려는 못된 생각으로 이 세상을 살아가고 있다.

따라서 우리들이 살아가는데 경쟁하되 상대방에게 배려하고 협력하는 마음으로 함께 살아가는 공생이라는 생존의 법칙을 잃지 않고 지켜나가야 한다.

이것이 바로 지구생태계가 진화 발전할 수 있는 기틀이라고 할 수 있으며 지구생태계가 지켜 나가야 할 대자원의 섭리라고 할 것이다.

3. 준비해야 할 공유경제

다보스 세계경제포럼에서 '일자리의 미래'라는 보고서를 내놓았다. 앞으로 세계 경제는 5년 이내에 일자리 700만 개가 사라지고 빅데이터, 컴퓨터, 수학 분야 등에서 210만 개의 일자리가 새로 만들어질 것이라는 전망을 내놓았다. 이 같은 4차 산업혁명으로 산업과 경제, 고용, 사회, 정부 형태까지 모든 것들이 바뀌면서 노동시장에는 쓰나미가 밀려오게 될 전망이란다.

이제 4차 산업혁명이 기계와 사람, 인터넷 서비스가 상호 연결돼 유연한 생산 체계를 구현함으로써 고객의 개성에 맞는 다품종 소량 생산 체제가 가능한 새로운 패러다임을 만들어 나가게 된다.

지금까지 시장경제라는 경쟁 도구를 기반으로 대량생산, 대량 소비 체제가 4차 산업혁명 기술인 인공지능(AI), 로봇공학, 사물인터넷(IoT), 3-D 프린팅, 나노기술, 바이오 공학, 재료 공학, 에너지 저장 기술, 퀀텀 컴퓨팅 등으로 효율성보다는 문화에 바탕을 둔 고객의 취향에 따라서 다양한 생산 체제로 전환해 나가게 된다.

이런 다품종 소량 생산 체제로 전환되면서 소비자의 다양한 취향을 상품에 반영하는 시대가 개막되고 있다. 이에 따라서 소유 위주의 생산 체제가 공유 위주 생산 체제로 전환되는 패러다임이 이뤄지고 있다.

2018년부터 미국에서는 차량공유 우버(Uber)와 숙박 공유 에어비앤비(Airbnb) 등과 같이 공유경제 모델들이 사업화에 성공함으로써 전 세계적으로 공유경제 모델이 붐을 형성하고 있다.

국내에서도 차량공유 업체 '쏘카', 유아용품과 가전 공유업체인 '다날쏘시오', 주차장 공유업체 '모두의 주차장' 등 다양한 분야에서 사업영역이 확대되고 있다.

현재 국내의 공유경제 시장 규모는 크지 않지만 우리나라의 ICT 수준과 인터넷 세대의 관심도를 기반으로 향후 급격한 수요 확대가 예상돼 공유시장이 활성화될 전망이다.

공유경제란? 플랫폼 등을 활용해 자산, 서비스를 다른 사람과 공유해 사용함으로써 효율성을 높이는 경제모델이다. 개인, 기업, 공공기관 등이 유휴자원을 일시적으로 공유하는 활동도 공유경제에 포함된다. 1인 가구 증가, 합리적 소비 확산 등으로 인해 소비의 방식(패러다임)이 '소유'에서 '공유'로 전환되며 공유경제가 활성화되고 있다.

최근 이동통신(모바일) 기반의 개인 간 실시간 거래 환경이 조성되면서 교통, 숙박 등 다양한 분야에서 혁신적인 개인 간(P2P) 공유경제 모델이 확산하고 있다.

이런 세계 공유경제 시장은 미국, 유럽을 중심으로 급성장해 2017년 186억 달러에서 2022년 402억 달러로 확대되었다. 현재 우리나라에서도 공유 주거,

공유 오피스, 공유 주방, 승차 공유(모빌리티), 취미 공유 플랫폼까지 다양한 공유경제 서비스가 늘어나고 있다.

가. 플랫폼을 활용한 공유 경제체제 구축

공유경제는 유휴자원의 효과적인 활용을 통한 사회적 후생 증가는 물론 새로운 일자리 창출 및 기존 산업과 관련 산업에 대한 파급효과가 기대돼 사회 경제적 큰 효과를 기대할 수 있어 정부가 정책적으로 지원, 육성시켜야 할 분야이다.

이같이 공유경제에 기반한 새로운 사업모델은 다양한 이해관계자가 존재하기 때문에 출발하면서부터 이런 엇갈리는 이해관계를 해결해 나갈 수 있는 열린 플랫폼을 만들어 내어 집단지성을 통하여 해결해 나가는 시스템 구축이 전제되어야 한다.

따라서 중앙정부나 지방정부가 이런 문제점을 해결해 나가는 시스템을 구축하여 민관 거버넌스 체제를 통하여 원활한 소통과 논의가 이뤄질 수 있도록 하는 여건을 조성해야 한다.

대체로 전통 업계와 중개 플랫폼 업체 간의 이해관계 조정이 문제가 되고 있다. 공급자와 수요자를 대신한 플랫폼 업체에 대한 과세, 전통 업계도 새로운 비즈니스 형태로 진출이 가능 하도록 하는 방안이 마련되어야 한다. 기존 산업과의 갈등 문제는 기존 산업에 대한 규제를 조정하거나 새로운 산업 진입장벽을 낮추는 방안을 마련해야 할 것이다.

나. 울산시의 공유경제 활성화 계획

울산시는 3대 공유전략이라는 공유경제 활성화 전략을 수립하여 실행하고 있다. 즉 ▲울산 공유경제 제도적 기반 마련 ▲울산 공유경제 문화 확산 및 생태계 조성 ▲자생력 확보를 위한 공유경제 활동 지원 등 3대 공유전략을 수립하였다. 그리고 이를 뒷받침하는 7개 세부 사업을 내용으로 되어 있고 공모를 통한 추진 과제로 공유자전거 시스템 확대 구축, 산업단지 스팀 네트워크 등 17건의 사례도 발굴했다.

조계에 따르면 학계, 비영리 단체, 사회적기업 등 공유경제와 관련된 분야별 전문가 등 15명 이내로 '공유경제(촉진)위원회'가 구성되며 공유경제 활성화 정책을 위한 심의, 자문 등으로 사회적 협의의 컨트롤 타워 역할을 담당한다. 그리고 '공유경제 활성화 기본계획'은 공유경제 실태조사와 공유경제 촉진을 위한 사업 발굴, 사업의 추진계획 구축 및 활성화 방안 등을 계획에 담는다.

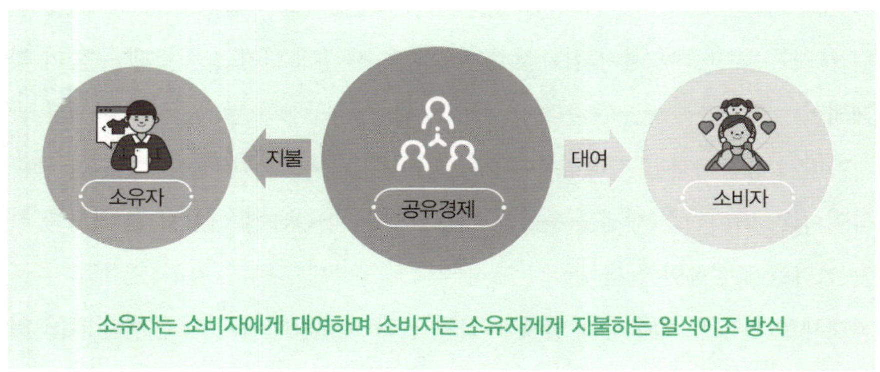

울산시는 공유경제 주체 간의 협력적 네트워크 역할을 위해 공공부문(중앙행정기관, 지방자치단체, 공공기관)에서 보유, 운영 중인 시설/공간, 물품 등의 공공자원을 유휴시간에 국민들이 인터넷 또는 모바일을 통해 검색하여 예약하그 결제 후 이용할 수 있는 '대국민 공공자원 개방 및 공유 서비스 통합 포털'이 문을 2022년 2월에 열었다.

울산시는 2022년 9월 도입한 전기 공유자전거 '카카오 티(T)바이크'가 운영 중에 있고 세어하우스 건립, 공동육아 나눔터, 청년 활동 공유공간을 발굴하는

　　　　한 권으로 끝나는 생태 위기

맵 브릿지 사업 등을 포함하여 울산만의 생활 밀착형 특화 사업을 집중적으로 발굴하고 육성하고 있다.

그리고 유휴 자원거래를 통한 일자리 창출과 저소득층, 청년, 노인 등 탄력적 서비스 공급자 참여로 사회적 배려 계층의 소득 증대 및 안정화에 기여할 것으로 기대하고 있다.

이렇게 공유경제의 바람을 타고 지역경제 활성화라는 새로운 사업 분야로 자리매김할 수 있도록 공유경제 활성화에 더욱 박차를 가하겠다는 방침이다.

4. 지구의 날을 맞이한 우리들의 각오

매년 4월 22일은 지구의 날이다. 이는 1969년 미국 캘리포니아주 산타바바라 해변에서 발생한 최악의 대규모 원유 유출 사고를 계기로 지구환경 파괴를 대항하기 위해서 2천만 명이나 되는 미국 시민들이 거리로 나왔다.

이에 위스콘신주의 게이로드 넬슨 상원 의원이 환경문제에 관한 범국민적 관심을 불러일으키고자 1970년 4월 22일을 '지구의 날'로 주창하게 되었다. 2023년으로 53회를 맞이하게 되지만 사실상 지구환경을 되살리기 위한 어떤 구체적인 행동은 하지 못한 채 지구환경은 더욱 악화 되고 있다.

지구온난화로 인한 기상이변이 매년 심화되고 있어 세계 인류는 지구온난화로 지구생태계가 전멸할 수 있다는 위기감에 위협을 느끼면서 살고 있다. 다행스럽게 IPCC(기후변화에 대한 정부 간 협의체)가 '1.5℃ 특별보고서'를 발표하고 이를 해결하고자 기후변화 당사국 총회에서 2015년 파리협정으로 전 세계 각국이 의무적으로 참여하는 새로운 기후변화 협정을 체결하였다. 그리고 2021년에 구체적인 행동 목표로 2030년까지 탄소 배출량을 절반, 2050년에는 넷제로를 만들어 나가자는 결의를 다짐했다.

그렇지만 세계 경제는 아직도 탄소배출이 감소세로 전환되지 않고 지속적인 증가세가 유지되고 있어 탄소중립을 과연 성공적으로 실현해 나갈 수 있을까? 하는 걱정이 된다. 특히 개도국들은 탄소 감축보다도 경제성장을 정책적 우선 순위를 유지하고 있으면서 인구 증가가 지속해서 이뤄져 탄소 배출량이 크게 늘어나고 있다.

여기에다 우크라이나 전쟁이나 하마스- 이스라엘 전쟁이 발발되어 세계 경제는 전쟁의 소용돌이에서 벗어나지 못하고 있다.

세계 곳곳에서 발생하는 폭염과 산불로 이산화탄소 배출량은 크게 늘어나고 있어 탄소중립 달성을 더욱 어렵게 만들고 있다. 이에 세계 인류는 기후 위기가 해결될 수 있도록 간절한 기도를 올리고 있으나 '2050 탄소중립'을 달성하기에는 너무나 많은 장애물을 안고 있다.

<지구에 투자하는 방법>

지구의 날 사무국은 2023년 주제를 지난해와 마찬가지로 '우리 지구에 투자하라'로 정했고 2년간 연속적으로 동일한 주제로 선정해서 구체적인 행동으로 성과를 얻어낼 것을 기대하고 있다.

지구에 '투자'한다고 하면 흔히 말하는 금융투자가 생각나겠지만 알고 보면 그 방식이 다양하다. 지구의 날을 맞아 우리가 직접 참여할 수 있거나, 아이디어를 얻을 수 있는 '지구투자' 5가지를 뉴스 펭귄에서 제시하고 있어 이를 소개하고자 한다.

지구환경을 되살리는 일은 나 혼자서는 해결될 수 없는 세계 인류의 문제이다. 그렇지만 그 책임을 다 함께 부담해야 하기 때문에 내가 먼저 나서지 않으면 누구도 해결해 줄 수 없는 한계를 갖고 있다.

따라서 탄소중립과 생태 중립을 위해서 우리는 각종 기후 행동을 추진해 나가야 하고 이를 위해서 단체적인 힘을 통하여 단계적으로 추진해 나갈 수밖에 없는 일이다.

지구의 날에 마련한 주제인 '지구에 투자하자'는 캠페인으로 혼자가 아니라 다함께 행동할 수 있는 좋은 방안이라고 여겨져 지속적으로 추진해 나가야 될 사업이라고 여겨진다.

첫째, 자연을 사서 지키자

보전 가치가 매우 높지만 개발되는 땅이 많다. 대표적 사례가 제주도에서 자연적으로 형성된 습지이자 숲인 곶자왈이다.

곶자왈은 대부분 사유지인데, 환경영향평가를 거치면 개발이 가능한 지역으로 전환되었다. 다만 멸종위기 식물이 많아 개발에 제한이 있는 경우도 있다. 그러나 이런 때는 토지주인들이 고의로 숲을 훼손하고 개발이 가능한 땅으로 만들려는 시도가 이어지고 있어 자원을 지켜내기를 기대할 수 없다. 따라서 곶자왈을 지키기 위해 '토지매입 보전 운동(내셔널트러스트)'이 진행되고 있다.

제주 곶자왈공유화재단은 일반 시민으로부터 후원과 토지 기부를 받아 보전 목적으로 곶자왈 토지를 매입하고 있다. 또 곶자왈 토지 소유자와는 '곶자왈보전협약'을 맺고, 원래 형태 보전에 필요한 경비 일부를 지원하기도 한다.

국내에서는 녹색연합이 1999년 10월 국내 처음으로 토지매입 보전을 수행한 바 있다. 즉 녹색연합은 한국전력이 변전소를 설치하려던 강원도 태백시 원동 일대 토지를 구매했다.

보전이 성공하나 싶었지만 이 토지는 정부가 전원개발촉진특별법을 적용하면서 한국전력에 다시 넘어갔다.

이처럼 토지 공유화 운동은 정부가 수행하는 개발사업에 의해 무력화되기도 한다. 그리고 공유지는 구매할 수 없다는 한계도 있다. 그럼에도 토지매입 보전 운동은 직접적으로 특정 토지를 보전할 수 있는 수단이며 시민들이 함께 사들인다는 점에서 사회적 파급력도 크기 때문에 지속적으로 추진되어야 할 사업이다.

둘째, 지구라는 광고주

시민들이 뜻과 돈을 모아 정부나 사회에 목소리를 내는 광고도 할 수 있다.

최근 사례는 녹색연합이 진행한 후쿠시마 원전 오염수 관련 신문광고다. 녹색연합은 중앙일보, 경향신문, 한겨레 종이신문 2023년 3월 15일 자 1면에 "한일 정상회담에서 후쿠시마 오염수 방류 철회를 요구하라"는 내용의 광고를 각각 실었으며 이는 시민 3,020명이 모금한 결과물이다.

셋째. 그린워싱에 속지 않고 금융투자

친환경 기업에 이뤄지는 금융투자는 자본주의 사회에서 효과적인 '지구투자' 방법이다. 시민들은 돈의 흐름 변화로 기업과 은행에 메시지를 던질 수 있다. 문제는 시민들이 진짜 친환경 기업과 친환경인 척하는 그린워싱 기업을 구분하기 어렵다는 데 있다.

미국 은행 US 뱅크는 투자할 때 그린워싱을 밝혀내기 위해 확인하면 좋은 사항들을 제시하고 있다. 은행 측은 '친환경적인' 혹은 '전부 자연 유래' 등 산업적 궁어를 남발하진 않는지, 산이나 나무 등 환경에 좋다는 오해를 유발하는 그림을 플라스틱 용기에 그려 넣는 경우가 없는지, 수상 근거가 부족한 '환경 제품 수상 이력'을 강조하진 않는지 살펴봐야 한다고 말했다.

이어 의도적으로 공허한 단어를 써 제품을 과대 광고하지 않는지, 친환경과 관련된 것으로 착각할 스티커나 라벨에 '수상 경력'을 써 붙이진 않는지, 100% 생분해성 혹은 100% 퇴비화할 수 있는 제품 등 유행어를 쓰지 않는지도 살펴야 한다는 주의 사항들을 내놓고 있다.

투자를 시작하거나 더 하는 방법도 있지만, 온실가스 줄이기에 동참하지 않

한 권으로 끝나는 생태 위기

거나 생태계를 파괴하는 기업에 투자 철회를 하는 것도 지구투자가 될 수 있다. 또한 연기금 등 공익을 추구할 의무가 있는 거대 투자자를 압박하는 단체에 참여하는 방식으로 지구투자를 유인해 나가야 한다.

넷째, 뉴스펀딩

기후 위기와 생태 위기 시대에 언론은 많은 역할을 가진다. 기후 위기와 멸종위기의 위험성과 현실을 알리고, 정부와 기업이 어떻게 대응하는지 전하는 일을 수행해야 한다. 생태학살의 현장을 찾고, 기후 정의 실현을 위해 취약계층을 대변해야 한다.

뉴스펀딩은 언론사가 특정 주제를 취재하기 위해 필요한 비용을 시민들이 모아주는 새로운 형태의 투자다. 예를 들어 뉴스펭귄은 2022년 6월, 12월 두 차례 뉴스펀딩으로 취재한 결과물을 보도하였다. 즉 2022년 6월에는 '멸종위기종 이주 그 후' 시리즈, 2022년 12월에는 '횟감 된 멸종위기종' 시리즈가 공개됐다.

펀딩을 한 독자는 암호화폐인 뉴스토큰과 NFT를 통한 기사의 소유권을 돌려받을 수 있다. 매체 후원이라는 기존 방식과 마찬가지로 뉴스펀딩을 통해 독자들은 '기후 저널리즘'을 직접 지원할 수 있다.

NFT(Non-fungible token, 대체 불가능 토큰)란 블록체인 기술을 이용해서 디지털 자산의 소유주를 증명하는 가상의 토큰(token)이다. 그림, 영상 등의 디지털 파일을 가리키는 주소를 토큰 안에 담음으로써 그 고유한 원본성 및 소유권을 나타내는 용도로 사용된다.

다섯째. 지킨 만큼 돌려받기

농민이라면 정부가 제공하는 '지구투자'를 받을 수도 있다. '생태계 서비스 지불제'를 통해서다. 생태계 서비스 지불제란 특정인이 생태계 보전이 되는 방향으로 서비스를 제공하면 그만큼의 비용을 정부가 지원하는 것이다.

지불제를 통해 환경이 보전된 대표적인 사례는 전남 순천시와 강원 철원군에 있다. 순천시의 경우 겨울철 두루미가 추수를 마친 논에서 볍씨를 먹는 것을 고려해, 농민들이 수확을 마친 논에서 볏단을 빼지 않게 하는 구조를 만들었다.

농민들은 원래 볏단을 팔아 추가 수익을 올렸는데, 정부가 그 수익을 대신 지급한다.

철원군에서는 농약 중독으로 죽던 독수리를 위해 직접 먹이를 챙겨 주는 단체들이 지불제의 혜택을 받고 있다.

5. 시민 과학 시대 개막

우리들이 사는 지구생태계는 화석연료에서 배출되는 온실가스와 독성물질로 지구환경이 크게 오염되면서 세계 인류는 기후 위기와 만성질환이란 생명의 위협을 받고 있다. 이를 극복하기 위해서 유엔을 중심으로 전 세계 각국은 '탄소중립'과 '생태계 보전'이라는 각종 프로젝트를 추진해 나가고 있지만 기대보다는 상당히 미흡한 실정이다.

이런 일들은 어느 한 사람이나 한 국가가 담당해야 할 몫이 아니라 전 세계 인류 전체가 책임지고 다 함께 적극적으로 참여할 때 해결될 수 있는 일이다. 그리고 해당하는 분야에 기술을 개발시켜 이를 적극적으로 활용할 때 극복될 수 있어 과학적 지식정보에 대한 인식이 널리 확산되어야 하고 무엇보다도 이를 뒷받침할 수 있는 기틀이 마련되어야 한다.

환경 선진국인 EU에서는 이미 유럽 내 활발한 시민과 학 공동체를 만들어 지식, 도구, 훈련, 자원을 공유할 수 있는 온라인 플랫폼을 구축하여서 활발하게 참여할 수 있도록 개방적인 네트워크를 통한 거버넌스가 구성되어 있다. 그렇지만 우리나라에서는 아직도 본격적으로 시민 과학을 제도화하기 위한 논의가 이제 막 시작되고 있는 단계에 머물러 있다. 즉 시민환경연구소를 중심으로 국내 시민과 학계 주체들이 대화 모임에서 시작하고 있는 실정이다.

참가대상 바다를 사랑하고 기후위기에 관심있는 누구나

프로그램

사전행사

바다를 기록하는 다양한 방법 – 해양시민과학 전시 부스

사례발표

1. 바다기사단 – 해양쓰레기 조사 홍선욱 (동아시아바다공동체 오션 대표)
2. 빅버드레이스 – 습지와 바다새 조사 강은주 (생태지평 연구실장)
3. 원양어선에서 버리는 폐어구 기록 김민수 (시민 기록자)
4. 제주바다 연산호 기록 고명효 (파란산호탐사대원/해녀)
5. 인천섬바다기자단 파랑 – 도서지역 취재 활동 경어진 (2023파랑기획단장)

토크콘서트

시민과학의 잠재력과 사회적 과제

박정운 (황해물범시민사업단 단장)

정지호 (한국해양수산개발원 해양정책연구실장)

박요섭 (한국해양과학기술원 책임연구원)

이윤경 (EAAFP사무국 대외협력매니저)

신청링크 : bit.ly/해양시민과학

하지만, 공공기관이나 지자체를 중심으로 시민과학 프로젝트 사례들이 소개되면서 정부 부처별로 시민 과학이라는 명칭이나 내용은 다르지만 관련된 사업들을 추진하고 있다.

시민이 사는 지역의 특성을 직접 연구하고 해결하는 사업이야말로 환경문제를 해결해 나가는 기반이 되어야 한다. 특히 생태계를 관찰하고 자원 보존해 나가기 위해서 각종 데이터를 마련되어야 하는데 여기에서 지역주민들이 많이 참여해야 하고 이를 널리 활용해 나가야 할 것이다.

가. 생태 보전을 전담하는 시민 과학

우리나라에서도 2012년 생물다양성법을 제정하고 생태 보전을 전담해 나갈 기관으로 국립 생물자원관(2007년 설립), 국립 생태원(2013년 설립), 국립 낙동강 생물자원관(2015년 설립)을 설립하였다. 그리고 습지 보호지역 34개소, 국립공원 21개소를 지정하는 등 자연환경 보호지역을 확대시켰다.

한편 2015년에 제3차 자연환경보전기본계획(2016 −2025)에서 국가와 전문가 중심의 자연환경보전 조사 체계를 지역, 시민, 준전문가 주도의 시민 과학에 기반을 둔 자연환경 모니터링을 제도적으로 도입하여 시민 과학 체제를 한 걸음 다가서는 조치가 이뤄졌다.

이런 시민 과학 체제는 자연환경 조사에 비용을 절감시키고 시민의 자연보전에 대한 인식을 증진 시킬 수 있으며 조사의 전문성과 신뢰성을 높일 수 있다는 강점을 갖는 것으로 평가되고 있다.

그 대표적인 사례로 서울시가 2015년부터 '제비 SOS(Swallow of Seoul)' 프로젝트를 수립하여 제비 도래 현황 파악 및 보호 방안 마련에 필요한 기초 데이터를 구축하고, 시민 참여형 모니터링과 생태교육을 통해 제비 보호에 대한 시민 공감대를 형성하여 큰 효과를 거뒀다.

나. 충남에서의 비오톱 지도 유지관리시스템

충남에서도 비오톱 지도를 유지 · 관리를 위한 시민 과학 생태 모니터링을 지속적으로 활용해 나가고 있다. 이를 위해서 시민 과학 프로젝트 주관자와 참여자들에게 데이터 품질 유지의 중요성을 교육하고, 데이터 품질 유지와 관련된 사례, 전문가, 기관을 소개해 주는 등 데이터 품질과 모니터링 방법 등에 관련된 교육을 실시 하였다.

즉 충남도는 2019년 8월 26일에 "2007년부터 2014년까지 1단계 작성을 완료한 도내 15개 시 · 군 도시생태 현황지도의 2차 수정 작업을 추진하겠다."고 밝혔다. 이에 도내 지역별 생태적 특성과 등급화한 평가 가치를 갱신하기 위해 2017년부터 2020년까지 총사업비 30억 원을 투입하여 충남형 도시생태 현황지도 2단계 사업을 시행하였다.

도시생태 현황지도(비오톱 지도, Biotope Map)란 공간적 경계를 가진 특정 생물군집의 서식 공간을 생태 유형별로 분류하고, 생태적 보전 가치 등급 등 각종 환경 생태적 특성 및 가치를 반영한 정밀 공간 생태 정보를 담고 있다. 현재 2단계 사업에서는 △야생생물 분포 현황도 △토지이용 현황도 △토지피복도 △생태적으로 특별히 보존 가치가 있는 지역 등 시 · 군별 기존 정보를 갱신 중이다.

충남형 도시생태 현황지도는 도내 생태환경에 대해서 중앙정부의 생태지도보다 25배 정밀한 정보를 담고 있어 지역 국토 · 환경 계획에 대한 현실적인 환경지침서로서 활용도가 높다는 평가를 받고 있다.

또한 충남도는 2017년 11월 자연환경보전법 개정 이전부터 추진해 온 사업으로, 광역지자체 차원에서는 국내 최초이자 유일한 사례라고 한다.

다. 시민과 전문가의 네트워크 구축

지금까지 환경문제를 해결해 나가기 위한 조사 활동은 전문가 위주의 과학 활동에서 벗어나지 못하고 있었다. 그렇지만 시민들이 적극적으로 참여함으로써 미처 수행될 수 없었던 다양한 과학적 난제들을 대규모 시민이 참여하는 집단지성을 통하여 극복해 나갈 수 있는 계기가 마련되고 있다.

시민 과학이란 과학자라는 전문가와 시민이라는 비전문가로 이루어진 일종의 협업 네트워크라고 볼 수 있다. 시민 과학 체제가 도입된 이후 과학자들은 기존에 전문가 위주의 과학 활동에서는 해결할 수 없었던 난제들을 시민들의 참여를 통해 일종의 집단지성을 활용함으로써 비용과 시간을 획기적으로 줄일 수 있게 되었다. 특히, 생태학과 천문학, 지리학 분야 등에서는 시민 과학은 포괄적으로 수용하여 보다 폭넓게 장기적인 비전을 갖고 접근할 수 있어 효율적이라는 평가를 받고 있다.

기존의 우리나라 과학문화 정책이 '과학 대중화'라는 공급자 위주로 이루어졌다면, 시민 과학은 수요자 중심의 쌍방향 커뮤니케이션을 활성화함으로써 자연스럽게 '시민 참여'를 중시하는 정책으로 전환 시킬 수 있는 계기가 되고 있다. 자발적 참여와 연구개발 프로젝트에 대한 경험 등을 통해 자연스럽게 과학적 사고와 실천, 합리적 의사결정이라는 과학문화의 장점이 시민사회에 확산할 수 있는 강점을 발휘할 수 있게 되었다.

시민 과학은 생태 모니터링이나 하천 모니터링처럼 환경단체나 환경교육단체가 꾸준히 진행해 온 사례들은 스마트시티나 빅데이터 정책과 연동되어 시민들을 센서로 활용하여 정책화하는 사업들(로드킬 앱 등)도 널리 활용되고 있다.

이런 다양한 시민 과학 플랫폼이 구축되어 일반 시민은 거대 과학연구나 각종 탐사 프로젝트에 직접 참여하고 연구에 기여할 수 있는 계기를 갖게 되어

　　　　　　　　　　　　　한 권으로 끝나는 생태 위기

환경문제를 해결해 나가는데 큰 도움이 되고 있다. 특히 요즈음 탄소 감축 목표 달성이 국가의 가장 큰 현안 과제로 부각되고 있어 버려지는 자원이나 에너지를 재활용하여 온실가스와 미세먼지도 감축시키고 효율성도 높일 수 있다.

그래서 그린 스마트화(생태 탄 지와) 사업들은 지역주민들이 참여하고 이를 뒷받침하기 위하여 시민 과학 플랫폼을 구축하여 지역에서 발생하는 환경문제를 해결해 나가는데 큰 도움이 된다는 성공 사례를 EU 국가에서 밝혀지고 있다.

라. 네이처링이라는 온라인 플랫폼

요즈음 네이처링이라는 온라인 플랫폼이 널리 일반화되면서 누구나 다 웹사이트나 앱을 통하여 쉽게 접근할 수 있다. 그리고 자연을 관찰하고 기록하고 검색하는 도구로써 다양한 자연 활동의 경험을 함께 나누는 오픈 네트워크 역할을 담당하고 있다.

즉 자연을 쉽게 이해하고 공유하고 가치화할 수 있는 온라인 공간으로써 자연, 생태교육에 효과적으로 활용할 수 있는 도구를 제공할 뿐만 아니라, 개방과 공유의 원칙에 의해 집단지성의 장을 열어 자연 · 생태 · 문화를 아우르는 데이터베이스와 멀티미디어 콘텐츠를 생산하고 있다.

네이처링에서는 누구나 미션을 제안하고 다른 사람이 제안한 미션에 참여할 수 있으며, 미션을 통해 여러 사람들이 기록한 자료는 일차적으로 네이처링의 검증 과정을 거친 후 생태지도와 통계 자료로 실시간 공유된다.

이런 네이처링에 축적되는 데이터는 현장에서 앱으로 조사를 할 때 기본적으로 사진, 위치, 기후 등이 표준화된 형태로 기록되며, 세부 프로토콜은 미션마다 다르게 설정하여 프로젝트 성격에 맞는 데이터가 생산되도록 하고 있다.

2015년 상반기부터 기후변화 및 외래 식물에 관한 시민 참여형 프로젝트를 진행하고 있으며 학교 수업에도 시범적으로 사용해 보는 등 서비스의 활용 사례도 크게 넓혀 나가고 있다.

6. 안드레스 에드워즈의 '지속가능성 혁명'

화석연료가 만들어 낸 산업사회는 시장경제에 기반을 둔 경쟁사회라고 할수 있다. 그렇지만 앞으로 세상은 화석연료에서 무탄소 청정에너지로 전환되고 4차 산업혁명으로 로봇 인간과 복제인간이 함께 살아가는 전혀 새로운 세상이 만들어지고 있다. 더욱이 지구환경을 되살리기 위해서 탄소중립과 생태계를 보존시켜 나가는 생태 중립을 통하여 전혀 새로운 세상을 만들어지고 있다.

이는 지속가능성 혁명이라는 새로운 길을 모색해 나가야 살 수 있는 세상이되고 있다. 즉 생태의 보호, 경제성장, 사회적 형평성을 고려한 꾸준한 교육을통해 현실에 뿌리내리는 새로운 생활 기반을 마련해야만 기업이나 행정기관들이 사회 곳곳에 자리 잡아 갈 수 있는 기반이 마련되는 것이다.

이에 안드레스 에드워즈는 '지속가능성 혁명'이라는 저서를 통하여 "세상을바꿔 나가려는 사람들이 앞장서서 새로운 정보와 규칙과 목표의 필요성을 인식하고 소통하고 실험하는 과정을 통하여 세상을 선도적으로 바꿔 나가면서이를 확산시켜 나갈 것"을 권유하고 있다.

우리들은 지금까지 자본주의 체제에서 시장경제를 기반으로 하는 경쟁적 관계에서 살아왔다.

이는 소비 중심의 문화가 탄생하게 되었고 '대량생산 – 대량 소비 – 대량 폐기'라는 지구환경을 오염시키는 요인이 되고 있다.

이젠 자원고갈이라는 성장의 한계를 인식하게 되었고 기후 위기와 생태 멸종으로 더 이상 경쟁사회에서의 소비 중심의 행동 패턴을 용납될 수 없게 되었다.

따라서 다 함께 공생 발전을 모색하는 새로운 세상을 만들어 나가야 한다. 이를 위해서는 시스템을 바꾸는 변화를 만들기 위해 '지속가능성 혁명'이 필요하며 세계를 지속 가능한 시스템으로 재구성하여야 한다.

이를 위해서는 경쟁 위주의 사회를 다함께 공생 발전해 나갈 수 있는 새로운 인문 사회 문화가 형성되어 이를 뒷받침할 수 있어야 한다. 이에 안드레스 에드워즈의 '지속가능성 혁명'이라는 저서에서는 '꿈꾸기, 네트워크 만들기, 진실 말하기, 배우기, 사랑하기'라는 5가지 유용한 도구라고 밝히고 있다. 그래서 이런 5가지 유용한 도구를 통하여 새로운 세상을 만들어 나가야 한다는 것이다.

첫째, 꿈꾸기

지속 가능한 세계는 많은 사람이 마음속 깊이 그 꿈을 아로새기지 않는 한 절대로 완전하게 실현될 수 없다. 그 꿈을 이루기 위해서는 먼저 많은 사람의 마음속에서 그 꿈이 자라나야 한다.

둘째, 네트워크 만들기

네트워크가 없으면 아무것도 할 수 없다. 네트워크의 가장 중요한 목적 가운데 하나는 그들이 혼자가 아니라는 사실을 구성원들에게 끊임없이 인식시켜 준다. 제대로 된 네트워크라면 우리 각자가 깨달을 수 있도록 도와주고, 우리가 깨달은 것을 남에게 전달할 수 있다.

셋째, 진실 말하기

거짓은 정보의 흐름을 왜곡한다. 정보의 흐름이 거짓 때문에 오염된다면 시스템은 제대로 작동할 수 없다. 시스템 이론의 가장 중요한 교육의 가운데 하나는 정보가 왜곡되거나 지연되거나 고립되면 안 된다는 것이다.

넷째, 배우기

배우기는 열정과 용기를 갖고 새로운 길을 탐색하는 것이고, 다른 사람들이 또 다른 길을 찾아 나설 수 있도록 문을 열어놓는 것이며, 누군가 목표에 좀 더 빨리 도달하는 길을 찾았다면 기꺼이 그 길로 갈아탈 줄 아는 것을 말한다.

다섯째, 사랑하기

개인주의와 근시안적 사고는 우리가 보기에 오늘날 사회체계의 가장 큰 문제이며 지속 불가능

성의 가장 뿌리 깊은 원인이다. 그 문제를 집단적으로 해결하기 위한 대안으로 사랑과 동정을 제도화하는 것은 매우 좋은 방법이다.

7. 21세기를 살아가는 지혜

급변하는 21세기는 단순한 지식보다도 이를 활용할 수 있는 지혜가 더욱 요구된다.

영국의 철학자 베이컨은 "아는 것이 힘이다. 그렇지만 학문에 너무 많이 시간을 소비하거나 너무 많이 장식을 하는 것은 허식이다. 학자들은 학문의 척도로 판단하고 교활한 사람은 학문을 욕하며 단순한 사람은 학문에 감탄하고 영리한 사람들은 학문을 이용한다. 그렇지만 학문은 학문의 용도를 가르치지 않는다. 그것은 학문 이상의 지혜이며 이는 실전적 경험을 바탕으로 얻어지는 것이다"라고 했다. 그렇다. 지식을 얻는다는 것도 중요하지만 그보다 이를 활용할 수 있는 지혜를 터득하는 것은 더욱 중요한 일이다.

사람의 사고란 기억 정보를 중심으로 이뤄지는 논리형 사고와 이와는 달리

무의식 경험에 의해서 축적되는 직관적 사고로 구분된다. 논리형 사고는 기존의 개념이나 논리의 틀로 되어 있는 선적 정보(線的 情報)로 좌뇌에서 담당하나 직관적 사고는 체계적으로 정리되지 않은 점적 정보(點的 情報)로 우뇌에서 담당한다.

우린 직관적 사고는 체계적으로 정리되지 않은 점적 정보(點的 情報)로 우뇌에서 담당하는 경험지식이 바로 지혜라고 할 수 있다.

정보량에서는 선적 정보보다 점적 정보가 압도적으로 많으나 체계적으로 정리되어 있지 않아 고구마 덩굴같이 뽑아낼 수 없다. 직관의 원동력은 목적의 명확화이고 감을 끌어내는 것은 자연율이며 감을 살려내는 것은 목적의 초월성이다.

직관력을 가지려면 초 의식의 지식을 현재 의식으로 인지하는 과정에서 필요로 한다. 즉 잠재의식과 현재 의식과의 정보교환이 자유로운 오픈시스템이 요구되며 이는 공명에 의해서 이뤄진다.

공명(resonance)이란 물질계가 결정되면 그 물질계에서 고유의 진동수가 결정되며 그 고유의 진동수에 외부의 진동수가 맞지 않으면 공명현상이 일어나지 않는다. 우리가 대인관계에서 일어나는 갈등은 업무에 있는 것이 아니라 그 이외의 사실에 연유되는 것으로 결국 감성이 일치되지 않으면 해결되지 않는 부문이 많다.

지성과 감성으로 인간관계가 유지될 때 진정한 교류가 이뤄지는 것이다. 감성 없는 교류는 진실된 면모를 숨긴 일시적인 협상에 불과한 것이다.

우리들이 마음이 혼란할 때에는 사물을 보는 방법도 어수선해져 통일성이 결여된 다양성형 사고를 하게 된다. 그렇지만 마음이 조용할 때는 현상에 나타나 있는 것보다도 그 근원에 있는 원형을 볼 수 있는 다원형 사고를 하게 된다.

원래 원형을 보는 다원형 타입의 사람은 결과 이전에 원인을 직감적으로 꿰

뚫어 보는 직관력을 가지게 된다. 그 때문에 결과 이전에 헛되이 시간을 낭비하는 일이 없이 즉시 대응책을 마련할 수 있게 된다.

가. 글로벌 리더의 직관력

급변하는 21세기를 살아가는 우리들에겐 이런 직관력이 필요하다. 일본의 마쓰시다 전기의 창립자 마쓰시다는 "내 인생의 60년이란 기업경영은 그때그때 떠오르는 감으로 진행된 적이 적지 않다. 경영자란 보통 사람과 다른 감각과 강력한 신념으로 무의식중에 주위 사람을 이끌어 들이는 리더십이 있어야 한다. 이런 감각이란 하루아침에, 몸에 배는 것도 아니며 이론적으로 배울 수 없고 다만 나름대로 소질과 풍부한 인간성, 실제적 경험, 배우려는 의욕 등이 요구된다."고 했다.

이같이 지구환경문제를 해결해 나가는 방안은 어떤 지식의 문제가 아니라 다함께 의견을 같이할 수 있는 지혜의 문제라고 여겨진다. 그래서 세계 인류에게 지성과 감성에 호소하여 이를 감동하게 해 다 함께 지구환경문제를 끌어 나갈 글로벌리더가 요구된다.

단순한 국익이나 패권주의를 갖고 지구환경을 짓밟는 글로벌리더가 아니라 진정으로 지구환경의 문제를 정확하게 이해하고 이를 해결해 나갈 수 있는 구체적인 방안을 제시하면서 이를 세계 인류가 기필코 완성시켜 나갈 목표로 삼아 추진해 나갈 능력을 갖춘 글로벌리더가 나와야 할 것이다.

나. 문제를 해결하는 '퓨처 싱크(Future Think)'

21세기는 격변의 시대를 살아가는 우리들에게 지혜롭게 살아가는 방법을 가르쳐 주는 책으로는 에디 와이너와 아널드 브라운이 함께 쓴 '퓨처 싱크(Future Think)'가 있다.

"오늘날 빠르게 변화하는 세상에서 중요한 것은 당신이 무엇을 아느냐가 아

 한 권으로 끝나는 생태 위기

니라 당신이 무엇을 배울 수 있느냐가 중요하다."고 했다.

즉 아무리 격변하는 세상이라지만 무슨 일이 벌어지고 있는지 확실하게, 지속적으로 관찰하고 객관적으로 평가만 할 수 있다면 우린 놀래지 않고 성공적인 삶을 살아갈 수 있다고 했다. 그래서 과거의 지식이나 경험에 얽매이지 말고 새로운 사실에 대한 새로운 지식을 습득하려고 노력해야 한다고 한다.

첫째, 과거의 지식이나 경험이 많으면 많을수록 오히려 변화를 이해하는 데 방해가 된다. 이를 선별적으로 버릴 수 있어야 새로운 사실을 이해할 수 있게 된다.

둘째, 세상에 모든 일에는 그에 상응하는 반작용이 발생한다는 물리학의 반작용 법칙을 적용된다. 따라서 작용과 반작용의 법칙을 이용하면 세상의 흐름을 파악하는 데 도움이 된다.

셋째, 효율성이 최고 목표라는 믿음의 함정에서 빠져나와야 한다. 지금까지 모든 기업이나 사람들은 효율성 향상을 통한 경쟁력 강화만을 여기고 살아왔으나 급변하는 시대에 효율성보다 올바른 방향성을 더 중요시할 때 시행착오를 최소화할 수 있다.

넷째, 복잡하면 엔트로피가 발생하여 실패할 확률이 오히려 높아진다. 모든 일을 성공시켜 나가기 위해서는 복잡한 것을 피하고 단순, 명료해야 한다. 단순명료한 목표를 설정하여야 많은 사람들이 이에 호응하게 된다.

다섯째, 멀리 보고 큰 그림을 그리며 이를 실행하여 나가기 위한 최대 공약수를 찾아내는 지혜를 가져야 한다. 격변하는 시대에 멀리 보고 미래를 계획하는 큰 그림이 없다면 중도에서 좌절될 가능성이 높다.

여섯째, 훌륭한 교사들은 언제나 피드백에 있으며 이를 적극적으로 활용하여 성공으로 가는 지름길을 모색해 나가야 한다.

8. 기후 위기를 극복하는 홀로닉스 세계로의 전환

'슈퍼리치'로 불리는 전 세계 1%의 최상위 부유층이 배출하는 탄소가 전 세계 최빈곤층 50억 명이 배출하는 탄소량과 맞먹는다는 분석이 나왔다.

국제구호개발기구 옥스팜은 '기후 평등: 99%를 위한 지구' 보고서에서 2019년 기준 지구촌 상위 1%의 슈퍼리치(7,700만 명)가 전 세계 탄소 배출량의 16%를 차지하고 있다고 밝혔다. 이는 지구 인구의 66%를 차지하는 최빈곤층 50억 명이 배출하는 양과 같은 수준이다.

소득 기준을 상위 10%로 넓히면 이들이 배출하는 탄소량은 전체 배출량의 절반에 달한다.

2023년 11월에 열린 아랍에미리트(UAE) 두바이 제28차 유엔기후변화협약 당사국총회에 맞춰

이런 내용이 담긴 보고서를 발표하며 "세계가 기후 위기와 불평등이라는 두 개의 위기를 직면하고 있다"고 경고했다.

이 보고서는 "슈퍼리치 개인 배출량도 상당히 많지만 그들이 기업투자를 통해 배출하는 탄소량에 비하면 적은 수준"이라며 "2022년 억만장자 125명을 대상으로 분석한 결과, 이들이 투자를 통해 배출하는 이산화탄소는 평균 300만 톤으로 자산 기준 하위 90%에 속하는 개인 평균보다 100만 배 이상 높은 수치였다"고 밝혔다.

그리고 2030년까지 슈퍼리치 1인당 배출하는 탄소량이 2015년 '파리기후협정' 목표에 요구되는 기준의 22배를 웃돌게 된다.

국제사회는 파리기후협정을 통해 지구 표면 온도 상승 폭을 산업화 전과 대비해 1.5도로 억제하기로 합의하였다. 그리고 국제사회가 이 목표를 지키기 위해선 2019년 대비 2030년 탄소 배출량을 약 43% 줄어야 하는데, 이런 추세대로라면 목표를 달성하지 못할 것이란 전망이 나오고 있다.

가. 존속 가능한 세계를 열기 위한 과제

지구에는 20세기 이후 두 혁명이 있었다. 바로 농업혁명과 산업혁명이다. 이런 노골적인 도구주의는 물질적 생산성을 높여 세계 인구가 먹고 살 수 있는 터전을 만들어 냈다.

그러나 산업혁명은 심각한 환경오염을 만들어 내어 지구가 더 이상 숨쉬기 힘든 환경을 만들어 냈다. 지구의 자정능력을 벗어나 많은 오염물질과 폐기물을 배출하여 환경재앙이 일어나고 있다.

'존속 가능한 세계'란 지구의 자정능력 범위 내에서 오염물질을 배출할 수 있도록 전 인류가 합심하여 조용한 변혁이 일으키는 것을 말한다.

이 과제를 위해서는 새로운 정보의 변혁이 전제되어야 한다. 상상력, 네트워크화, 진실 알리기, 학습 그리고 사랑을 동원하여 새로운 세계를 만들어 나가야 한다. 진지하게 상대방의 의견을 듣고 이를 수용하려는 공개토론 자세 같은 피드백 시스템이 가동되어야 한다.

우리 모두의 생활 터전인 지구가 죽어 가고 있는데 나만이 안락하게 살아가겠다고 욕심을 부린다면 결국 모든 인류는 공멸할 수밖에 없다. 진정 우리가 나아갈 길이 무엇인지 진지하게 토론하고 이를 실행에 옮기는 노력을 하여야 할 것이다.

이를 위해서 우선 '진실 알리기 운동'부터 전개하여야 한다. 거짓말은 행동을 조작하고 유도하거나 유인하고 이기적 행동을 정당화하고 권력을 장악하려고 한다. 골치 아픈 현실에서 눈을 돌리기 위해서 거짓말을 통해 정보흐름을 왜곡시키게 된다.

우리는 각자가 지금부터는 오직 진실만을 이야기하고, 모든 진실이 모든 인류를 구제할 수 있다는 사실에 대한 믿음을 가져야 한다.

부유층을 위한 성장이 가난한 사람들에게 도움이 된다고 생각은 거짓말이다. 이것이 거짓말이라는 사실의 공개토론을 통하여 설득해야 한다. 그래야만 공통적인 편견과 단순한 논리, 말의 함정에서 벗어나 진실의 세계에 우리 모두 참여할 수 있는 것이다.

전통 교육에서는 학생들은 교과 내용을 가르치면 내용대로 행동의 변화를 일으켜 국가나 사회가 원하는 인간이 양성될 수 있다고 믿고 있었다. 그러나 열린 교육에서는 인간에게 자유를 주면 자기를 위해서 최선의 선택을 할 수 있다고 믿는다.

또한 선택은 결국 자기 운명을 결정하고 선택에 대한 책임을 져야 한다는 실존적인 경험을 교육해야 한다고 강조하고 있다. 즉 전통 교육은 말을 강가에 끌고 가서 물을 먹이는 것 같은 교육이라고 할 수 있다.

이에 비해 열린 교육에서는 말을 강가에까지 데리고 갈 뿐, 물을 먹고 안 먹고는 말의 몫으로 여긴다. 정부는 이런 교육의 틀을 만들어 나가는 데 노력해야 하고, 직접 통제 관리하여 나가겠다는 생각은 버려야 한다.

'존속 가능한 세계'를 만들어 나가기 위해서는 홀론 사상이 지배하는 '홀론닉스'가 되어야 한다. 그리고 각 개인들은 홀론 사상으로 무장을 하고 각자 자신의 역할을 분명히 이해하고 그에 맞춰 나가는 생활을 해야 된다. 그래야만이 존속 가능한 세계가 열리게 될 것이다.

나. 홀론닉스

　지속 가능한 세계로 발전을 하기 위해서 우린 무엇을 어떻게 해야 되나? 우선 성장의 한계를 인식하고 소비를 억제하는 시스템이 가동되어야 한다. 물론 시장경제 체제에서는 경제성장이 고용, 기술 발전, 국민소득 증대를 위하여 불가피한 요소로 여기고 있다. 더욱이 가난한 나라들까지도 경제성장이 빈곤에서 벗어날 수 있는 유일한 탈출구로 인식하고 있다.

　그렇지만 각종 폐기물과 오염물질을 끊임없이 반출하여 지구는 이미 수용 한계를 넘어서고 있다. 더 이상의 경제성장으로 폐기물과 오염물질을 방출한다면 지구를 되살릴 수 있는 기회는 영영 되찾지 못할 수 있다.

　그래서 시장경제 체제에서 새로운 세계로의 전환이 필요한 시점에 와 있다. 이는 우리가 '한계, 존속 가능성, 충족, 평등, 효율성'과 같은 개념들을 재정립하고 모든 인류가 공동 협력을 통해 지구를 살려 평화롭게 공존 공영하여 나가는 모습을 보여야 한다.

　우린 모든 사람은 세계가 상대적, 경제적으로 함께 묶어져 있다는 사실을 이해하여야 한다. 잘만 관리하면 모두를 충족시켜 평화롭게 생활할 수 있지만 지나치게 욕심을 부려 잘못 관리한다면 결국 모든 인류의 생활 터전인 지구는 더 이상 살 수 없는 곳으로 변해 갈 수 있다. 이를 위해서 '단순한 나눔'이 아닌 '충족과 연대'를 통해 빈곤 문제를 해결해야 한다. 이를 위해서는 전 세계 인류는 지구를 살려 나가는 데 있어서 공동 운명체라는 사실을 인식하고 자기 인식, 공동체, 도전, 인정, 사랑, 기쁨 등을 실천할 수 있도록 학습해 나가야 한다.

　많은 전문가들은 앞으로 세상은 홀론 사상이 지배되는 '홀론닉스'를 만들어 나가지 않으면 안 된다고 주장한다.

　지금까지 우리들은 피라미드의 관료 조직사회에서 살아왔다. 조직이란 위계 질서에 의해서 이뤄지기 때문에 위로부터의 명령이나 외부로부터 이미 만들어진 상태 속에서 그 규칙에 따라 행동을 강요하는 형태에서 살았다.

그렇지만 이젠 주변 환경이 급변하게 변하고 있고 위로부터의 명령이나 이미 만들어진 규제의 틀로는 이에 적응한다는 것은 거의 불가능해졌다. 그래서 각자가 변화에 즉각 적응할 수 있는 유연한 시스템이 무엇보다도 요구된다.

홀론이란 본래 생명의 핵을 의미한다. "Holon = whole + one"의 합성어로서 낱개이면서 동시에 전체라는 뜻이다. 즉 낱개와 전체의 양면성을 가지고 있는 것이 생명의 보편적인 성질이며 질서인 것이다.

생명체들은 자기 스스로 둘러싸인 주변의 모순점을 논리나 피드백 시스템을 통하여 자기 수정이 가능한 상태를 유지하고 있다. 즉 주변 환경이 변화하면 주어진 문제를 스스로 해결하고 생존력을 가질 수 있도록 자기 조직화의 능력을 보유하고 있다. 따라서 홀론은 일종의 생물체 세포 활동이라고 할 수 있다.

세포는 자기 역할을 담당하는 낱개이면서 몸 전체에 기여하는 전체로서 해야 할 역할도 담당하고 있다. 이런 홀론의 사상으로 이뤄 나가는 세계가 바로 '홀론닉스'이다.

'홀론으로서의 조직', '홀론으로서의 기관', 또 이들이 협조적인 상호작용을 통하여 '홀론으로의 인간', '홀론으로서의 사회', '홀론으로서의 국가'를 이룩해 나가야 지구를 되살리고 지속 가능한 발전 체제가 이룩되게 된다.

자기 변신을 위한 의식 전환법

요즈음 인간성 개발, 의욕 개발, 리더십, 세일즈맨십 등 자신의 마음가짐을 바꾸는 것으로 인생을 바꿀 수 있다는 의식 전환 교육이 붐을 형성하고 있다. 그런데 이런 의식 전환이라는 결국 자신과의 싸움에서 이겨내는 훈련이라고 할 수 있다.

일반적으로 이런 자기 변신을 위한 의식 전환에는 7단계의 과정이 요구된다.

첫째, 말의 노예가 되지 말고 주인이 되어야 한다.

부정적인 말로 생활하면 결국 자기최면에 걸려 부정적인 인간이 될 수밖에 없다. 이에 반해 나는 할 수 있다. 그래서 해야만 한다는 사명감으로 생활하게 된다면 결국 적극적이고 긍정적인 사람이 되어 성공적인 인생을 누릴 수 있게 된다.

둘째로 위대한 꿈을 키워나가야 한다.

멋진 상무, 멋진 사장의 이미지를 설정하고 이의 실현을 위해서 노력한다면 정말로 멋진 상무, 멋진 사장이 될 수 있는 계기가 마련된다.

셋째로 마음의 자력에 대한 비밀을 이해하고 이를 적극 활용해야 한다.

마음의 자력이란 분명한 목적의식을 갖고 행동할 때 마치 자석의 자력과 같은 힘을 갖게 되어 본인도 모르는 무서운 힘을 발휘하게 된다.

넷째로 자존심을 키워나가야 한다.

우리는 남에게 질 수 없다는 자존심과 기필코 실현 시키고 말겠다는 사명감을 가져야 한다.

다섯째로 정신적 보상작용을 이해하고 이를 활용해야 한다.

어려움이나 고통을 극복하고 나면 오히려 더 큰 성취감을 만끽할 수 있는 것과 같이 실패를 두려워하지 말고 적극적으로 도전할 때 훌륭한 성과를 올릴 수 있다.

여섯째로 내 편견이나 아집을 버리지 않으면 아무것도 얻을 수 없다는 사실을 인식해야 한다.

항상 마음을 비운 겸손한 자세를 유지하지 않으면 모든 상황을 객관적으로 관찰할 수 있는 능력을 갖출 수 없어 결국에는 기회를 포착할 수 없게 된다.

일곱째로 우리가 사는 이 세상에 생명은 조화롭게 발전하여 나간다는 우주의 법칙을 이해하고 이에 호응해야 한다.

자연이란 그 안에서 생명력을 가지고 자체의 힘으로 생성 발전하여 나가는 자력을 갖고 있어서 자연에 순응하는 자세에서 조화롭게 모든 일을 순리대로 해결해 나가야 한다.

제2장

지구생태계의 진화 발전

지구생태계의 생명 기원은 1862년, 프랑스 생물학자 파스퇴르의 유기물 용액실험으로 어버이 없는 생물체가 탄생할 수 있다는 사실을 밝혔다. 그리고 1924년, 러시아의 생화학자 오파린에 의해서 원시 지구에서 무기물질로부터 유기물질로의 화학적 진화가 먼저 이루어졌다는 사실도 밝혔다.

1953년 미국의 밀러는 원시 대기의 성분으로 추정되는 메탄, 암모니아, 수증기 및 수소의 혼합 가스로부터 프라즈마를 통하여 생물의 기원인 유기화합물인 아미노산과 유기산을 합성하는 데 성공하였다.

지구의 75% 이상이 퇴적암으로 되어있고 이런 퇴적층에는 신비로운 지구생태계의 역사를 증명해 줄 수 있는 많은 화석이 발견되고 있다. 화석은 돌로 변한 것이어서 동식물들이 급격한 환경변화에도 썩지 않고 원형 그대로 땅속에 묻혀 있다.

이에 모든 생물체는 화학적 진화에서 의해서 태어났으며 모든 생물체는 자연환경의 변화에 따라서 진화 발전하고 있다는 화학적 진화론이 사실로 확인된 셈이다.

제1절.
지구생태계의 비밀

우주 천체에 대한 비밀이 밝혀지기 시작한 것은 1687년 뉴턴의 만유인력 법칙이 발표된 이후이다. 즉 뉴턴은 사과가 땅으로 떨어지는 것을 보고 태양을 중심으로 행성들이 공전하는 것은 서로 끌어당기는 힘이 있어서 가능하다는 사실을 밝혀냈다.

이로써 우주의 거대한 은하계의 모든 별은 만유인력에 의해서 등속 운동하고 있다는 것을 알게 되었다. 그러니 오늘날과 같은 우주론이 사실상 300여 년 전부터 서서히 밝혀지기 시작되었다.

BC 4세기 그리스의 아리스토텔레스는 "지구는 평평한 땅으로 되어있고 그 위에 거대한 유리 반구가 뒤덮고 있으며 해와 달, 별들이 촘촘하게 박혀 있다."고 하였다. 그리고 600년이 지난 AD 2세기에는 프톨레마이오스가 지구중심설을 발표하면서 "우주의 중심에 지구가 있고, 태양을 비롯한 모든 천체는 매일 지구 주위를 공전한다."고 하였다.

지구가 태양을 중심으로 공전한다는 사실은 16세기 니콜라우스 코페르니쿠스의 지동설에 따라서 알려진 것이다.

이같이 우주 천체에 대한 비밀은 하나님의 천지창조설에 대한 믿음으로 사실상 오랫동안 불모 지역으로 여겨왔다. 그래서 코페르니쿠스의 지동설, 뉴턴의 만유인력의 법칙 등이 등장하면서 우주 천체에 대한 호기심이 더욱 자극되어 우주의 비밀을 풀 수 있는 계기가 마련되었다.

오늘날 천문관측기구로는 약 30억 광년의 거리까지 살필 수 있다. 이를 통하여 지금까지 관측된 은하계의 총수는 무려 수백억 개나 된다. 우리가 사는 은하계는 태양과 같이 스스로 빛을 내는 별이 2천억 개가 있고 태양의 주변을 도는 지구와 같은 행성은 무려 1조 개나 된다. 태양과 같은 별은 스스로 빛을 낼 수 있지만 지구와 같은 행성은 빛을 낼 수 없다.

지구는 태양의 주변을 도는 행성이며 태양은 은하계를 도는 별이다. 우주 공간에 있는 은하계들은 고르게 분포되어 있다. 그렇지만 그것도 지금까지 관측된 결과에 따라 그렇게 추정할 뿐이다.

우리는 인간으로서 거대한 우주의 중심을 찾아내기란 매우 어렵고 우주 천체의 비밀을 알아낸다는 것은 사실상 불가능한 일이다.

우리가 사는 지구는 은하계에 2천억 개나 되는 태양과 같은 별이 있고 태양 주변에는 지구와 같은 행성이 1조 개나 된다. 더욱이 이런 은하계가 우주 천체에 2천억 개나 된다고 하니 지구가 자그마한 먼지와 같은 존재라는 것을 알 수 있다. 그런 지구 위에서 78억 인구가 살고 있고, 나 자신은 78억 인구의 한 사람이라는 사실을 생각하면 우리가 얼마나 왜소한 존재라는 사실을 실감하지 않을 수 없다.

지구는 46억 년의 역사를 유지해 온 하나의 생명체이다. 지구생태계는 모든 동·식물들이 다양하고 복잡하게 얽혀 있지만 상호 균형을 유지하면서 안정된 먹이사슬을 이루며 살고 있다.

먹이사슬에 이상이 생기면 균형이 깨지게 되어 모든 생태계가 불안정하게 된다. 예를 들어 벼멸구를 잡으려고 농약을 과다하게 사용하게 되면 해충뿐만 아니라 메뚜기를 먹고 사는 개구리도 감소하게 된다.

이렇게 되면 개구리를 잡아먹고 사는 뱀도 점점 자취를 감추게 되어 먹이사슬의 충격을 이겨내고 환경오염에 견딜 수 있는 종들만 생태계를 재구성하게 된다. 이는 결국 지구생태계는 불균형, 불안한 모습으로 변화하게 되는 원인이 되는 것이다.

먹이사슬은 에너지가 이동되는 단계라고 볼 수 있어 이는 곧 먹이사슬, 먹이그물, 먹이피라미드를 형성하여 생물 간의 먹고 먹히는 관계로 나타난다.

먹이사슬은 '생산자 − 1차 소비자 − 2차 소비자 − 3차 소비자' 등의 순서로 연결되어 있다. 일반적으로 영양단계가 올라갈수록 개체 몸의 크기는 커지나 개체 수는 감소한다. 그 때문에 총생산량은 점점 적어져 피라미드를 이루게 되는데 이를 먹이피라미드라고 한다.

그리고 영양단계가 하나씩 올라갈 때마다 에너지 손실로 말미암아 이용할 수 있는 에너지가 급격히 감소하게 되는데 보통 10분의 1가량이 에너지가 감소하게 된다. 즉 우리들이 육식하는 것이 채식하는 것보다 1단계 상승하기 때문에 에너지는 10배가량 늘어나게 된다고 할 수 있다. 따라서 채식하게 되면 식량부족을 10배 정도 낮출 수 있어 지구생태계의 균형을 유지시켜 나가는 데 크게 도움을 줄 수 있다.

지구 표면에 식물의 양이 엄청나게 많은 데 비하여 초식동물의 양은 상대적으로 적고, 육식동물의 양은 아주 적어진다는 먹이피라미드가 이런 사실을 증명해 주고 있다. 즉 이는 인류에게 식량문제를 해결할 수 있는 중요한 열쇠를 주고 있는 셈이다.

그리고 지구생태계의 균형 유지와 안정성을 향상시켜 나가는데 큰 도움이 되는 일이다. 따라서 지구환경을 되살리는 일 중에서 가장 요구되는 일이 육식 위주의 식생활을 채식 위주로 전환시켜 나가는 일이다.

1. 우주 천체의 비밀

우주는 150억 년 전 빅뱅이라는 대폭발 때문에 탄생 되었다. 그 후 지속적인 팽창 과정을 거치면서 많은 별들이 탄생하였고 은하계가 만들어졌다. 그래서 과학자들은 은하계의 중심에는 비밀에 둘러싸인 천체에는 거대한 블랙홀이 있다고 믿어 왔다.

블랙홀이란 중력장이 너무 강해서 빛조차도 탈출할 수 없는 암흑 천체이다. 이런 블랙홀이 굉장한 에너지를 갖고 우주를 탄생시켰다고 여기고 있다.

지구는 태양에서 흩어져 나온 하나의 행성으로서 46억 년 전에 만들어졌다. 그리고 지구에 생긴 바다에 최초의 생명체가 나타난 것은 지금부터 30억 년 전이다.

뜨거운 지구가 식은 후 바다에서 최초로 나타난 생명체는 식물성 플랑크톤이었다. 사실 식물은 광합성을 통하여 스스로 영양분을 만들어 독립적으로 살아갈 수 있는 장점을 갖고 있다. 그래서 동물보다 식물이 훨씬 앞서 태어났으며 지구에는 무려 24억 년 동안 식물만이 번성하였다.

동물은 최초 어류 형태로 약 6억 년 전에 바다에 등장하였다. 동물은 스스로 영양분을 만들어 내지 못하고 식물이 만든 영양분을 먹고 산다. 그래서 식물은 생산자로서 역할을 담당하면서 살아가고 있고, 동물은 이를 활용하는 소비자로서 역할로 살아가고 있다.

동물이 없어도 식물들은 살 수 있다. 그렇지만 식물이 없다면 절대적으로 동물은 살아갈 수 없으므로 식물은 모든 생명의 근원이자 모태라고 할 수 있다.

동물 중에서도 젖을 먹으면서 성장하는 포유류가 이 세상에 나타난 것은 6,500만 년 전이다. 이 중에서도 서서 걸어 다니는 직립형 인간이 나타난 것은 300만 년에 불과하다.

이같이 식물이 나타난 역사와 인간이 탄생한 역사를 비교해 보면 30억 년 중의 300만 년이다. 따라서 지구에 살아가는 각종 생태계의 측면에서 본다면 인간은 '갓 태어난 애송이'에 불과하다고 할 수 있다.

최근 미국 항공우주국(NASA)은 지구에서 약 39광년 떨어진 곳에서 하나의 별을 돌고 있는 지구와 비슷한 행성을 무려 7개나 발견했다고 발표했다. 이는 2003년에 발사된 스피처 우주망원경이 지구와 비슷한 궤도로 태양을 돌면서 적외선으로 우주를 관측할 수 있었기 때문에 확인할 수 있었다고 한다. 이 일곱 개의 행성은 모두 지구처럼 액체 상태의 물이 존재할 수 있는 '생명체 거주 가능 구역'에 있어 더욱 우리들의 관심을 끌고 있다.

2018년에 발사한 제임스웹 망원경으로 우주를 관측하게 된다면 더 많은 우주의 비밀에 대한 수수께끼를 풀 수 있을 것으로 기대한다. 여하튼 우주의 수수께끼는 아직도 풀리지 않은 숙제로 남아 있어 우리들의 관심을 끌고 있다.

최근 미국 항공우주국(NASA)이 100억 달러(약 13조 원)를 투자해 개발한 제임스웹 우주망원경(JWST)이 찍은 사진들을 공개했다. 공개된 사진에는 '별의 요람'이나 '은하들의 춤' 등 우주의 경이로운 모습이 담겼다.

웹 망원경은 적외선 관측에 특화돼 있어 우리의 눈으로 감지할 수 있는 가시광선보다 파장이 더 길다. 과학자들은 웹 망원경이 장착한 첨단기술을 사용해 멀리 떨어진 행성의 대기를 연구해 생명체 징후를 포착하길 기대하고 있다. 이 때문에 이전의 허블 망원경보다 더 먼 거리의, 우주 깊은 곳의 별을 관측할 수 있다.

지구에서 멀리 떨어진 곳에서 오고 있는 별빛일수록 파장이 긴 적외선으로 변하기 때문에 무려 135억 년 전 일어난 일도 탐지할 수 있다고 한다. 과학자들은 웹 망원경이 장착한 첨단기술을 사용해 멀리 떨어진 행성의 대기를 연구해 생명체 징후를 포착하길 기대하고 있다. 그 옛날에는 과학적 뒷받침이 없어 우주 천체에 대한 비밀을 절대자의 힘을 빌려 풀고자 하는 노력을 해왔다. 그래서 나름대로 궁금증을, 자연현상을 해석하려는 신화들에 의존하였다. 각지역마다 그들 나름의 신화가 만들어져 있어 고대 문화를 연구하는데 큰 도움이 되고 있다.

2. 신화를 통한 우주의 비밀

최초의 인류는 약 300만 년 전에 지구상에 출현하였다. 그리고 50만 년 전부터 인류는 불을 사용하기 시작하면서 모든 생물체를 지배할 수 있는 만물의 영장이라는 지위를 확보할 수 있었다. 또한 숲에서 먼 거리를 보고 적을 미리 감지하면서 생활하였기 때문에 직립보행이라는 특성을 갖게 되었다.

인류가 1만 년 전부터 농사를 지으면서 정착 생활을 하게 되었고 인구가 늘어나면서 마을은 도시로 그리고 이를 다스리는 왕과 군인, 제사를 담당하는 제사장이라는 신분이 생겨나 오늘날과 같은 물질문명을 누리게 되는 사회를 만들었다.

이제 우리들은 언제 어디에서나 누구와도 통화할 수 있는 유비쿼터스 시대에 살고 있다. 그리고 줄기세포로 복제 양을 만들고 사람에게 이식시킬 수 있는 장기를 키우는 돼지를 사육하는 시대가 되었다.

이같이 신이나 할 수 있는 영역을 인간이 차지할 만큼 현대과학은 큰 발전을 거듭하고 있다. 앞으로의 미래는 인간, 로봇 인간, 복제인간이 함께 어울려 살아가는 세상이 될 것이라고 한다. 그렇지만 "우리들은 아직도 어디에서 와서 어디로 가는지?"란 원초적인 인간 태생에 대한 비밀은 밝혀지지 않은 수수께끼로 남아 있다.

〈 세계 각국의 고유 신화〉

우리나라의 단군 신화도 그렇고 그리스 및 로마 신화, 이집트 신화도 그렇다. 자연을 자연 자체로서 해석하려는 것이 아니라 인간이 절대자라는 신을 통하여 자연을 이해하려고 노력하고 이를 스토리화 하였다.

대표적으로 그리스 신화에는 올림포스 12신이 있다. 즉 제우스, 헤라, 포세이돈, 데메테르, 아레스, 헤르메스, 헤파이스토스, 아프로디테, 아테나, 아폴론, 아르테미스, 헤스티아이다. 이는 고대 바빌론에서 통용되던 12천문 성좌도에 기초한 12신들의 이야기를 내용으로 담고 있다. 서로 대립하면서도 보완하는 관계를 맺고 이 세상을 살아가는 모습을 보이고 있다.

그리스 신화에서 이들은 대부분 가족관계이면서 그리스 민족의 꿈과 이상과 지혜가 담겨있다. 우주는 어떻게 탄생하게 되었으며 신과 인간관계, 생명은 어떻게 만들어졌는가?

그리고 남자와 여자관계, 사랑, 죽음, 전쟁, 지혜, 아름다움, 진리, 도덕, 우주의 종말 등 각종 의문에 대한 해답을 제공하고 있다. 그래서 그리스 신화는 그리스 사상을 이해하는 데 꼭 필요한 것이며 그리스 사상은 서양문명을 이해하는 기초가 되었다고 한다.

이젠 과학 문명의 발달로 실질적으로 우주를 관측하면서 우주의 비밀을 하나씩 밝혀지는 새로운 세상이 되고 있다. 이는 우리가 지금까지 몰랐던 우주의 베일을 풀어나가는 중요한 계기가 마련되고 있다고 할 것이다.

3. 지구생태계의 화학적 진화

1862년, 프랑스 생물학자 파스퇴르는 "유기물 용액의 변화와 미생물 증식에는 인과관계가 있다"는 실험을 통하여 생물이 어버이 없이는 생겨나지 않는다는 사실을 확인하게 되었다. 그런데 17세기 중엽까지도 인류는 생물체들이 어버이 없이는 생겨날 수 없다는 자연발생설을 진리로 여겨왔다. 이는 하나님의 천지창조설을 굳게 믿었기 때문이다.

캐나다에서는 약 19억 년 전에 살았던 것으로 여겨지는 하등 식물의 화석들이 발견되었다. 그것들은 섬유 모양, 우산 모양, 별 모양 등 여러 가지 형태를 띠고 있으나 이들 모두가 뚜렷한 핵막을 지니고 있지 않은 원핵생물이었다. 그리고 17억 년 전 캐나다 한 지역의 지층에서 '생성된 핵막을 가진 진핵생물'의 화석이 발견되었다.

결국 생물체의 핵막은 지구상에 어느 정도의 산소가 생긴 이후에 생겨났다는 사실을 확인할 수 있었다.

약 6억 년 전 오스트레일리아 에디아카라 구릉에서 가장 오래된 다세포 생물의 화석인 3종류의 박테리아, 38종류의 조류, 2종류의 균류가 발견되어 지구생태계는 단세포 생물이 다세포 생물로 진화했다고 추정할 수 있다.

▪ 원시 지구에서의 화학적 진화

원시 지구에서 어떻게 유기물이 만들어졌을까?

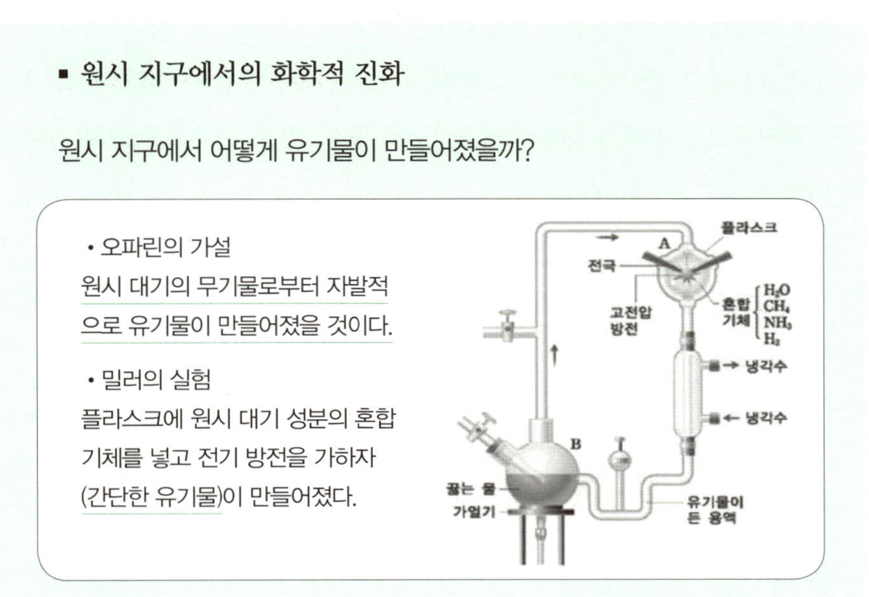

바닷속은 육지에서보다는 더 많은 생물체가 성장해 왔다. 이는 생물의 생장에 해로운 자외선의 영향을 덜 받았기 때문이다.

뜨거운 지구가 식어가면서 생물들이 생장할 수 있는 알맞은 온도가 조성되고 유기물이 모여서 이루어진 덩어리가 생물체로 변이하면서 생물과 무생물의 중간 단계가 이뤄졌다고 추정된다.

생명을 가진 유기물들은 산소가 없이는 생존할 수 없다. 그렇지만 식물들이 광합성 작용을 통하여 많은 산소를 방출하게 되면서 유기물들이 살아갈 수 있는 환경이 조성되었다. 특히 산소는 자외선을 받으면 오존이 되고 오존층은 생물의 생장에 해로운 자외선을 막아주는 역할을 담당하게 된다. 이로써 포유류의 고등 생물이 출현할 수 있는 여건이 조성되었다고 추정된다.

이같이 모든 생물체는 진화를 통하여 이뤄졌고 진화 과정은 자연환경의 선택에 따라서 이뤄진다. 즉 작은 몸집에서 점점 커지고 환경이 변하면서 여기에 적응하기 위해 생물의 형태나 기관 등도 변화하게 되어 새로운 생물체가 탄생하게 된 계기가 발생하였다.

특히 고생대 말에 파충류는 고도로 건조한 환경 속에서 살았다. 그러나 지구환경이 생물체가 살아가기에 적당한 환경으로 변화하면서 중생대에서의 파충류는 육지, 바다, 공중의 환경에 적응하면서 공룡, 어룡, 익수룡 등으로 진화하게 되었다.

오늘날 생태계의 모습은 지구환경이 변화하면 생물의 형태나 기관 등도 그에 따라서 진화하여 만들어진 사실을 알 수 있다. 즉 신생대 제3기에 나타난 장비류는 코 부분의 진화가 뚜렷하여 현재의 코끼리 종류가 된 것임을 알 수 있다.

가. 오파린의 이론

1924년, 러시아의 생화학자 오파린(A. Oparin)은 그의 저서 '생명의 기원'에서 지구의 생물체에 대한 기원을 어느 정도 풀어나가는 기반을 마련하였다. 즉 오파린의 이론은 원시 지구에서 무기물질로부터 유기물질로의 화학적 진화가 먼저 이루어진 후, 이 유기물질로부터 원시 생물이 출현하면서 오늘날과 같은 생물체의 모습으로 진화하였다는 화학적 진화론을 제기하였다.

이를 뒷받침하기 위하여 1953년 미국의 밀러(S. Miller)는 원시 대기의 성분으로 추정되는 메탄, 암모니아, 수증기 및 수소의 혼합 가스로부터 전기 방전을 통하여 유기화합물인 여러 가지 아미노산과 유기산을 합성하는 데 성공하여 오파린의 이론을 뒷받침하게 되었다.

원시 지구의 대기 성분이 밀러가 실험에 사용했던 기체 혼합물처럼 환원적인지 혹은 이산화탄소, 수증기, 질소를 주성분으로 하는 산화한 것인지는 아직도 논란의 대상이 되고 있다. 그렇지만 밀러의 실험이 발표된 후 에너지원으로서 방전(프라즈마) 이외에 방사선, 자외선, 열 등을 이용한 원시 대기 성분으로서 여러 가지 기체 혼합물의 화학반응에 의한 핵산을 만들 수 있다는 사실이 입증되었다.

그 결과 각종 아미노산이나 유기화합물이 생성되는 것이 지구의 환경 요인에 따라서 저절로 이뤄졌다는 사실이 확인되었다. 즉 지구상의 모든 생물체는 무기물질로부터 유기물질로의 화학적 진화에 의해서 이뤄졌고 이는 자연환경 변화에 따라 진화 발전되었다는 사실을 증명하게 된 셈이다.

나. 원세포에서의 진화

최근 체코 과학아카데미 화학자인 스바토플루크 치비스는 지구에서 발생한 행성 충돌을 대신해 강력한 레이저로 이온화된 포름아미드 가스 또는 플라즈마를 갖고 DNA와 RNA를 구성하는 다섯 개의 핵 염기를 만들어 내는 실험에 성공하였다. 즉 행성이 충돌할 때 발생하는 섭씨 4,230도에서 강력한 자외선과 X선을 분출시켜 화학반응에 의한 DNA와 RNA를 구성하는 '아데닌, 구아닌,

시토신, 티민, 우라실'의 다섯 개의 핵 염기를 만들어 내는 데 성공한 것이다.

이로써 생명 기원에 대한 비밀의 열쇠는 어느 정도 풀렸다고 할 수 있다. 이는 결국 지구의 생명 기원은 원세포(Protocell)이고, 이 원세포가 다양한 생명체로 진화되면서 오늘날과 같은 지구생태계가 진화, 발전하였다는 사실이 어느 정도 과학적으로 입증되었다고 할 것이다.

결국 지구생태계는 화학적 반응에 기초한 진화론에 따라서 만들어졌고 이것이 자연환경의 변화에 따라서 생물체들도 그에 적응하면서 다양한 형태로 발전해 왔다는 사실을 입증하고 있다.

4. 화석에서 밝혀주는 지구생태계

지구의 75% 이상이 퇴적암으로 되어있다. 이런 퇴적층에는 신비로운 지구생태계의 역사를 증명해 줄 수 있는 많은 화석이 발견되고 있다. 화석은 돌로 변한 것이어서 동식물들이 급격한 환경변화에도 썩지 않고 원형 그대로 땅속에 묻혀 있다. 그래서 오래전에 살았던 생물들의 삶의 변화를 숨김없이 우리에게 가르쳐 주고 있다.

알프스나 히말라야산맥 등지에서 조개류, 해초류, 물고기 등 바다생물의 화석이 발견되고 있다. 그리고 온대지방에 사는 식물과 동물의 화석이 극지방에서 무수히 발견되었으며, 시베리아의 벌판에서 얼어 죽은 매머드의 위 속에서는 온대지방 식물들이 발견되었다.

남극지방에도 풍부한 석탄이 발견되고 있어 과거 한때 남극지방도 식물이 자랄 수 있는 따뜻한 환경이었다는 것을 알 수 있다.

공룡 같은 거대한 동물들이 중생대에 살았는데, 신생대에는 나타나지 않았다. 중생대 마지막에 있었던 백악기에는 지구상 생물종의 95%가 멸종되었던 대멸종 시대가 있었다.

수많은 생물이 멸종하였으나 신생대에는 포유류와 조류 등이 살아남았고, 현대의 형태가 될 때까지 진화가 이루어졌다.

이같이 지구환경은 장기간 큰 변화를 겪으면서 지구생태계에 큰 변이를 일으키고 있다고 할 것이다.

가. 공룡시대

공룡은 살아가던 시대의 기후와 환경에 완벽히 적응했으나 결국 지구환경이 변화하면서 이에 적응하지 못하고 멸종했다. 이는 운석 충돌설, 바이러스 감염설 등 멸종에 대한 여러 가지 가설들이 있으나 확실한 증거자료는 찾지 못하고 있다.

결국 지구환경이 변했을 때 이에 적응하지 못하면 생물체는 멸종될 수밖에 없다는 적자생존의 원칙이 적용된다는 사실을 알 수 있다. 이같이 지구생태계는 강육약식(强育弱食)이 지배하는 것이 아니라 환경에 적응하는 자가 생존하는 적자생존의 원리가 적용된다고 할 수 있다.

호주의 토끼 생태계를 살펴보면 약자에 속하는 토끼가 1900년도 초 처음 호주 대륙에 뿌리내렸다. 그때 당시는 십여 마리에 불과하였으나 몇 년 뒤 3억 마리로 증식되었다.

이는 호주에 토끼의 상위 포식자가 없어 끝도 없이 증식할 수 있었던 결과이다. 결론적으로 힘이 센 자가 살아남는 것이 아니라 환경에 적응하는 자가 살아남는다는 진화론의 진리를 우리에게 가르쳐 주고 있다.

나. 판 운동에 의한 지각변동

지구환경은 지구 자체의 판 운동으로 지각변동이 지속해서 이뤄지고 있다. 즉 지구가 판 운동에 의한 지각변동으로 큰 변화가 이뤄진 흔적은 여기저기에 발견되고 있다.

더운 적도지방인 인도나 마다가스카르에서는 고대의 빙하 흔적이 발견되었고, 추운 남극대륙에서도 열대림 화석이 발견되었다.

빙하 지역이 열대로, 열대지역이 빙하로 바뀌었다는 사실은 우리들이 상상할 수 없는 일이지만 지각변동이 수천 번 이뤄졌다는 사실을 알 수 있다.

지구는 6개의 큰 지각판과 6개의 작은 지각판들로 되어있다. 이들은 끊임없이 판 운동으로 지하의 약한 바위들을 지표면으로 떠오르게도 하고 대륙을 갈라놓아 바다를 넓히기도 한다. 결국 대륙이 만들어지고 산도 만들어지며 바다도 만든다.

지구에서 가장 높은 히말라야산맥은 '인도– 오세아니아 지각판'과 '유라시아 지각판'이 서로 충돌해 솟아올라 생긴 것이라고 한다. 각 지각판의 충돌이나 움직임의 방향이 서로 상이하여 지진이 일어나기도 하며 무서운 화산 폭발이 생기기도 하는 것이다.

5. 지구생태계의 역사

지구생태계는 고생대, 중생대, 신생대로 구분한다. 고생대는 5억 4,200만 년부터 2억 5,100만 년까지, 중생대는 2억 5,100만 년부터 6,600만 년까지, 신생대는 6,600만 년 이후부터 오늘날까지로 구분한다.

가. 고생대의 생태계

고생대는 캄브리아기, 오르도비스기, 실루리아기, 데본기, 석탄기, 페름기로 구분한다. 캄브리아기에는 척추동물을 제외하고, 오늘날 살고 있는 대다수 동식물의 선조가 나타났다. 그러나 육지에서 사는 동식물은 등장하지 않았고 바다에서 사는 삼엽충, 완족류, 산호 등이 화석으로 발견되고 있다.

오르도비스기에는 바다 식물인 석회조류가 널리 퍼졌으며 삼엽충, 모뿔조개, 필석류, 산호, 바다술 등 바다에서 사는 무척추동물들이 번성했다. 그리고 실루리아기에는 최초로 척추동물인 어류가 등장했으며, 육지에서 식물이 자라기 시작했는데, 이는 최초의 육상 식물인 양치식물이었다.

데본기는 어류가 크게 번성한 어류 시대였으며 담수어류가 폐어류로 되었다가, 양서류 단계를 거쳐 최초의 육상 동물로까지 진화했다.

그리고 석탄기에 이르자 곤충류, 거미류, 양서류 등이 나타났고, 양서류에서 파충류로 활발히 진화되어 가는 화석들이 발견되고 있다. 특히 양치식물이 무성한 숲을 이뤄 오늘날 사람들이 화석연료로 사용하는 석탄, 석유가 생겨나게 되었다. 페름기에는 양치식물이 점차 쇠퇴하고 겉씨식물이 나타나기 시작했으며 겉씨식물로는 송백류, 은행류, 소철류 따위가 대표적이다.

나. 중생대의 생태계

중생대는 트라이아스기, 쥐라기, 백악기로 나뉜다.

1) 트라이아스기

초기에 파충류인 공룡이 번성했고, 후기에는 바다에서 어룡이 나타났다. 크기가 2m 이상이 되는 대형 공룡과 포유류가 처음으로 출현했다.

2) 쥐라기

파충류의 종류가 많아지면서 새들의 시조인 익룡이 나타나 하늘을 날아다니게 되었다. 양치식물은 석탄기와 비교해서 상당히 쇠퇴한 편이었지만 겉씨식물이 번성하여 대삼림을 이루었다.

3) 백악기

거대한 몸체를 지닌 파충류나 암모나이트 등이 출현하였으나 백악기 말에 이르러 거의 절멸해 버렸다. 그리고 백악기 중엽에는 속씨식물이 나타나 번성하기 시작했으며 신생대에 이르러 전

지구상으로 널리 퍼져 나갔다.

다. 신생대의 생태계

신생대는 제3기와 제4기로 구분된다. 제3기는 팔레오세, 에오세, 올리고세, 마이오세, 플라이오세로 나뉘고, 제4기는 홍적세와 충적세로 구분된다.

1) 신생대 제3기

전 지구상에 가득했던 파충류들이 뱀 종류만을 제외하고 대부분 쇠퇴하여 사라졌다. 그리고 어류와 새의 종류는 현재와 비슷한 종으로 진화했다. 특히 포유류는 중생대에 처음 등장했으나, 신생대 제3기 초의 짧은 기간 동안 놀라운 속도로 진화해 나갔다. 그리고 제3기 초에 활엽수가 많아졌으나 제3기의 후반으로 넘어가면서는 낙엽수가 많아지기 시작했다.

2) 신생대 제4기

약 250만 년 전부터 현재에 이르는 기간으로 매머드, 말, 사슴, 순록, 영양 등이 화석으로 발견되었다. 특히 구석기 시대 후기에 덩치가 큰 동물의 대표로서 매머드는 사람들이 사냥하는 동물의 첫 번째 대상으로 꼽혔다. 그러나 매머드는 약 1만 년 전인 홍적세 말에 절멸했는데, 현재까지도 얼음 속에서 죽은 매머드가 가끔 화석으로 발견된다.

 한 권으로 끝나는 생태 위기

가) 구석기 시대

지금으로부터 최고 약 200만 년 전인 홍적세 초기에 시작된 것으로 인류가 최초로 출현하여 진화해 갔던 시기이다.

나) 신석기 시대

약 1만 년 전인 홍적세 말에 시작되었으며 현재의 것과 매우 비슷한 속씨식물이 계속 번성하여 지구상에는 미루나무, 단풍나무, 참나무 등이 무성했다. 제4기를 흔히 빙하 시대라고 하는데 이 무렵에 모두 다섯 번의 빙하기와 네 번의 간빙기가 있어 지구생태계의 대 멸종기를 맞게 되었다.

3) 신생대 6기 홀로세

현재 우리가 살고 있는 이 시기는 신생대 6기 '홀로세'이다. 홀로세는 시작된 지 1만 년에 지나지 않으나 그동안 인간은 지구를 완전히 다른 차원으로 바꿔 놓는다. 즉 생물체들이 서로서로 영향을 '주고받았던 시대'에서 이제는 인간이 일방적으로 영향을 주고 그 영향을 모든 생물체가 받는 관계로 발전하였다.

6. 300만 년 전 인류의 탄생

19세기 중엽 다윈의 진화론이 발표되기 이전에 많은 사람들은 하느님이 세상의 모든 것을 창조하고 사람도 만들었다고 믿었다. 그런데 다윈의 진화론이 모든 생물에게 적용되고 자연환경이 변화하면서 조금씩 변화하고 발전해 간다는 사실이 화석을 통하여 입증되었다. 그래서 사람의 조상이 원숭이의 한 종류가 진화한 것이라고 믿게 되었다.

최초의 인류는 약 300만 년 전에 남아프리카에서 살았던 오스트랄로피테쿠스라고 한다. 1924년에 인류학자인 다트가 오스트랄로피테쿠스의 화석을 남아프리카에서 발견하였다. 이의 연구한 결과 돌도끼를 가지고 사냥했으며 사냥한 짐승을 날로 먹고 동작이나 신음소리로 자신의 뜻을 전하는 동물과 같은 생활을 했다.

약 100만 년 전부터 지구는 빙하 시대에 들어가 많은 생명이 얼어 죽었고, 이때 나타난 인류가 호모 에렉투스이다. 호모 에렉투스는 추위를 피하려고 털가죽을 몸에 걸치게 되었고 비바람을 피하려고 나뭇잎으로 천막을 치기도 하고 동굴 속에서 살기도 했다.

인류 역사에서 가장 중요한 변화는 약 50만 년 전으로 불을 사용하기 시작한 시기이다. 인류는 불을 피워 추위를 가시게 하고, 어둠을 환하게 밝혔으며, 음식을 익혀 먹게 되었다. 불에 익힌 음식은 연하고 맛있을 뿐만 아니라 소화도 잘되었고 모닥불을 피워서 맹수의 습격을 막을 수도 있었다.

가. 호모 사피엔스

호고 사피엔스는 비록 지혜롭기는 했으나, 이들은 3만 5000년 전에 자취를 감춰 버려 현생 인류의 직계 조상이라고 할 수는 없다. 그런데 약 10만 년 전에 현생 인류와 닮은 인류가 나타나 이들을 '생각하는 지혜인'이라고 하여 호모 사피엔스 사피엔스라고 부른다.

호모 사피엔스 사피엔스는 약 5만 년 전부터 사람이 살지 않는 신대륙으로 퍼져 나갔다.

인도네시아의 섬들에서 오스트레일리아로, 동북아에서 베링해를 건너 북아메리카로 옮겨갔다. 이 무렵부터 인류에게는 인종의 구분이 생겼으며 주변 환경에 적응하면서 흑인종과 백인종, 황인종의 특징이 각기 나타나기 시작한 것이다.

호모 사피엔스는 네안데르탈인, 크로마뇽인으로 구분된다. 네안데르탈인은 두개골의 크기가 현대인과 비슷할 정도로 진화된 인류로서, 40만 년 전부터 20만 년 전까지 살았다. 이들은 수렵 생활을 하면서 종교의식을 거행했었다.

나. 크로마뇽인

크로마뇽인은 40만 년 전에서 1만 5000년 전까지 살았던 인류인데, 현대인과 큰 차이가 없다. 석기, 창, 활 등과 같은 무기를 사용하고, 가죽 털옷을 입었다. 이들은 수렵 생활을 하면서 종교의식을 거행하고, 매머드, 물소, 들소 따위의 동물 그림들을 동굴 벽에 그려 놓는 등의 예술 활동을 했다.

다. 유목민 탄생

빙하 시대가 끝나고, 지구는 따뜻한 기후를 되찾자, 매머드처럼 추위에 강한 동물들은 추운 북쪽으로 옮겨 가고, 따뜻한 지역에는 토끼처럼 작고 빠른 동물들이 나타났다. 작고 날쌘 동물을 잡는 데에 인류는 활과 화살을 만들어 쓰게 되었다. 그리고 강이나 바다에서 물고기를 잡기 위해 그물을 만들었으며, 어롱이나 작살도 사용하였다. 이 무렵 인류는 개를 길들이기 시작했고, 소나 양, 낙타, 닭 등도 길러 가축을 사육하는 유목민들이 탄생 되었다.

이같이 한곳에 정착해서 살게 되자, 인구가 늘어나 마을은 도시로 발전하면서 도시를 다스리는 왕과 도시를 지키는 군인, 제사를 담당하는 제사장도 생겨났다. 또한 말을 기록할 수 있는 문자도 만들어져 이것이 바로 고대 문명의 기원이라 할 수 있다.

라. 사바나 숲

인류학자들과 고생물학자들은 인류는 대부분 숲에서 수렵과 채취로 살아왔다는 게 공통된 견해이다. 즉 인류는 인류 역사의 대부분에 해당하는 기간을 아프리카 사바나 등의 숲에서 수렵과 채취로 살아왔으며, 이것이 인간의 고유 특성이라 할 수 있는 직립보행으로 진화했다고 한다.

사바나 숲에서 인류는 먼 거리를 보고 적과 위험 요소를 미리 감지해야 했고 또한 나무의 열매를 채취해야 했기 때문이다.

사바나에서 살아가면서 사냥과 공동생활을 해야 했고, 생산성을 높이기 위해 머리를 사용했기 때문에 뇌의 크기가 커지게 되었다. 이런 사바나 이론에 의하면 약 3백만 년 이상의 시간을 통해 우리 인류는 진화 과정을 겪으면서 서서 걷고 멀리 바라보는 오늘날의 모습으로 발달될 수 있었다고 할 수 있다.

7. 모래에 묻힌 고대 4대 문명 발상지

세계 4대 문명의 발상지인 인더스, 갠지스강 유역, 메소포타미아 유역과 나일강 유역의 찬란했던 문화가 지금은 모두 모래 속에 묻혀 있다. 세계 최고의 문명인 이집트와 메소포타미아는 숲을 파괴하고 경작지를 제대로 관리하지 못했던 결과 붕괴하는 운명을 겪었다.

나일강의 범람은 경작지에 매년 새로운 기름진 토양을 공급하는 축복이었다. 봄부터 가을까지 쏟아지는 빗물은 상류로부터 엄청난 양의 부식토를 하류로 운반하였다. 7년에 한 번 정도 큰비가 내리면 강줄기가 바뀌어 이쪽저쪽 번갈아 가며 자연스러운 윤작까지 가능하였다.

지중해의 수산물과 나일강 하구의 농산물을 기초로 풍부한 식량을 바탕으로 무역이 성행하여 부강한 국가가 되었다. 이러한 변화는 나일강 상류에 울창한 산림이 남아 있던 로마 시대까지 계속되었다.

인구가 증가함에 따라 나일강의 갈대 대신 남쪽 산림의 나무를 베어 숯을 만들기 시작하였다. 그리고 피라미드와 스핑크스를 건설하기 위해 주변의 나무를 베어 굵은 통나무를 깔고 돌을 밧줄로 묶어 운반하였다.

가장 큰 피라미드는 무게 1톤이 넘는 돌덩이를 230만 개나 쌓아 만들었다. 때로는 수백만 개의 돌덩이를 나일강 상류 850km 지점에서 뗏목으로 운반하였다.

수백 년에 걸쳐 계속된 피라미드의 건설로 엄청난 면적의 산림이 사라졌다. 이집트인들은 로마와의 전쟁을 위하여 거대한 전함을 만들면서 나일강 하류의 숲을 전부 벌채하였다. 그리고 로마와 그리스에 식량과 장작, 숯 등을 팔았는데, 특히 숯은 이익이 많이 남는 품목이었다.

가. 나일강 문화

로마와 교역한 300년 동안은 이집트 삼림의 수난기였다. 나일강을 따라 남부 오지의 산림까지 벌채하여 숯을 만들었다.

오랫동안 숲을 파괴한 결과 풍수해가 계속되고 경작지는 사막으로 변하였다. 그래서 이집트의 귀중한 문화유적들은 모래 속에 묻히기 시작하였으며 기름진 경작지는 강물이 적어짐에 따라 염분이 증가하여 황무지로 변하기 시작하였다. 결국 로마 시대 이후 700여 년에 걸쳐 이집트는 지중해 연안을 제외하고 모든 국토가 모래 속에 묻히게 되었다.

메소포타미아 문명은 티그리스강과 유프라테스강 유역에서 발달하였다. 이지역은 비가 거의 내리지 않는 건조지역이지만 두 강의 상류 지역인 터키 고원에는 큰비와 눈이 내렸다. 봄과 여름에는 눈 녹은 물과 강우로 인하여 강은 자주 범람하고 주변 경작지에 기름진 토양을 운반했다.

메소포타미아 사람들은 제방과 저수지, 수로를 만들어 농사를 지었는데, 땅이 넓고 기름져서 문명이 발달하였다. 그러나 북부 산림지대에 유목민족이 침입하여 산림을 개간하여 도시를 건설하고 소와 양을 기르기 시작하면서 홍수가 빈번히 발생하였다.

결국에는 수십 미터의 점토 속에 도시 문명이 묻히는 불행한 역사로 기록되게 되었다. 실제로 이라크의 우르에서 발견된 성전과 탑은 수천 년 동안 거의 부서지지 않은 원형 상태로 발굴되었다. 그리고 레바논 산맥의 나무와 유프라테스강 변의 모든 버드나무를 벌채하여 건물을 지었다.

고비사막은 옛날에는 사막이 아닌 푸른 초원과 울창한 산림지대였다. 그러나 이 지역을 근거지로 침략을 계속하는 흉노족을 내쫓기 위하여 한나라 이후 200년간 이 지역의 산림을 지속적으로 불태운 결과 사막이 되었다.

리비아의 사막지대도 2000년 전에는 울창한 산림 지역이었으나 회교도인 사라센 제국이 이 지역을 지배한 이후부터 산림을 베어내고 양과 소를 방목함에 따라 사막화가 진행되었다.

이 같은 사실에서 지구생태계에서 살아 숨 쉬는 숲이 없어진다면 결국 황폐해지거나 파괴될 수밖에 없다는 역사적인 사실을 말해주고 있다.

최근 전 세계 삼림 중 거의 80%가 없어졌다고 한다. 산림이 파괴되어 고대의 4대 문명 발상지가 모래에 묻히는 비극과 같이 오늘날 어떤 재앙이 우리를 기다리고 있는지 알 수 없다.

결국 인류가 지속해서 생존하는 방법은 자연을 보호하고 자연이 사람을 보호할 수 있도록 지구환경을 지켜나가는 길뿐임을 명심해야 할 것이다.

8. 환경 DNA 기법으로 200만 년 전 생태계 해독

커트 키에르 영국 옥스퍼드대 교수 등 국제 연구진은 과학 저널 '네이처' 2022년 12월호에 실린 논문을 통해 "환경 DNA로 200만 년 전 그린란드 생태계를 알아냈다."고 밝혔다.

연구자들은 북극에서 800㎞ 떨어진 그린란드 북부의 해안 퇴적층인 카프 쾨벤하운층에서 환경 DNA를 추출해 해독하는 데 성공했다고 밝혔다.

코끼리가 물가에서 놀고, 토끼와 순록이 초원에서 뛰논다. 이는 2022년 12월 8일 국제학술지 '네이처(Nature)' 표지를 장식한 그림으로 200만 년 전 북극 그린란드를 그린 모습이다.

오래전 과거의 그린란드는 새하얀 빙하로 뒤덮인 지금의 모습과는 사뭇 다르다. 동물들은 알게 모르게 자기 DNA를 환경에 흩뿌리고 다닌다.

사람은 하루 중에 각질과 머리카락, 땀 그리고 배설물을 통해 DNA 분자를 세상에 내놓는다. 대부분 분해되어 사라지지만, 특별한 상황에서는 장시간 보존된다. 극미량이라도 보존된다면 어떤 동물의 DNA인지를 찾아낼 수 있다.

가령 호수에서 뜬 물의 환경 유전자를 분석하면, 호수에 어떤 물고기들이 서식하는지를 알 수 있다. 마찬가지로 과거의 환경 유전자를 확보하면 당시의 생태계를 추정할 수 있다. 이것이 최근 분자 생태학 분야에서 가장 혁신적인 기술로 각광받는 환경 유전자 기법이다.

가. 북극에서 살았던 동식물 발견

북극에 인접한 곳인데도 135종 이상의 동·식물이 살았던 것으로 드러났다. 연구자들은 "개방된 침엽수림에 포플러, 잎갈나무, 측백나무가 섞여 자랐고 바닥에는 극지와 아한대 관목과 초본이 분포했다"고 밝혔다.

DNA로 확인한 동물로는 순록, 북극토끼, 레밍, 기러기 등과 함께 그린란드에서 처음 보고되는 코끼리의 멸종한 먼 조상인 마스토돈도 포함됐다. 따뜻한 바다에 사는 투구게와 산호, 녹조류의 DNA도 확인됐다. 당시 이곳의 연평균 기온은 현재보다 11~19도 높았다고 연구자들은 밝혔다.

북극으로부터 겨우 600마일 떨어진 지역이 한때 마스토돈들이 살았던 포플러나무와 자작나무 숲으로 덮여있던 것으로 추정했다. 멸종된 마스토돈은 지금으로부터 약 1만 년 전 제3기 마이오세에서 플라이스토세에 걸쳐 번성했던 동물이다.

코끼리나 매머드보다 키가 작고 몸이 작달막하며 엄니를 가졌으며 다른 빙하기 포유류들과 함께 멸종될 때까지 북아메리카와 중앙아메리카를 돌아다녔다. 이번 DNA 발견으로 이들은 더 오래전에도 살고 있었고 서식지도 넓었던 것을 알 수 있다.

그 숲은 또 순록과 북극 토끼들의 서식지였다. 이 밖에도 거위, 투자나무, 박테리아, 곰팡이를 포함한 미생물들에서 DNA 조각이 검출됐고, 자작나무, 버드나무 관목 같은 북극 식물들과 전나무와 삼나무 같은 따뜻한 기후에서 사는 식물들이 혼합해 존재했다는 것도 알 수 있었다.

연구팀 리더 중 한 명인 에스케 빌러슬레프(Eske Willerslev) 룬드백 재단 지리 유전학센터 책임자는 "마스토돈(DNA가 발견된 것)은 큰 놀라움이었다." 그건 그린란드에서 이전에 발견된 적이 없다. 하지만 가장 놀라운 것은 북극과 온대 종의 독특한 생태계가 현대의 유사체 없이 함께 섞여 있다는 것이라고 말했다.

나. 고대 인류의 DNA 발견

뉴욕타임스(NYT)는 "세계 각 지역에서 가져온 퇴적물들과 뼈에서 우리 종에 대한 이해를 바꾸는 데 도움을 준 고대 인류의 DNA도 발견해 냈다"며 "이

　　　　　　　　　　　　　　　　한 권으로 끝나는 생태 위기

런 과정에서 DNA 추출법은 더 정교해졌고 이번 발견도 가능할 수 있었던 것이다."라고 밝혔다.

2021년 시베리아에서 120만 년 된 매머드 DNA를 발견했던 스톡홀름대학 고생물학자 러브 달렌은 마스토돈이 그린란드에서도 나타났다는 사실에 놀라움을 표시했다.

달렌 박사는 NYT에 "이번 발견은 우리가 알고 있는 플라이스토세 후기 마스토돈의 조상이거나 새로운 종을 대표할 수 있을 것"이라고 말했다. 그리고 "이 식물들과 동물들이 극적인 기후변화의 시기 동안 생존했기 때문에, 그들의 DNA는 우리가 현재의 온난화에 적응하는 것을 돕는 '유전자 로드맵'을 제공할 수 있다고 믿는다."고 강조했다.

제2절.
지구생태계의 진화

일반적으로 환경오염이 발생하는 원인은 인구 증가, 도시화, 산업화 등 인위적인 사항을 들고 있다. 그렇지만 핵심적인 원인은 화석연료라고 하지 않을 수 없다.

화석연료는 그간 지구에서 수십억 년간 생물체들이 쌓여 만들어진 퇴적물이다. 그런데 인류는 이런 화석연료를 불과 250년 만에 모두 사용하여 고갈시켰다. 결국 화석연료에서 나오는 온실가스와 각종 독성물질이 지구환경을 오염시켜 생물체들은 더 이상 살아갈 수 없을 정도다.

인류는 화석연료에서 벗어나서 생태계가 자체 정화 능력에 의해서 오염물질을 해결해 나갈 수 있는 수준까지 생태계를 복원시켜야 한다.

지구상의 절반에 해당하는 인구는 환경재앙으로 배고픔과 질병 그리고 폭염, 해일의 공포 속에서 시달리고 있다. 특히 인간이 편리하게 살아가기 위해서 만든 많은 양의 화학물질은 인체에 영향을 미치는 환경오염 물질인 수은, 납, 카드뮴, 크롬 등 중금속으로 남게 되었다.

인간들에 의해 이루어지는 산업과 농업 활동으로 대기 중에 방출되는 이산화탄소의 양은 연간 약 70억 톤에 이르고 있다.

이 양들의 대략 절반 정도가 해양이나 식물 및 토양에 의해 흡수되고 나머지는 대기에 그대로 축적되고 있다. 따라서 대기 중의 온실가스 농도는 점차 높아지고 이로 인하여 온실효과가 커지면서 기후 위기가 발생하고 있다.

지구상에 1850년부터 2002년 동안 누적된 이산화탄소에 대한 각국의 기여도를 산출한 결과 선진국이 76%, 개도국이 24%를 차지하고 있다. 그래서 산업혁명 이후 화석연료를 많이 사용한 선진국에 대한 환경오염 책임론이 제기되고 있다. 이를 바탕으로 2005년 2월, 교토의정서가 발효되어 선진국 39개국에만 온실가스 감축 의무를 부과하였다.

산업혁명 이후 인구가 기하급수적으로 증가하여 가정 쓰레기, 자동차 배기가스, 생산·소비 폐기물 등이 지속적으로 늘어나고 있다. 더욱이 산업화의 결실로 대량생산, 대량 소비 체제가 구축되어 소비가 미덕인 사회로 발전하고 있다.

인구가 도시에 집중되고 소득이 늘어나면서 육류 소비 경향이 확대되고 공장용지, 주택단지 조성, 농경지 개발 등으로 산림벌채 현상이 심화되어 세계 각지에서 사막화가 되고 있다.

그리고 물자가 흔해져 생활편의를 위한 1회용품 사용이 늘어나 폐기 물량 증대를 가속해 환경오염은 지구의 자기 정화 한계를 넘어서 지구온난화를 일으키며 각종 환경재앙의 원인이 되고 있다.

각종 전자제품이나 자동차들은 매일 많은 양의 화석연료를 연소시켜 온실가스를 배출시키고 있다. 이런 온실가스는 지구를 둘러싸고 있어 태양열의 복사열을 흡수하여 지구를 덥게 만들고 있다. 그래서 극지방의 빙하가 녹아서 해수면이 상승하고 지구의 기온상승으로 수증기가 더욱 활발하게 움직임에 따라서 태풍, 지진, 해일, 가뭄, 폭염 등이 빈발하여 각종 환경재앙을 야기시키고 있다. 결국 환경오염이란 사람의 활동에 따라 발생하는 대기오염, 수질오염, 토양오염, 해양오염, 방사능오염, 소음·진동, 악취 등을 말한다.

이는 사람의 건강이나 환경에 피해를 주고 있어 이를 최소화하여 지구를 되살려야 우리들과 우리 후손들이 건강하게 살아갈 수 있다. 따라서 환경오염 물질을 근본적으로 감축시켜 지구를 되살리지 않으면 지구생태계는 정상적인 자연 순환 체제를 유지 시켜나갈 수 없게 되어 악순환은 더욱 심화되기 마련이다.

이런 환경오염을 퇴치하기 위해서는 우리들은 우선 지구생태계를 지배하고 있는 각종 원리를 이해하고 우리들은 왜 지구환경을 훼손하면 안 되는 것이며 이를 최소화하기 위해서 무엇을 어떻게 해야 할 것인지는 궁리해야만 할 것이다.

1. 지구환경의 구성요소

지구환경은 흙, 공기, 물 등으로 구성되어 있는데 이를 각기 대기권, 수권, 암석권을 구분하고 있다. 그 속에서 생물들이 생활하는데 직·간접적으로 커다란 영향을 미치고 있다.

지구생태계는 크게 무생물과 생물로 구분된다. 무생물은 에너지, 화합물, 자연 등이며 생물은 생산자, 소비자, 그리고 분해자로 구성되어 있다.

생산자는 작은 부유식물인 플랑크톤으로부터 거대한 수림까지의 모든 녹색 식물과 몇 종류의 박테리아가 포함된다. 소비자는 생산자와 달리 스스로 영양을 생산하지 못하여 식물과 동물을 포식하여 유기체의 조직에서 유기화합물을 소비하는 객체로 초식동물, 육식동물, 잡식동물, 기생동물 등이 포함된다.

분해자는 죽은 동식물을 유기물질로 분해하는 박테리아, 곰팡이, 그리고 몇몇 원생동물과 같은 작은 생물체를 일컫는다. 분해자에 의해서 분해된 유기물질들은 다시 생산자가 사용함으로써 생태계 내의 물질순환을 돕는다.

　　　　　　　　한 권으로 끝나는 생태 위기

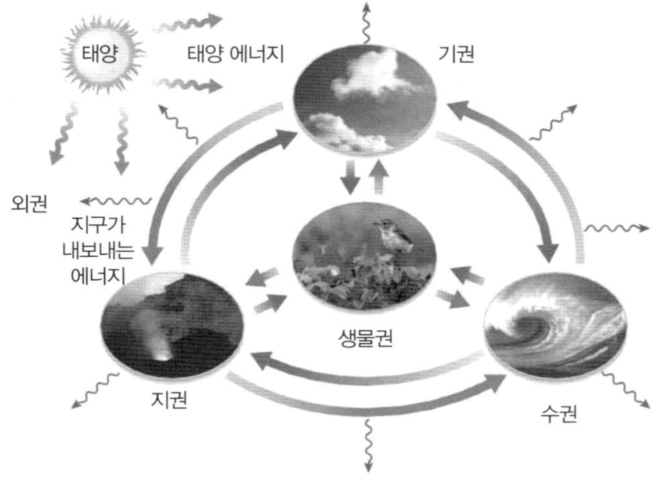

이런 지구생태계란 어떤 지역의 생물 공동체와 이를 유지하고 있는 지구환경이 종합된 물질계 또는 기능계를 구성하고 있다. 일반적으로 계(system)란 에너지의 투입과 산출을 측정할 수 있는 경계선을 가진 지역을 의미한다.

가. 대기권

지구를 둘러싸고 있는 대기는 수직분포에 따라서 아래로부터 대류권, 성층권, 중간권, 열권으로 나누어진다. 대부분 생물은 대류권에서 생존하고 있다.

대류권에서는 고도로 올라감에 따라서 기온이 낮아지고 대기의 압력도 낮아진다. 이런 대기의 수직분포는 대류권에 존재하는 수증기의 변화로 다양한 기상 현상을 나타내고 있다.

대기의 압력은 지표면에서 평균 약 1,013hPa(1기압)이며 고도로 높아짐에 따라서 점차 낮아지고 대기의 밀도도 고도가 높아짐에 따라서 작아진다. 대기의 질량 약 99%가 지표로부터 약 32km 이내에 존재한다.

나. 수권

수권은 해수와 담수로 구분된다. 담수는 다시 호수, 강, 지하수, 그리고 빙하로 나뉜다. 이중 인간이 실제로 이용하는 물의 양인 담수는 지극히 제한된 양에 불과하다.

수권의 물은 증발하여 수증기로 대기권에 들어가고 다시 비가 되어 수권에 돌아온다. 수권은 지표의 변화와 기후변화와도 밀접한 관계가 있다.

비나 눈은 거의 순수한 물에 가까우나 땅 위에 떨어져서 강을 이루고 지하수가 되어 흐르는 동안 지역의 암석이나 토양에 들어있는 다양한 성분이 녹아들게 된다. 그러므로 담수에 녹아 있는 물질은 그 지역 토양의 성질, 기후, 그곳에 번식하는 식생의 종류에 따라서 달라지기 마련이다.

이런 담수가 바다에 들어오게 되면 해수의 순환, 온도, 산성도, 물에 용해되어 있는 화학적 성질 등에 의해서 칼슘, 이산화탄소 등은 탄산칼슘이 되어 바다 밑에 가라앉는다.

다. 생명의 근원인 물

물은 역시 지구를 에워싸고 있으며 1kg의 물을 1℃ 올리는데 1kcal의 열량이 필요하다. 물은 다른 어느 물질보다도 비열이 매우 높아 온도는 조금 오르면서도 많은 열을 흡수하게 된다. 그리고 온도가 쉽게 낮아지지 않으면서도 막대한 열을 발생할 수 있는 특성이 있어 지구의 온도를 일정하게 유지해 주는 역할을 담당하게 된다.

물이 없는 달에서는 하루에 온도변화의 폭이 무려 250℃나 된다. 이렇게 큰 온도변화 폭 속에서는 아무런 생물들이 살 수 없게 된다. 그런데 지구는 많은 물로 에워싸여 있어서 낮에 엄청나게 많은 태양열을 받으면서도 밤과의 기온 차이가 얼마 되지 않는다. 즉 쉽게 데워지지만, 쉽게 식히기도 어려운 물의 특성 때문에 지구는 언제나 일정한 온도를 유지하고 있다.

또한 바닷물에 낮의 태양열을 쬐게 되면 육지보다 빠르게 기온이 상승하게 된다. 반대로 밤에 태양열이 사라지면 서서히 식어가는 특성을 지니고있다. 그래서 낮에는 육지보다 빠르게 기온이 상승하여 바람이 육지에서 바다로 분다. 즉 바람은 기온이 높은 데서 낮은 곳으로 움직이는 특성을 지니고 있다. 반대로 밤에는 바다가 따듯하고 육지가 차가워지기 때문에 바람은 육지에서 바다로 불게 되어 있다. 이런 원리로 공기가 순환되기 때문에 바람, 구름, 기후변화가 일어나게 되어 있다. 이같이 지구는 물로 만들어졌으며 모든 생물체는 물로 살아가고 있다. 이렇게 물의 순환되는 과정에서 모든 생물체는 살아가고 있어 물은 역시 생명의 근원이라고 할 수 있다.

2. 생태계 생명의 근원이 되는 태양에너지

태양은 지구의 생물체들이 살아갈 수 있는 원동력이 되는 에너지를 제공하고 있다. 즉 식물들은 태양에너지를 이용하는 광합성 작용으로 지구생태계의 먹잇감이 되는 뿌리나 줄기, 잎, 그리고 열매 등을 생산하고 있다.

이는 태양에너지를 다른 형태의 에너지인 영양소로 바꾸어 저장한 것이다. 이런 식물을 초식동물이 먹고 육식동물은 그 초식동물을 먹이로 살아간다. 결국 지구에 사는 모든 생물체는 태양에너지를 기반으로 하는 먹이사슬로 연결되어 살아가고 있다.

그런데 21세기 현대문명을 이룩한 화석연료(석탄, 석유, 천연가스 등)도 따지고 보면 과거의 생물들이 저장해놓은 태양에너지의 일부인 셈이다. 그런 의미에서 태양에너지는 지구생태계의 생명이며 근원이라고 할 수 있다.

태양은 지구로부터 1억 5천만km 떨어져 있으면서 끊임없이 에너지를 보내주고 있다. 태양을 구성하고 있는 수소는 고온, 고압 아래에서 핵융합반응을 일으켜 헬륨으로 변화한다. 그 과정에서 1g의 수소가 헬륨 핵으로 전환될 때 약 0.007g의 질량이 줄어들게 되고 이때 줄어든 질량만큼이 에너지로 전환하게 된다.

태양의 약 70%를 차지하고 있는 수소가 모두 헬륨으로 변하는 것은 아니고 이 중 약 15% 만이 핵반응을 하고 있다. 이것만 모두 핵융합해도 태양은 1백억 년 이상 현재의 복사 에너지를 낼 수 있다. 그런데 지금 태양의 나이가 대략 50억 년 정도이니 앞으로도 50억 년간 태양은 복사 에너지를 계속 지구로 보낼 수 있다.

이같이 태양 주변을 돌고 있는 행성들은 대부분 어떤 생물체들도 살 수 없는 환경을 갖고 있다. 그런데 지구환경은 평균기온이 15도를 유지해 모든 생물체가 안정된 삶을 누릴 수 있는 것은 무엇보다 지구의 대기권에 존재하는 온실가스들이 태양에너지를 흡수 · 저장하는 온실효과를 나타내기 때문이다.

한편 지구생태계는 모든 생물체가 살아갈 수 있도록 공기, 물, 햇볕이라는 환경을 조성해 준다. 지구를 에워싸고 있는 대기에는 질소와 산소가 99% 이상을 차지하고 있고 나머지 1% 미만은 이산화탄소, 아르곤, 수증기 등이 차지하고 있다.

한편 지표면 부근에 오존은 식물의 광합성을 20%나 감축시키며 인간의 호흡이 곤란하게 하는 오염원이 된다. 그렇지만 성층권 오존층은 모든 생명체에 해로운 자외선을 흡수하여 지표면에 도달하는 자외선의 양을 축소 시키는 긍정적인 역할을 담당하고 있다.

11~50km 사이에 있는 성층권에 오존의 90% 정도가 있고 나머지 10%가 지표면 부근 대류권에 있다. 이들은 지상 기압으로 압축하면 두께가 0.3cm에

불과할 뿐 아니라 재생하는 데 수십 년이 걸리므로 파괴되면 위험하다.

오존층 파괴는 식물의 엽록소도 파괴되어 농산물의 수확량이 감소하고 해양 플랑크톤이 감소되어 해양 생태계의 먹이사슬을 파괴하여 어획량을 감소시키는 요인이 되고 있다. 그리고 육상 미생물도 자외선으로부터 자신을 보호할 장치가 없으므로 소멸하게 되는 위험성을 안고 있어 오존 파괴를 방지해야만 했다.

3. 지구생태계를 지배하는 세렝게티 법칙

미국의 진화생물학자 숀 캐럴은 '세렝게티 법칙'이라는 저서를 통하여 "지구생태계는 다양한 종의 동식물과 함께 순조롭게 굴러가는 세렝게티 법칙이 적용되고 있다"는 사실을 밝혔다.

세렝게티란 탄자니아와 케냐에 걸쳐 있는 어마어마한 생명의 보고를 자랑하는 국립공원이다. 이곳에서는 주어진 환경에 서식하는 동식물들이 자체적으로 조절하면서 생존하는 생태적 법칙이 적용된다.

그리고 사람의 인체 내에서 200개가 넘는 세포가 37조나 살고 있어 이들도 서로 다른 수많은 세포를 적당한 수만큼 생산하고 유지하기 위한 생리적 법칙이 적용되고 있다. 지구생태계의 생물체들은 생명체로써 '체제, 물질대사, 생장과 증식, 반응, 적응과 진화' 등 5가지 운동을 하고 있다.

만일 이 중에 어느 한 가지나 일부만이라도 작용을 할 수 없다면 생명력은 상실하게 되는 것이다. 한번 변화된 자연환경의 복원에는 많은 노력과 비용과 시간이 걸리겠지만 한번 절멸한 생물종을 다시는 되돌릴 수는 없다.

더 많은 생물들이 지구상에서 사라지기 전에 하루빨리 생물종의 보전과 서식 환경의 보호에 전력해야 한다. 그래야만 우리는 태양계의 유일한 초록별 지구에서 생물의 멸종을 걱정하지 않고 안정된 생물 다양성이 유지될 수 있다. 이에 우리들은 건강한 생태계가 유지되어 인류가 건강하게 생존해 나갈 수 있는 공존하는 방안을 찾아내서 실행해야 한다.

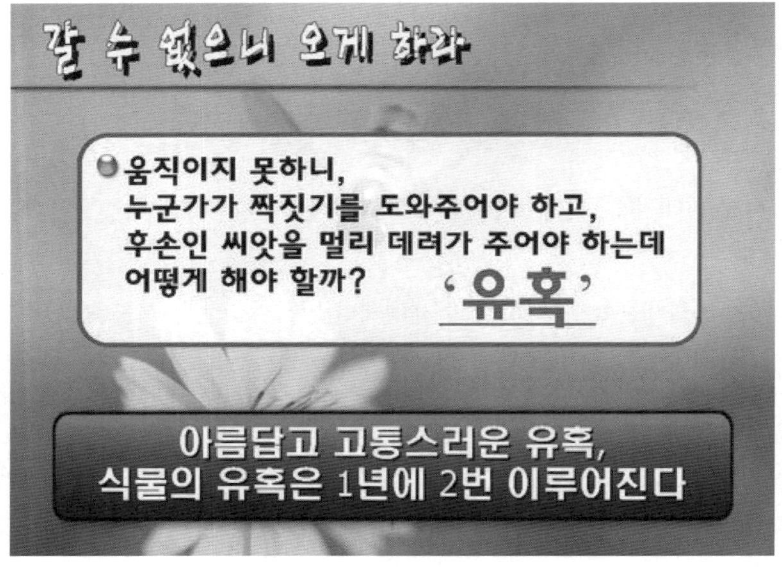

생물계에는 서로 상호연관이 있는 식물, 동물, 박테리아, 균류 등의 군집의 집합이다. 이들의 발달 과정, 기능향상 등은 제각기 특이한 생활계를 형성하고 있다.

군집과 환경 간에는 상호 밀접한 관계가 이어지면서 이 관계에서는 기후나 토양 등이 군집에 작용하고 이 군집은 흐름에 의해 환경으로부터 둘러싸여 생물체로 되고 군집 내 생물 간의 교체에 의한 환경 내로 되돌아오려는 작용이 있다. 이같이 물질이나 에너지가 순환하고 상호보완적인 관계를 맺는 환경을 생태계라고 한다.

인간은 필연적으로 환경에 의존하지 않으면 안 되며 생물군집에서 여러 가지를 수확하지만, 그에 의해서 생기는 환경의 변화는 예측하기 어렵고 인간이 바라고 있는 것조차 이익에 역행할 수 있다. 예를 들면 식량을 증산하기 위해서 막대한 양의 살충제를 살포한 지역에서는 식량 생산의 증대를 가져오지만, 생활에 도움이 천적들이 사멸하고 살충제에 대한 해충들의 내성이 증가하므로 종종 문제를 야기 시키고 있다.

이런 부작용을 의식하지 못한 채 살충제를 살포하여 막대한 생태계를 파괴하고 있다. 결국 유기농을 통하여 생태계가 서로 돕고 의지하면서 살아가는 모습으로 우리들은 바꿔야 할 것이다.

가. 생태계의 지배원리는 협력과 나눔

지구력이 강한 하이에나가 먹이를 끈질기게 추적하다가도, 다른 무리의 영토로 먹이가 들어가면 추적을 포기한다. 자기 세력권의 중심에서는 싸우려는 동기가 강하더라도 세력권의 변방에서는 싸움을 회피하는 등 동일 종 간에도 서로의 영토를 인정함으로써 경쟁을 회피하는 것이 동물들의 일반적인 생리라고 한다.

조직 생활을 하는 사자나 들개 그리고 침팬지나 원숭이들 무리에는 계급순위를 결정하여 일사불란한 지휘체계를 갖추고 있다. 이런 무리는 전체의 번식률이 안정적이고, 구성원의 건강 상태가 양호하며 비 소모적인 경쟁을 억제하여 집단의 안정성을 보장하는 시스템을 갖고 있는 셈이다.

이같이 지구생태계는 그들 나름대로 생존 법칙이 작용하고 있다. 이런 지구생태계의 생존 법칙은 경쟁이 아니라 협동을 통한 나눔이라는 사실을 인식하고 우리들은 이런 지구생태계의 지배원리에 따라서 지속 가능한 발전 기틀을 만들어 나가야 할 것이다.

나. 포식자의 내적 조절 기작

몸집이 작은 초식동물은 포식자들의 먹이가 되기 때문에 포식자에 의해서 조절된다. 그렇지만 150㎏ 이상의 몸집이 큰 초식동물들은 포식자들에게 공격받지 않는다. 따라서 먹이가 부족해지면 굶어 죽거나 병들어 죽는 숫자가 늘어나면서 자연스럽게 한 마리당 먹을 수 있는 먹이의 양이 많아진다. 그래서 먹이에 의해 개체 수가 자동으로 조절되는 기능을 갖고 있는 세렝게티의 법칙이 적용된다.

코끼리 암컷이 생식능력을 가지는 시기는 8살에서 30살까지 다양하다. 코끼리 군집이 적정한 규모를 넘어서면 생식할 수 있는 시기가 늦어져서 30세에 이르러서야 임신이 가능해진다. 그렇지만 적정한 군집의 규모보다 작아지면 8세부터 임신이 가능하게 된다.

이는 무작정 번식하고, 그 군집의 적정 규모는 외부요인에 의한 죽음으로써 조절되는 것이 아니라 코끼리에게 적정 군집 규모를 유지하는 내적 조절 기작이 있음을 시사하고 있다.

다. 천적

1859년, 호주의 개척 시대에 사냥용으로 유럽의 토끼 몇 마리를 호주의 들판에 풀었다. 여우와 늑대 등 천적이 없는 새 세상을 만난 유럽 토끼들은 급속도로 불어났다. 목축을 위해 조성한 초원을 쑥대밭으로 만들어 놓아 같은 식물을 먹이로 삼고 있는 많은 초식동물은 상대적으로 그 군집의 규모가 감소하였다.

위기를 느낀 호주 정부는 토끼 소탕 작전을 벌였으나 무섭게 불어나는 토끼의 번식 속도를 따라잡기는 역부족이었다. 천적 여우를 유럽에서 들여오기도 하였으나 오히려 토착종들의 멸종위기만 초래했을 뿐이었다.

현재 호주가 세계 최대의 여우 모피 수출국이 된 배경에는 토끼의 번식력이 뒷받침하였다고 할 수 있다.

결국 1950년과 1997년 두 차례에 걸쳐 토끼에게 치명적인 바이러스를 이용하기까지 이르렀고, 바이러스의 공격을 받은 유럽 토끼들은 거의 전멸한 듯 보였다. 하지만 바이러스에 면역이 된 일부 유럽 토끼들이 생존하였다. 그리고 그 후손들은 급속히 자신들의 군집 규모를 회복하면서 140년간 토끼와의 전쟁은 아직도 끝나지 않고 오늘날에도 계속되고 있다.

4. 지구생태계의 주인 역할을 담당하는 미생물

미생물은 우리들의 육안으로는 볼 수 없지만 지난 35억 년 동안 지구생태계에서 모든 생물의 진화를 주도해 왔다. 즉 미생물은 지구상 거의 모든 생물에 존재하며 그들의 탁월한 대사 능력을 발휘하여 모든 생물이 생존할 수 있는 기틀을 마련해 주고 있다. 그래서 미생물이 지금까지 지구생태계를 유지해 나갈 수 있도록 여건을 조성하는 주인 역할을 담당하고 있음을 알 수 있다.

일반적으로 식물들이 태양 광선을 화학에너지로 전환하는 광합성을 통하여 에너지를 생산해 내고 있다. 그런데 똑같은 광합성 작용을 하는데 어떤 식물들은 탄수화물을 만들어내고 어떤 식물들은 단백질, 비타민 등 다양한 영양분을 생산해 내고 있다. 이는 곧 미생물이 그렇게 지원해 주고 있으므로 가능한 일이다.

이같이 지구생태계가 살아갈 수 있는 각종 에너지를 생산해 내는 것은 미생물의 역할이 크다고 할 수 있다.

미생물들은 지난 35억 년 동안 진화를 거듭하면서 식물, 동물, 그리고 인간이 생존하여 나갈 수 있도록 물질순환의 중추적인 역할을 담당하고 있다. 즉 모든 생물은 새로운 세포를 만드는 데 필요한 에너지를 얻기 위한 물질을 공급해 주고 있다. 따라서 미생물이 다양할수록 생태계는 안정된 평형 상태를 유지할 수 있도록 도와주고 있다.

그렇지만 미생물의 다양성이 훼손된다면 결국 생태계의 안정성은 훼손하게 되고 한 생물체가 멸종되면 연이어서 다른 생물체도 멸종되어 가도록 생물 멸종의 도미노 현상이 일어나게 된다.

결국 지구환경의 오염은 미생물의 다양성 훼손으로부터 이뤄지고 이것이 곧 지구생태계를 파괴하는 원인이 되고 있다.

미생물들의 멸종이 지구생태계를 멸종의 위기로 몰아넣고 있는 셈이다. 따라서 우리들은 지구생태계를 복원시켜 생물 다양성을 유지해 나가야 인류가 생명의 위협에서 벗어날 수 있다.

이제 우리들은 지구라는 생명의 공동체 안에서 모든 생물체가 다 같이 살아가고 있다는 사실을 인식하여야 한다. 그래서 모든 생물은 인간과 함께 생명권을 가지는 지구생태계의 동등한 구성원으로서 생존할 권리를 가지며 인류는 이를 보호할 의무를 부담해야 한다.

가. 물질대사 담당

미생물은 그 서식지가 어디이든지 간에 한가지의 기본적인 생명 활동, 즉 물질대사를 진행해 나가고 있다. 물질대사란 '세포 내의 물질과 에너지 흐름으로 세포에서 일어나는 수천의 화학반응과 물리적 활동'을 총괄한 개념이다.

물질대사는 분해 과정인 이화작용과 합성 과정인 동화작용으로 나눌 수 있다. 이화작용은 고분자 화합물이 작은 조각으로 분해되면서 에너지를 생산하고 또 이 조각들은 새로운 고분자 화합물의 합성에 이용된다.

이렇게 에너지를 사용하여 새로운 고분자 화합물을 합성하는 과정이 동화작용이다. 따라서 미생물들은 이화작용과 동화작용이 에너지를 매개체로 긴밀히 연결되어 있어 모든 생물체가 생명력을 유지할 수 있게 도와준다.

나. 유익균과 유해균

미생물은 인체에 해로운 유해균과 인체에 이로운 유익균으로 나뉜다. 일반적으로 식중독의 경우 아주 심하지 않으면 병원에 가지 않고, 그 증상이 나타나는데도 하루 이상의 시간이 걸리기 때문이다.

식중독 유전체 정보를 확보하여 비교 분석하면 지역별 분포하는 미생물들의 차이점을 파악해야만 가능하다. 지역과 나라별 차이를 확보하면 식중독 발생 시 어떤 균이 어떤 경로로 오염되었는지를 확인하여야 치료가 가능하다. 그래서 식중독균에 오염된 수입 식품의 경우, 수입 전 오염인지 아니면 수입 후 오염인지 구별이 가능하여야 빠르게 조치할 수 있다.

같은 종의 식중독균이라도 병을 일으키는 데 필요한 유전자가 없으면 식중독 위험 원인을 알아낼 수 없어 균종보다는 정확한 유전자 분포를 알아내는 것이 필요하다.

미국을 비롯한 유럽 국가 등에서는 식중독균에 대한 유전체 사업을 추진하며 별도의 식중독균 유전체 정보망을 구축하고 있다.

우리나라에서도 빅데이터를 바탕으로 분석하여 식중독 예측 모델을 개발하고, 국제협력을 통해 식중독 예방을 위한 경보 시스템을 구축해 나가고 있다.

다. 장내 미생물을 활용한 비만 치료

우리들의 인체에는 무려 100조 마리의 체내 미생물이 살고 있다고 한다. 이들은 2만 1천 개의 서로 다른 유전자를 보유하고 있어 인간들은 여러 종의 미생물이 모여 있는 슈퍼 생물체라고 할 수 있다.

미국 워싱턴 대학 피터 턴보(Peter Turnbaugh) 연구팀은 '미생물로 비만을 치료한다'는 아이디어를 특허 냈다. 장내 미생물이 비만의 원인이 된다고 마른 사람의 장내 미생물을 채취해 뚱뚱한 사람에게 이식한다면 다이어트를 하지 않아도 체중을 감량할 수 있다.

이같이 미생물들은 지구생태계의 주인으로서 역할을 담당하면서도 우리에게 생명을 유지해 주면서 각종 질병을 안겨 주는 이중적인 존재로 살고 있다.

라. 건강수명과 미생물

요즈음 인간의 기대수명이 80세 안팎으로 늘어났다. 이는 '면역 주사, 의료 환경 개선, 질병 예방조치, 페니실린 등 항생제'라는 4대 요인 때문이다.

면역 주사는 소아마비, 결핵 같은 질병을 거의 근절시켰다. 그리고 병원에서 병원균을 없애도록 각종 치료 방법이 모색되고 있어 결국에는 깨끗한 환경으로 개선되고 있어 사망률이 급격히 줄었다고 할 수 있다.

그리고 질병 예방을 위해서 공공시설의 위생관리를 개선 시켰고 페니실린 등 항생제의 발명으로 사망률은 크게 감축되었다.

1900년 선진국 사망률의 3분의 1을 차지하는 3대 사망원인은 '폐렴, 결핵, 감염성 설사'이었다. 이는 유해 미생물들에 의해서 발생하는 질병이다. 그런데 최근 3대 사망원인은 '심장병, 암, 뇌졸중'으로 전환되어 선진국 질병으로 바뀌어졌다.

이는 '항생제를 많이 쓰고, 모유 수유를 안 하고, 패스트 푸드를 많이 먹는 식습관' 때문이다. 결국 잘못된 식습관이 우리들의 체내 미생물을 파괴하고 장내 미생물이 균형에서 벗어나면서 곧바로 염증이 생기게 된다.

이런 염증들이 만성질환을 일으키기 원인이 되어 현대인들은 만성질환에 시달리면서 건강수명은 오히려 단축되어 가고 있어 건강하게 살아가려면 장내 미생물을 관리해야 한다.

한 권으로 끝나는 생태 위기

5. 지구환경을 정화 시키는 미생물

미생물에는 바이러스, 세균, 곰팡이, 효모 등으로 구분한다. 세포에 침투하는 바이러스에는 노론 바이러스, 리사 바이러스(광견병), 조류독감(AI), 감염바이러스, 에이즈(AIDS), 독감 인플루엔자 등 각종 질병의 원인이 된다.

그리고 세균(박테리아)은 바실러스균, 방선균, 광합성세균, 유산균, 납두균, 대장균, 탄자균, 충치균, 디프테리아균, O-157 병원성 대장균, 살모네랄균, 비브리오균, 콜레라균, 포도상구균, 사카자키균, 헬리코박터균, 파이롤리 등 역시 질환을 일으키는 원인이 되고 있다.

그렇지만 우리에게 유익한 미생물인 푸른곰팡이(페니실린), 유기물 분해 곰팡이, 소화 돕는 곰팡이 등이 있다. 그리고 우리들이 매일 먹고사는 효모(곰팡이에 속함)에는 포도주, 치즈 제조균, 술, 빵 제조균 등에 널리 활용되고 있다.

미국 오리건 주립대학의 균류학자 수전 시머드(Suzanne Simard) 연구팀은 "놀랍게도 햇볕을 받은 자작나무는 균근의 연결 네트워크를 통해서 그늘진 곳의 전나무에 당을 공급하고 있다."는 사실을 발견하였다. 즉 특정 종의 곰팡이로 이루어진 균근이 동일 종의 나무들뿐만 아니라 다른 종의 나무들까지 서로 연결해 주는 것이다.

또한 이들은 자작나무와 전나무를 연결하게 해주는 네트워크를 관찰한 결과 이 나무들이 열 종류의 균류 공생체를 공유한다는 사실을 발견하였다.

빛을 찾으려고 애쓰는 어린 묘목이 대부분을 이루는 그늘진 곳의 식물들은 숲의 지붕 꼭대기에서 햇빛을 받은 식물들의 도움을 받을 수 있다.

숲속 식물들의 광합성 산물은 종 내에서 그리고 종 사이에서 재분배되어 많은 자는 베풀고 가난한 자에게 나누는 식물 세계의 사회 안전망이 구축하고 있는 셈이다.

지구상에 사는 모든 식물도 미생물과 공생을 한다. 그중 식물의 90% 이상은 뿌리와 곰팡이 사이에 끈끈한 유대를 이뤄 물과 양분을 찾는 실력은 곰팡이의 균사가 뿌리보다 100배 정도 효율적이다.

균사로부터 공급받은 물과 양분으로 식물은 광합성을 하며, 광합성 산물의 10~30%는 뿌리를 통해 곰팡이에게 전달되는 이는 일종의 수수료인 셈이다.

가. 생분해

미생물은 세균, 곰팡이, 효모 등으로 대부분 땅속에 많이 살고 있다. 미생물은 성장과 활동을 촉진하는 촉매반응을 갖고 있으며 신진대사를 통해 특정 독성 화학물질을 무독화하거나 독성을 경감 하는 기능을 살려 생물학적 복원 기술 또는 생물학적 정화 기술에 널리 활용되고 있다.

또한 생물학적 복원 기술은 독성물질이 유출된 지역의 정화 또는 위험한 독성 폐기물 처리를 위한 가장 가능성 있는 새 기술로 인정받고 있다.

지하 수계와 토양을 오염시킨 독성물질을 제거하는 방법 중에서 미생물을 이용하는 기술은 가장 효과적이며 경제적인 방법으로 평가되고 있다.

기본적으로 미생물에 산소와 영양염류를 공급하면 성장과 활동을 촉진해 오염된 독성물질을 제거할 수 있다.

생물학적 정화의 원리는 미생물(주로 박테리아)이 유해한 오염물을 파괴해 덜 유해한 물질로 만든다는 방법이다. 이런 미생물이 갖는 생물학적 분해작용을 생분해라고 한다.

나. 미생물을 이용한 청정기술

요즈음 우리가 사는 지구생태계는 환경오염이 급속히 증가하여 우리들의 생명을 위협하고 있다. 이는 급속한 산업화로 화석연료를 많이 사용하여 오염물질 배출량이 급증하였기 때문이다. 더욱이 인구가 대도시에 집중되면서 각종 쓰레기가 많이 쌓여 미생물들이 이를 분해할 수 없기 때문이다. 이런 오염물질은 대부분이 맹독성 및 발암물질이고 화학적으로 안정된 구조를 갖추고 있어 거의 분해되지 않거나 분해 속도가 느린 잔류성이 크기 때문이다.

또한 기름에 녹는 성질(지용성)을 띠고 있어 우리들의 체내에 들어오면 쉽게 배출되지 않고 내장 기관의 지방질 속에 농축되어 만성질환의 원인이 되고 있다.

이러한 환경공해 물질을 제거하기 위해 오염물질의 소각, 매립, 화학 처리 등을 주로 사용하고 있으나 2차 오염을 일으키는 원인이 되고 있다. 그래서 세계 각국에서는 궁극적으로 오염물질의 정화 방법을 모색해 나가고 있다.

최근에는 미생물을 이용한 친환경 처리기술이 크게 개발되어 활성 슬러지 기술, 살수 여상법, 혐기 호기 슬러지 소화 기술, 산화지법 등이 이용되고 있다.

이런 생물학적 처리기술은 기존의 물리·화학적 방법에 따른 처리기술보다 오염물질 분해에 효과적이고 처리비용이 저렴하며 환경친화적인 새로운 청정 기술로 각광을 받고 있다.

다. 미생물 기술력

최근 우리나라의 미생물 기술력이 미국과 일본을 제치고 세계 1위를 차지하고 있다. 이런 미생물은 무한대의 자원으로 우리 환경산업에서 가장 경제적으로 활용할 수 있어 최근 수요가 급증하고 있다.

홍계천 수질 개선, 태안반도 기름띠 제거, 동두천, 포항, 부산에서 하수 냄새 제거와 수질 정화에 활용되고 있다. 성남 분당구 양재천의 악취 제거에 활용, 부천시 등 지자체의 하수처리와 쓰레기 처리 등 악취 제거에 탁월한 효과를 보인다.

유용 미생물의 기본은 발효에 있으며 이는 더러워지고 부패하는 것의 반대 현상이다. 가정의 쓰레기를 유용 미생물로 처리하며 소각장의 위생 문제와 쓰레기 감량, 수질 정화, 침출수, 다이옥신 발생 등 다양한 오염감소 효과를 나타 낸다고 한다. 그래서 미생물을 이용한 환경정화 연구가 한창이다.

농산물 생산, 식품 가공, 환경보전과 공해 대책 등 여러 분야에서 미생물 이 용이 눈부시게 확산되고 있다.

미생물의 매력은 무엇보다도 그 의외성에 있는데 몰랐던 분야에서 극적인 효과가 나타나는 경우가 많다. 그 의외성으로 여러 가지 미결의 문제들이 해결 될 수 있을 것이라는 희망을 갖게 한다.

이런 유용 미생물의 활용은 이제 유망한 21세기 바이오 환경산업의 큰 축으 로 지구촌을 되살리는 데 선구적인 역할을 담당해 나가고 있다.

6. 생물체의 생명 활동

모든 생명체는 세포로 구성되어 있으면서 자신의 삶을 유지하기 위한 물질 대사(신진대사)와 자손을 퍼뜨리는 생식 활동을 한다. 이런 활동은 누가 가르 쳐주지도 않았는데 생물이 스스로 할 수 있는데 그 이유는 유전자에 기록된 정 보 덕분이다.

식물의 세포에 들어있는 엽록체는 원래 단세포의 진핵생물에 들어온 시아노 박테리아라는 외래 미생물이다. 광합성을 담당하는 엽록체는 식물의 세포소기 관으로 세포에 따라 1~100개가 있다.

광합성 과정은 먼저 식물의 엽록소가 햇빛 에너지를 이용해 물(H_2O)을 분 해한다. 이때 나온 수소(H)는 이산화탄소(CO_2)에서 탄소(C)를 뽑아내어(탄소 고정) 포도당[(CH_2O) 분자를 만들며. 부산물로 남은 산소(O_2)는 밖으로 배출 해 버린다.

이런 광합성 작용으로 만들어진 포도당은 단독으로 혹은 여러 개가 연결된

　　　　　　　　　　　　　　　　한 권으로 끝나는 생태 위기

녹말 분자의 형태로 잎이나, 줄기, 열매, 뿌리에 저장된다. 이런 포도당을 먹어 동물들은 생체분자로 활용하게 된다.

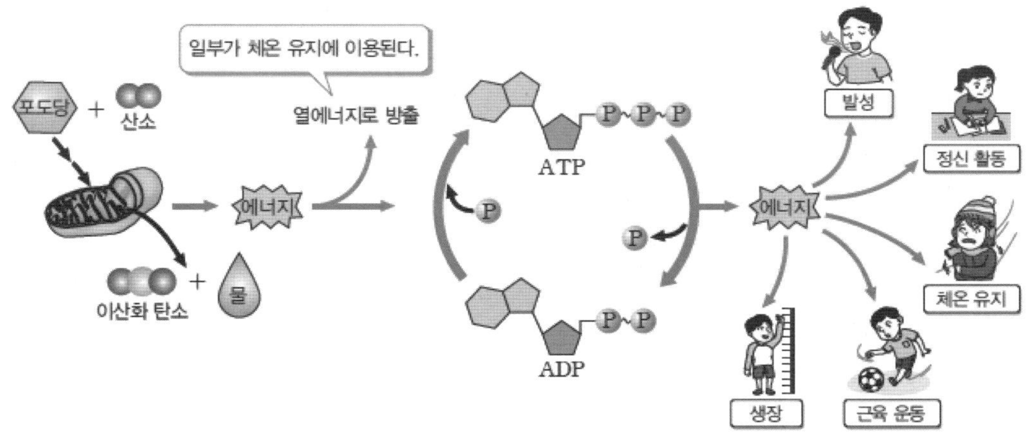

에너지의 전환과 이용

한편, 호흡은 광합성의 반대 과정으로 식물들은 광합성에 필요한 탄소를 흡수하는 과정이라고 할 수 있다. 식물은 동물처럼 눈에 보이는 호흡기관이 없어 알아차리기가 힘들지만, 식물도 잎, 뿌리, 줄기 등으로 호흡하므로 살 수 있는 것이다. 결과적으로 햇빛이 에너지를 주고, 생명체는 에너지를 쓰며, 탄소, 수소, 산소는 순환되어 지속적인 광합성과 호흡을 통하여 생명을 유지해 나가고 있다.

동물들은 광합성으로 만들어진 포도당을 산소와 반응시켜(산화시켜) 물과 이산화탄소로 분해하는 과정에서 에너지가 생성되고 이를 통하여 생물들은 각종 생체반응에 사용한다. 즉 동물들에겐 광합성이 땔감인 포도당을 음식으로 섭취하게 되면 호흡을 통하여 산소를 흡수하여 그것을 포도당을 태워 에너지로 전환, 이를 이용하는 활동하게 된다.

동물은 대체로 허파나 폐를 통하여 이뤄지는 '외(外)호흡'과 몸속의 세포가 하는 호흡은 '내(內)호흡' 또는 '세포 호흡'으로 구분된다. 외호흡은 다세포 생물인 동물이 세포 호흡(내호흡)에서 나온 이산화탄소를 한데 모아 배출하는 동시에 외기로부터 산소를 대량 흡수하는 큰 규모의 과정이라고 할 수 있다.

세포 호흡은 1개의 포도당 분자가 산화되어 6개의 이산화탄소로 변하는 과정으로 여기에서 발생한 에너지의 일부가 APT(아데노신 삼인산: adenosine triphosphate)라는 분자에 저장하게 된다. 즉 포도당을 분해해 이산화탄소와 물로 바꾸고, 여기서 나온 에너지를 ATP 분자에 저장하는 과정이 호흡이다.

ATP는 생명 유지에 없어서는 안 될 매우 중요한 물질로 세포의 모든 활동은 ATP에 저장된 에너지를 사용하고 있다. 한 마디로 미토콘드리아는 세포의 발전소이며, ATP는 거기서 나오는 전기라고 할 수 있다. 가령, 사람의 세포 1개에는 매 순간 평균적으로 10억 개의 ATP 분자가 있지만 생성되자마자 필요한 곳에 쓰인 후 2분 만에 분해되므로 호흡을 통해 끊김이 없이 다시 보충된다. 사람의 경우, 하루에 대략 몸무게만 한 양의 APT가 생성되어 에너지로 소비하고 있는 셈이다.

가. 물질대사

생물체들은 활동을 하기 위해서 에너지가 필요하며 에너지를 생산하려면 생체 내 물질의 분해와 합성이라는 화학적 작용이 요구된다. 이같이 생물의 세포에서 생명을 유지하기 위해 일어나는 모든 물질의 변화를 물질대사 또는 신진대사라고 부른다.

물질대사는 이화작용과 동화작용으로 구분된다. 이화작용이란 세포 호흡을 통하여 유기 분자를 분해하고 에너지를 얻는 과정을 말한다. 이에 반해 동화작용이란 에너지를 이용하여 단백질이나 핵산과 같은 세포의 구성 성분을 합성하는 과정을 말한다.

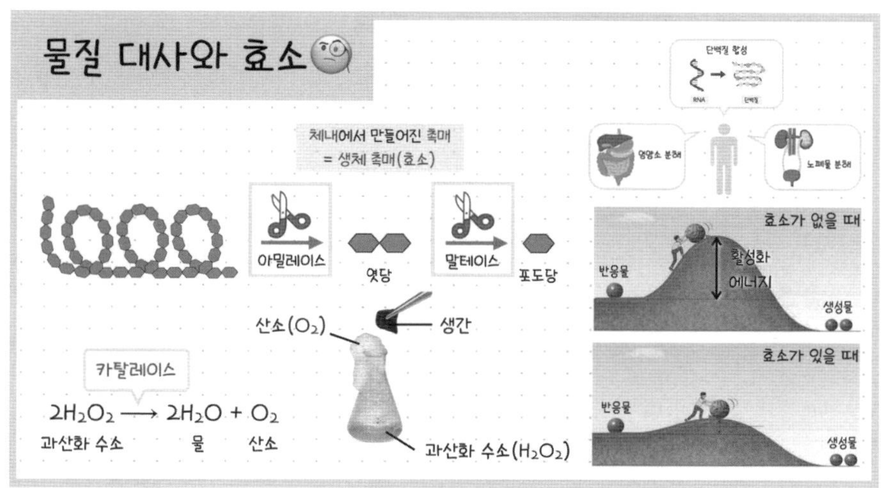

이화작용의 대표적인 예로는 음식물의 소화, 세포 호흡, 지방산 분해, 단백
질 분해 등의 과정이 있다. 생물체에서 일어나는 동화작용의 대표적인 예로는
당 합성, 단백질 합성, 지방 합성, 광합성 등이 있다. 보통 대사란 소화와 세포
간에 물질 수송 등을 포함하여 생물체 내에서 일어나는 모든 화학적 반응을 의
미한다.

이런 대사는 한 화합물이 여러 단계의 반응을 거쳐 다른 화합물로 변화하고,
단계마다 다른 효소가 차례로 반응을 촉매하는 효소가 그 역할을 담당한다. 즉
효소는 에너지를 방출하면서 자발적으로 일어나는 반응을 에너지를 요구하는
반응과 짝지어 생명체가 필요로 하는 반응이 일어나게 한다. 그리고 세포 주위
의 환경이나 세포에 오는 신호에 반응하기 위해 대사를 조절하는 역할도 담당
한다.

나. 세포 에너지로 전환

우리들이 음식으로 섭취하는 지방, 단백질 및 탄수화물은 모두 세포 에너지

로 전환된다. 이러한 영양소가 에너지로 전환되는 과정은 각각 다를 수 있으나 결과적으로는 모두 에너지를 공급하는 역할을 한다. 지방과 단백질이 ATP로 전환되는 과정은 당류와 단순 탄수화물처럼 단순하지 않다. 단순 당의 경우 화학 결합이 깨지면서 당이 글루코스로 분해된다. 이 글루코스가 ATP 생성을 촉발한다.

지방과 단백질은 세포 에너지 생성 과정에 포함되기 이전에 단순한 영양소 형태로 분해되어야만 한다. 즉 지방은 화학반응을 통해 지방산과 글리세롤(glycerol)로 전환되고 단백질은 기본단위인 아미노산으로 분해된다. 아미노산, 지방산 및 글리세롤은 글루코스와 함께 ATP 생성에 관여한다. 이들은 ATP를 생성하는 중간 단계에서 다양한 화합물을 세포에 제공하기도 한다.

일부 영양소는 우리 몸에서 소화되지 않고 ATP 생성에도 이용되지 않는데 그것은 바로 섬유질이다. 즉 인체에는 섬유질을 분해할 수 있는 효소가 존재하지 않으므로 이 영양소는 소화 기관을 그대로 지나가 몸 밖으로 배출된다. 물론 우리 몸은 섬유질을 소화시켜 에너지를 얻지 않아도 다른 음식물을 통해 ATP를 충분히 생성할 수 있게 구성되어 있다.

한편 세포 에너지를 유지하는 것은 건강에 필수적인 요소이므로, 다양한 미량 영양소가 도우미 역할을 하고 있다. 이들 중 일부는 없어서는 안 될 만큼 중요하므로 필수 미량 영양소라고 할 수 있다. 이러한 영양소 대부분은 건강한 식습관에서 빠져서는 안 되는 주요 음식물에 함유되어 있으며 이는 각종 비타민과 알파 리포산, 구리, 마그네슘, 망간, 인 등 무기질이다.

첫째, 세포에서 가장 기본이 되는 에너지 분자는 포도당(글루코스)이다.

식물의 경우, 포도당은 녹말의 형태로 잎이나 줄기 혹은 뿌리에 들어 있지만 동물의 경우에는 포도당이 당장 투입되는 연료이다. 연료로 쓰고 남은 것이 있으면 글리코겐이라는 분자로 간이나 근육에 저장해두었다가 포도당이 소모된 후 몇 시간 동안 사용한다.

녹말이나 글리코겐은 둘 다 간단한 구조의 포도당(단당류)이 여러 개가 붙어 있는 복합 분자(다당류)이다. 이보다 더 크게 붙어있는 당 분자가 셀룰로스이며 이들 모두를 통틀어서 탄수화물이라고 부른다. 이는 탄소와 수소의 화합물이라는 뜻이다.

둘째, 생물은 지방산 분자도 필요하다.

지방산이란 글리세롤과 함께 지방을 구성하는 성분이며 세포막 등 세포 내의 각종 막을 만드는 데 사용된다. 이 막들은 모두 지질로 이루어진 막이며 동물이 연료인 포도당이나 글리코겐이 부족할 때 쓰는 예비용 에너지이다. 포도당 등의 탄수화물은 지방산이나 지방으로 변환될 수 있어 빵이나 국수 등 탄수화물을 과도하게 먹으면 살이 찌고 지방이 많아지게 된다.

셋째, 단백질의 기본단위인 아미노산도 생체 구성에 필요한 분자이다.

아미노산은 자연계에 약 500종류가 알려졌지만, 지구 생물들은 이 중에서 20개 분자만 사용한

다. 식물은 이들 20개를 모두 합성할 수 있지만 동물은 먹은 음식물 분자를 분해하여 11개만 만들 수 있다. 나머지 9개는 먹어서 섭취해야 하므로 '필수 아미노산'이라 부른다. 20개의 아미노산은 다양한 조합으로 결합해 기능이 다른 수십만 가지의 단백질을 만든다.

단백질이 중요한 이유는 세포 물질과 동물의 장기 등, 생체조직을 구성하는 물질이기 때문이다. 그뿐만 아니라 동물의 몸에서 생화학 등을 조절하는 호르몬들이나 신경전달물질, 효소도 대부분이 단백질이다.

넷째, 핵산(RNA와 DNA)의 구성단위인 뉴클레오타이드도 생명체에 필수적인 분자이다.

뉴클레오타이드는 당, 인산, 염기의 세 부분으로 이루어진 복합 분자이다. 이들은 세포 내에서 여러 단계를 거쳐 사슬 모양으로 길게 결합(중합)해 RNA와 DNA가 된다.

다. 유전물질

암컷의 생식세포인 난자와 수컷의 생식세포인 정자가 결합해 자손을 퍼뜨린다. 암수 두 개체가 있어야 하는 유성생식이 가능하다. 이 때문에 이성 상대를 놓고 사활을 건 경쟁을 한다. 인간 활동의 거의 절반은 남녀의 사랑이 차지할 정도로 중요하게 취급되고 있다.

박테리아에서 인간에 이르기까지 모든 생물은 DNA를 가지고 있다. 생물의 유전정보는 DNA 속에 담겨있으며 이의 정식 이름은 '데옥시리보 핵산'(DeoxyriboNucleic Acid)이다. 이같이 핵산이라고 하듯이 DNA는 세포의 핵 속에서 산성을 띠고 있는 물질로 박테리아도 세포에 핵이 없는 데도 DNA를 가지고 있다.

DNA는 생명체의 모든 정보를 담고 있지만, 그 기능은 막상 두 가지만 있다. 그 이외에 DNA가 직접 나서서 주도하는 생체반응이나 작업은 없다. 하나는 유전정보를 보관하는 기능이며 다른 하나는 스스로 복제하는 기능이다.

DNA에 기록된 어떤 생물의 유전정보 전체를 '게놈(genome)' 혹은 '유전체'라고 부른다. 인간은 수십조 개의 세포로 이루어져 있으므로, 몸 안의 각 세포에 있는 DNA와 게놈은 모두 똑같지만 총 숫자는 천문학적이 된다. 다만, 적혈구 세포는 작은 크기로 모세혈관을 통과하기 위해 핵이 없는데 전체 세포의 약 85%를 차지한다. 따라서 몸안에 있는 게놈의 총개수는 세포의 수보다 훨씬 작다.

라. 후성 유전

2003년에 '인간게놈 프로젝트' 결과가 발표되자 많은 사람이 인간의 유전 현상을 거의 다 이해할 날이 머지않았다고 생각한다. 그런데 2,000년 이후 '후성유전'이라는 새로운 현상에 대한 많은 연구가 진행됨에 따라 유전자가 전부가 아니라는 새로운 사실들이 밝혀지기 시작했다.

후성유전이란 유전자가 아닌 후천적인 원인에 의해 유전적 특징이 달라지는 현상을 말한다. 여기서 말하는 후천적 요인이란 모체의 태아 때부터 일어나는 각종 변화, 예컨대 주변 환경, 음식, 나이, 습관 등을 말한다. 내가 잘나고 못난 것은 부모로부터 물려받은 유전 탓도 있지만 그것은 얼마 안 되고 상당 부분이 본인의 책임이라는 뜻이 된다.

생물이 물려받는 DNA나 유전자는 선천적이어서 약간의 돌연변이는 발생은 하지만 원칙적으로 평생 크게 변하지 않는다. 그러나 후성유전은 후천적 환경에 따라 얼마든지 변할 수 있다. 후성유전이 일어나는 과정은 아직 많은 부분이 밝혀지지 않았다.

한편 건강한 상태로 장기를 유지하기 위해서 세포는 끊임없이 분열한다. 그런데 DNA 손상과 같은 원인에 의해 세포분열이 조절 및 통제가 되지 않으면 비정상적으로 분열하게 된다. 이렇게 해서 생긴 비정상적인 세포의 집단을 신생물 또는 종양이라고 한다.

7. 물질대사 떨어뜨리는 유해물질과 나쁜 습관

우리 몸에는 수십조 단위의 많은 세포가 있는데 자외선이나 활성산소 등의 원인으로 많은 세포에서 지속해서 돌연변이가 생기게 된다. 다행히 인간을 포함한 동식물, 미생물 세포는 이러한 돌연변이를 자연적으로 복구하는 다양한 시스템을 가지고 있고 효소, 단백질이 그러한 기능을 담당하고 있다. 특히 간 대사기능의 촉매 역할을 하는 물질은 효소와 호르몬이다.

이를 통해 탄수화물, 지방, 단백질, 그리고 미네랄 대사가 이루어지는데 대사기능의 결과로 인체는 에너지를 획득하고 신체 내부 균형 기능을 유지하게 된다.

대사 과정이 정상적으로 일어나기 위해서는 각종 생리 활성물질이 필요하다. 그리고 내분비계 호르몬이 정상적으로 작동해야 한다. 즉 뇌하수체, 성장호르몬, 갑상선호르몬 및 성호르몬 등이 정상적으로 작동되어야 호르몬 대사가 일어난다.

내분비계 호르몬이 정상 작동하면 기초대사와 신진대사가 이루어지는데 이를 통하여 기혈 순환이 가능해지면서 인체가 정상적으로 작동할 수 있게 된다.

가. 환경오염 물질

사실 환경오염 물질은 우리들의 몸속에 들어오면 그대로 남아 있으면서 많은 부작용을 낳고 있다. 즉 생물체들은 대사 시스템에 따라 어떤 물질이 영양소인지 독인지가 정해진다. 예를 들어, 황화수소는 몇몇 원핵 생물에게는 양분이지만, 동물들에게는 독이 된다. 그리고 생물체의 대사 속도는 필요한 음식의 양과 음식을 얻는 방법에 영향을 미친다.

낙동강 페놀 오염 사태로 우리들이 일찍부터 들어왔던 페놀은 특이한 냄새가 나는 무색의 물질로 원래 다양한 석유화학 제품에 전구체가 되는 물질이다. 플라스틱이나 나일론 세제, 제초제 등의 주요 성분으로 광범위하게 사용되기 때문에 산업폐수 등에 많이 존재한다.

이런 페놀 그 자체로 인체에 독성을 지닌 환경 유해 물질이고 제대로 정화가 되지 않을 때 토양과 지하수 등을 타고 우리 몸에 들어오게 되면 피부 질환이나 신경계, 소화계, 순환계에 큰 부작용을 나타내는 독성물질이다.

기존에는 흡착제나 여러 가지 화학적 반응을 통해서 제거하는데, 미생물이 이런 오염물질을 제거하는 기능이 있다. 예를 들어, 슈도모나스라는 미생물은 오염물질이 들어오면 그걸 분해해서 자기의 에너지원으로 쓰고 있다.

나. 대사증후군

혈전증과 고지혈증을 비롯한 이상지혈증, 중풍과 심장병을 비롯한 동맥경화증, 그리고 고혈압, 당뇨병, 고인슐린혈증을 대사질환 또는 대사증후군이라고 한다. 이런 대사질환은 과음, 과식, 운동 부족 등 잘못된 생활 습관으로 인해 생기는 질환으로 일반적으로 복부비만, 스트레스, 유전 등이 그 원인이다.

이런 대사질환을 앓고 있는 사람들은 정상적인 대사 작용이 이뤄지지 않아 소화나 배설에 큰 어려움을 겪게 되고 심한 경우 각종 질환을 일으켜 생명을 위협하게 된다.

이같이 신진대사에서 물질대사는 생물체가 섭취한 영양물질을 몸 안에서 분해하고 합성해 생체 성분이나 생명 활동에 쓰는 물질이나 에너지를 만든다. 그리고 필요하지 않은 물질을 몸 밖으로 내보내는 작용을 말한다. 이런 신진대사 작용을 증강 시키면 체중 감량과 근육 형성 목표를 달성하는데 도움이 된다.

다. 신진대사를 망치는 생활 습관

신진대사가 활성화되면 더 많은 칼로리를 소모 시키기 때문에 체중이 감소한다. 하지만 반대로 신진대사를 방해하면 쉽게 살이 빠지지 않아 비만 현상이 나타나면 대사질환을 겪게 되는 것이다. 이런 신진대사를 망치는 나쁜 습관에는 5가지가 있다.

첫째, 단백질을 충분히 먹지 않는다

단백질은 근육을 만드는 데 꼭 필요하며 운동을 꾸준히 하는 사람이라면 운동 후 단백질이 많이 든 간식이나 식사를 해야 신체를 회복시키고 더 강하게 만드는 데 도움이 된다. 탄수화물과 지방도 식사의 중요한 요소이지만 포만감을 더 오래가게 하고 신진대사를 건강한 수준으로 유지하는데 도움이 되는 것이 단백질이다.

신체는 탄수화물이나 지방보다 단백질을 소화 시키는 데 더 노력이 필요하다. 단백질을 섭취했을 때 소화가 되는 동안 신진대사 작용이 강하고 빠르게 일어나기 때문에 탄수화물이나 지방 섭취 때보다 식이성 열 발생이 훨씬 높게 나타난다. 식이성 열 발생은 음식물을 먹고 소화하는데 발생하는 칼로리 소모를 말한다.

둘째, 잠을 충분히 자지 않는다

잠자는 동안 신체는 회복할 시간을 갖는다. 또한 수면은 신진대사를 적절하게 유지하는 데에도 좋은 효과를 나타낸다. 잠을 제대로 자지 않는 사람은 대사 장애에 걸릴 가능성이 높아진다. 특히 잠을 충분히 자지 않으면 식욕과 관련이 있는 그렐린이나 렙틴 같은 호르몬에 영향을 미쳐 식사한 뒤에도 포만감이 떨어지고 평소보다 배가 더 고픈 증상이 생겨 신진대사에도 영향을 준다. 그래서 하루 7~8시간이 적정 수면시간을 갖도록 하는 것이 좋다.

셋째, 물을 충분히 마시지 않는다

체내 수분을 적절히 유지하면 깨어있는 느낌이 들게 하고 업무 수행 능력도 높이며 신진대사 작용을 건강하고 원활하게 하는데 도움이 된다. 약간만 체내 수분이 부족해도 신진대사를 3% 느려지게 하는 것으로 나타났다.

살 빼기가 목표라면 식사 전에 물을 몇 잔 마시는 게 좋다. 물 17온스(약 500cc)를 마시면 건강한 남녀의 대사율이 30% 증가했다. 이런 대사율 상승은 수분을 공급한 뒤 10분 안에 나타났다.

넷째, 바깥 활동을 잘 하지 않는다

사무실이나 집 밖으로 나가 햇볕을 쬐면 비타민 D 합성이 일어날 뿐만 아니라 신진대사를 활발하게 하는 작용을 한다. 피부가 햇볕에 노출되면 산화질소를 방출하는데 이는 신진대사를 건강하게 유지 시키는 데 중요한 역할을 한다.

햇볕에 노출돼 방출되는 산화질소는 음식물과 당분을 잘 처리하는데 도움이 되는 것으로 나타

났다. 그리고 산화질소가 혈압을 낮추는 데에도 효과가 있다. 산화질소는 건강한 식사와 운동과 병행했을 때 신진대사에 긍정적인 효과를 미친다. 대기 상태가 좋은 날은 무조건 야외 활동을 늘리는 게 좋다.

다섯째, 근력 운동을 하지 않는다

근육을 강화하는 근력 운동은 신진대사를 항상 시키는 데 도움이 된다. 걷기나 달리기 등의 유산소 운동을 할 때 순간적으로 심장 박동 수가 높아지고 칼로리를 태우게 된다. 하지만 근력 운동을 통해 근육이 많아지면 오랜 시간 신진대사를 높게 유지하기 때문에 운동을 하지 않고 쉬는 시간에도 지방과 칼로리를 태우게 된다.

8. 원시인처럼 생활하는 건강 비법

다이어트 전문가인 박용우 리셋클리닉 원장은 "비만의 원인은 원시인 시절에 맞춰 몸에 새겨진 체중 조절 시스템이 깨졌기 때문에 발생한다. 따라서 원시인의 생활 습관에 따라서 탄수화물을 줄이고 운동을 많이 하는 체중 조절 시스템으로 고쳐나가야 다이어트에 성공할 수 있다."고 가르쳐준다.

보통 생활습관병을 고치려면 체중, 혈당치, 혈압, 체지방 (특히 복부 내장지

방), 식사 칼로리량, 운동량 등 6가지 항목을 수시로 체크하고 운동과 식습관을 바꿔 나가는 생활 습관 교정이 요구된다.

이는 결국 원시인 때 형성된 유전자가 오늘날 우리들에게도 남아 있어 이를 실천하는 생활 규칙을 지켜야 하기 때문이다. 따라서 우리들은 우리 몸속에 있는 유전자에 의해서 결정되는 체질에 근거해 건강을 관리해 나가야 건강한 생활을 누릴 수 있다.

2013년 3월, SBS 스페셜 '끼니의 반란'이 3회 연속 방영되었다. 여기에서 "우리가 건강한 몸을 유지하려면 구석기 원시인처럼 먹고 운동하라"는 '다이어트 진화론'(남세희 지음, 민음인 펴냄)이 소개되었다.

오늘날과같이 많은 물질문명을 누리고 있는 현대인이 "왜 수렵시대의 원시인과 같이 생활하여야 건강을 유지할 수 있다고 할까?"하는 의아심을 갖게 한다. 그렇지만 우리의 몸속에는 10만 년 전 원시인 때부터 만들어졌던 지방조직이 그대로 남아 있어 에너지를 저장하고 있으며 몸을 조절하는 호르몬도 그때 당시 만들어진 것이기 때문이란다.

사실 구석기 원시인들의 수렵 생활은 날씨가 좋으면 짐승을 쉽게 잡고 열매도 쉽게 채집할 수 있어 배불리 먹을 수 있다.

그렇지만 비가 오거나 추운 겨울엔 사냥이나 열매채취가 어려워 결국 오랫동안 굶어야 한다. 그런 생활에서도 생존할 수 있도록 에너지 저장조직이 크게 발달하게 되었으며 이런 유전자가 우리들의 몸속에 그대로 남아 있기 때문이다.

가. 지방조직

인류가 농사를 짓기 시작한 것은 불과 1만 년에 불과하다. 그러니 40만 년 동안 대부분 인류는 짐승사냥과 열매채취로 생활했다. 그래서 포획된 짐승의 고기와 지방만이 유일한 먹잇감이었기 때문에 탄수화물을 거의 섭취할 수 없었다. 즉 오늘날과 같이 밥을 비롯하여 빵, 떡, 국수, 모든 제철 과일, 과자류, 술, 감자, 고구마, 옥수수 등 탄수화물이 주식이 아니었다. 이에 원시인의 에너지 저장조직은 결국 지방조직으로 이뤄졌으며 이것이 오늘날 세계 인구의 3분의 1을 비만 인구로 만드는 원인이 되고 있다.

구석기 원시인들에겐 비만이란 있을 수 없었다. 그들은 수렵 생활을 하기 위해서 반경 20km 이상을 일일생활권으로 두고 짐승을 사냥하기 위해서 뛰어다녀야 했다. 특히 맹수를 만나면 전력 질주를 하여 피해야만 했고, 나무 열매를 채취하기 위해서 높은 나무를 올라가야만 했다. 그래서 그들에겐 빠른 주력과 민첩성이 생존을 위한 주요한 무기가 될 수밖에 없었다.

현대인과 비교할 수 없을 정도로 운동량이 많았고 굶는 기간이 많아 지방조직에 저장된 에너지를 모두 소모 시킬 수 있었다.

현대인들은 탄수화물을 주식으로 삼고 살아가기 때문에 사용되지 않고 남은 탄수화물이 매일매일 쌓이게 된다. 이는 또한 원시인 때 만들어진 지방조직에 의해서 저장되어 비만증이나 대사증후군(당뇨)이라는 만성질환에 시달리게 된다.

사실상 비만과 당뇨라는 만성질환은 운동 부족, 흡연, 음주, 과도한 스트레스 때문에 발생하는 생활습관병이라고 할 수 있다.

이는 노년기의 건강을 결정하는 데 매우 중요한 원인으로 작용하기 때문에 성인병이라고도 부른다. 이런 만성질환을 치료하는 방법은 결국 구석기 시대의 원시인과 같이 행동하라는 것이다.

나. 멜라토닌 생성

구석기 원시인들은 맹수들의 추격을 피하려고 어두워지면 동굴로 되돌아가 동굴 생활을 하게 되었다. 그리고 날이 밝으면 밖으로 나와 열심히 수렵 생활을 하였다. 이런 생활이 반복되면서 어두워지면 동굴로 되돌아가 편안히 쉴 수 있도록 원시인의 몸에는 멜라토닌이라는 수면 유도 호르몬이 자연스럽게 분비하게 되었다. 그리고 낮에는 생기와 활력이 생기도록 하는 세라토닌이라는 호르몬이 체내에 분비되어 적극적인 수렵 생활을 할 수 있도록 도와주었다.

그런데 오늘날 현대인들은 대부분 밤늦게까지 활동하기 때문에 어두워지면 분비되는 멜라토닌이 잘 생성되지 않고 있다. 더욱이 멜라토닌의 수치가 낮아지면 세로토닌도 잘 생성되지 않아 요즈음에는 우울증 환자가 많이 늘어나고 있는 원인이 되고 있다.

밤에 충분한 수면을 취하면 멜라토닌이 생성되어 T세포가 활성화되고 면역력이 향상한다. 따라서 인체에 유해한 활성산소를 제거해 주고 암 예방에도 도움을 준다. 그리고 노화된 뼈를 튼튼하게 하고 콜레스테롤 수치를 낮춰주고, 교감신경의 활동을 감소시켜 심장질환에 도움이 된다.

또한 백내장을 예방하는 등의 효과가 있어 어두운 밤에 충분한 수면을 취하는 생활 습관이 건강에 큰 도움이 된다고 한다.

다. 장내 미생물

독일 막스플랑크 진화인류학연구소가 원시 수렵채집 생활을 하는 탄자니아의 하드자 부락인과 이탈리아 도시인의 장내 미생물을 비교해 분석한 결과를 '네이처'에 발표하였다. 즉 "현대인들이 만성질환으로 고생하고 있는 비만, 당뇨, 대장암 같은 몇몇 질병은 장내 미생물 다양성의 감소와 연관이 있을 것으로 보인다"고 밝혔다.

원시인들은 현대인에 비해 더 다양한 장내 미생물 생태계를 지니고 있다. 즉 원시인에겐 장내 미생물 중에는 소화하기 힘든 억센 섬유성 식물 음식을 처리하는 데 유용한 미생물이 많아 비만, 당뇨, 대장암과 같은 질환이 없었던 것으로 여겨진다고 했다.

19세기 이후 인류의 수명은 약 두 배 정도 늘어났다. 이는 산업혁명 이후 국민경제가 크게 성장하여 소득이 높아지고 위생 상태가 개선되며 전염성이나 기타 질환에서 벗어날 수 있었기 때문이다.

그렇지만 생활습관병에 의한 퇴행성 질환으로 인한 사망이 크게 늘어나 건강수명은 오히려 크게 단축되고 있어 만성질환에 시달리는 인구가 많이 늘어나고 있다.

석기시대인들은 하루에 약 3,000칼로리의 에너지를 소비할 정도로 몸을 움직였다. 그런데 현대인들은 평균적으로 하루에 2,000칼로리의 에너지만을 운동으로 소비한다.

이러한 차이로 인해 비만이나 당뇨를 비롯한 여러 가지 질병이 증가하고 있다. 이같이 우리들의 몸은 자연환경의 영향을 받아 진화, 발전해 왔기 때문에 그에 알맞은 생활 습관이 체질을 만들어냈고 그 체질에 맞는 생활 습관을 갖춰야 건강해질 수 있다.

라. 육식 체질과 채식 체질

일본 사람들은 대부분 육식을 멀리하고 생선이나 야채를 즐겨 먹는다. 이는 도쿠가와 막부시대 이후 400년 동안 국민에게 육식을 하지 못하게 한 결과 일본의 모든 사람이 거의 전부 채식 체질로 바뀌었기 때문이다.

그 후 일본경제가 발전하면서 육식을 많이 하게 되었지만, 교감신경과 부교감신경의 차이가 크게 벌어지게 되어 정신질환자가 많이 늘어났다는 통계수치가 나오고 있다.

우리나라에서도 경상도에는 육식 체질이 많고 경기도에서는 채식 체질이 많다는 통계가 있다. 과거 전통적인 역사에 따라서 그 지역주민들이 육식 또는 채식 위주의 문화가 오랫동안 지속되면서 만들어진 체질이라고 할 수 있다.

지구상에 모든 동식물은 각자 자기가 살고 있는 주변 환경에 영향을 받고 살아가고 있다.

이미 주어진 토양, 기온, 습도, 수분, 일조, 지대 등과 관련된 자연환경에 알맞게 체질이 만들어졌다. 이런 체질에 맞게 생활하여야 만성질환으로 고생을 하지 않고 건강한 생활을 유지할 수 있는 것이다.

9. 무병장수 시대를 여는 유전자 조작기술

지난 2001년, 인간의 모든 DNA의 정보를 담고 있는 인간 게놈 지도가 완성되었다. 이에 따라서 줄기세포, 나노, 바이오, 생명공학 연구는 날이 갈수록 더욱 발전되어 인류는 유전자 재배열 및 복제 기능으로 새로운 생명을 '디자인'할 수 있는 단계까지 와 있다.

세계 최대 유전체 분석기업인 미국의 일루미나는 100달러 정도의 저비용으로 유전자 검사를 시행하고 이를 통해 특정 질환을 미리 알아낼 수 있다.

이젠 유전자 검사를 통해 자기 유전자에서 발병률이 높은 질병을 미리 알아내고 이에 대한 예방관리도 가능한 시대가 된 것이다.

최근 미국 하버드대 등 국제공동연구진에서는 71만여 명의 유전자를 분석한 결과 키를 1cm 이상 줄이거나 키울 수 있는 핵심 유전자 83개를 새로 찾아냈다. 이 중 한 유전자는 변이가 일어나면 키를 2cm 더 키우는 것으로 확인됐고, 반대로 성장을 2cm가량 억제하는 유전자도 다수 발견됐다.

모든 생물종은 자연선택의 진화를 거듭해 왔다고 한다. 그래서 자연에 맞춰 생존하는 종만이 진화할 수 있다고 했다. 하지만 이제 인류는 과학기술로 스스로 진화에 관여하기 시작했다.

사람들은 인공심장, 인공 관절 및 각종 보철물 등을 몸속에 삽입하고 생명을 연장하고 있다. 이제는 인간의 혀보다 만 배 더 세밀한 바이오 전자 혀, 전자 코를 개발해 냈고 이어 3D 프린터로 인공 귀까지도 만들어내고 있다. 이로써 많은 사람이 고통을 받는 질병의 약 70%가 예방이 가능하게 되어 예방의학에 관한 관심은 선택이 아니라 필수가 되고 있다.

가. 유전자(DNA)

우리들은 10만 년 전 구석기 원시인의 유전자를 보유하고 있어 원시인과 같게 생활해야 건강하게 살 수 있다고 한다. 따라서 우리들은 우리 몸을 지배하고 있는 유전자에 관한 내용을 알고 있어야 건강한 생활을 할 수 있는 것이다.

유전이란 보통 부모가 자식에게 어떤 특성을 물려주는 현상을 말한다. 이는 세포의 핵 안에서 생물의 유전정보를 저장하는 물질, 즉 DNA가 있기 때문이다. 모든 생물체는 세포로 이루어져 있고, 이 세포의 핵에는 유전자의 역할을 담당하는 DNA가 있다. 이는 오랜 역사 동안 진화 과정을 발전시켜 왔던 정보가 저장되어 있어 우리들의 생활을 지배하고 있다.

나. 유전자 귀족

앞으로 유전자 기술의 발달로 유전자 부유층과 자연 계층으로 나누어질 것이라고 한다.

유전자 부유층은 사업, 예술, 체육 등 각 부문에 두루 포진해 있어 현대판 유전자 귀족들의 세습 집단체제가 유지될 것이라고 한다. 자연 계층은 유전자를 강화할 능력이 안 되는 계층으로 2등 시민으로 취급되어 두 집단 사이의 격차는 갈수록 커질 것이라고 한다.

유전자는 건물의 설계도와는 달리 일대일로 신체에 대응하지 않고 여러 유전자들과 환경 요인들의 조합으로 신체를 발달시키고 있다. 이 때문에 당장 이런 기술이 가능하더라도 막상 자식에게 뛰어난 능력과 외모를 선사할 만한 유전자로 바꿔준다는 것은 사실상 불가능하다.

부모와 자식, 쌍둥이들을 조사해 유전적인 영향에 놓인 특성들을 알아냈다 하더라도 그 특성을 결정하는 유전자를 밝혀내는 것과는 전혀 다른 문제이다.

개인 인간 게놈을 해독하는 데 2003년 처음 결과를 냈을 당시에는 27억 달러라는 천문학적인 액수가 들었다. 그렇지만 불과 10년밖에 지나지 않은 현재에는 1만 달러 아래로 떨어졌고, 앞으로 1천 달러 수준이 되어 누구나가 자신의 전체 게놈을 해독해 건강관리에 활용하는 시대가 도래할 것이다. 그래서 현대판 유전자 귀족이 탄생할 것이라는 생각은 쓸데없는 기우(杞憂)에 불과 하다고 한다.

다. 크리스퍼 유전자 가위

최근 인간 게놈이 해독되고 '크리스퍼 유전자 가위'라는 기술이 개발되어 특정 유전자만 골라 잘라낼 수 있게 되었다. 개발 4년 만에 유전자 조작 돼지 등이 개발되었고 이젠 직접 인간을 대상으로 한 질병 치료에 대한 임상시험에도 활용하고 있다.

앞으로 의학이 질병 치료를 넘어 삶의 질을 높이는 수단으로 발전할 수 있어 많은 기대를 하고 있다. 즉 키를 더 크게 하고, 비만 체질이 되지 않게 하고, 탈모를 막고, 머리를 더 좋게 하는 등 필수적이지는 않지만, 더 나은 특성을 주는 유전자들을 선물해 줄 수 있게 될 것이라고 많은 사람들은 기대하고 있다.

제3절.

파괴되는 지구생태계

얼마 전 교육 방송 EBS에서 뉴욕대학 누리엘 루비나 교수의 '위대한 수업, 그레이트 마인즈'라는 프로그램이 5일간 연속으로 방송되었다. 여기에서도 "세계 경제는 지금 초거대 위협이 맞물려 사회 문제와 함께 복합적으로 얽히고설켜 이를 해결해 나갈 방안을 모색해 나간다는 것은 불가능하다"는 입장이다. 그리고 "세계 경제는 물가와 이자는 오르고 불황이 장기화하면서 살아가기가 더욱 어려워지는 세계 경제 미래는 장기침체 국면에 빠져 있다"고 비관적인 전망을 내놓았다.

세계 경제가 정상적으로 움직이려면 지금까지 얽힌 복합적인 문제 덩어리를 해결해 나가야 가능하다. 그런데 세계는 각종 초거대 위협이 해결되지 못한 채 쌓여만 가고 있다. 결국 이런 위험성은 해결해 나갈 수 없는 만성적인 위험성이어서 결국 세계 경제를 장기 침체 경제의 늪에 빠지게 만드는 꼴이 되고 있다.

2020년에 세계경제포럼이 발표한 '글로벌 5대 리스크'는 전염병에 이어 기후변화 대응 실패, 대량살상무기, 생물 다양성 발생, 자원의 고갈 등으로 해결될 수 없어 만성적 위험성에 빠지고 있는 것이다. 그리고 이런 초거대 위협은 팬데믹, 기후변화, 핵전쟁 위험, 지정학적 불황, 고령화, AI의 위험성, 탈세계화 등 모두 비경제적 요인이지만 이것이 경제적인 요인과 상호작용하며 치명적 결과를 불러오고 있다.

이런 불확실성이 더욱 깊어지면서 세계 경제 메커니즘까지 제대로 작동되지 않고 있어 세계 경제의 미래는 비관적인 늪에서 벗어날 수 없게 되었다. 더욱이 이런 암울한 세계 경제의 앞날에 우리들은 사스(SARS), 메르스(MERS), 에볼라, 코로나 등 치명적 바이러스의 전파 사태는 매듭되지 않고 변이 바이러스가 더욱 확산되고 있으니 세계 인류는 사면초가(四面楚歌)에 빠진 셈이다.

코로나 팬데믹으로 인한 비대면 시대가 확산되고 봉쇄된 경제 속에서 4차 산업혁명 기술들을 이용하여 디지털과 인공지능(AI)에 의한 초연결된 세계로 급진전 되는 새로운 기술 발전을 가져오고 있다. 그렇지만 이런 기술이 미래의 도움이 되기는커녕 기존 산업체들을 더욱 큰 위험으로 몰아넣는 계기가 마련되고 있다.

즉 전염병 위험에서 벗어나지 못한 상태에서 디지털 도구를 효과적으로 활용하기보다는 경쟁적으로 초연결성과 초지능이라는 기술 경쟁을 하고 있어 기존 산업체들이 붕괴 위기에 몰아넣는 또 다른 위험으로 다가오고 있는 것이다.

이런 기술이 일방적으로 사회변화를 주도하는 기술 결정론적 기술개발이 시장을 견인 하거나 사회 문제를 해결하는 데 아무런 도움이 되지 않는다. 더욱이 또 다른 차원에서 위험 요인으로 작용하고 있어 세계 경제는 더 큰 암초에 부닥쳐 미래를 더욱 어둡게 만들고 있다.

ICT, AI 등 범용 기술이 분야별 편향적 보완 기술과 결합하여 무인화, 원격화, 가상화 등으로 진화 발전하면서 R&D 투자 확대로 이어져 기후 위기에서 벗어나기 위한 재정지원을 할 수 없게 만들고 기상재앙을 더욱 확대되는 위험성을 가중시키고 있는 것이다.

이는 2050 탄소중립을 성공적으로 완성해 산업혁명 이후 1.5도 이하에서 지구온난화를 극복하겠다는 목표 달성을 더욱 어렵게 만들고 있다. 즉 세계 경제는 식량부족, 물 부족, 집중호우, 집중 가뭄, 열돔 현상, 거대한 산불, 해양 산성화로 물고기들이 떼죽음을 당하는 기상재앙만 강화시켜 주는 위기로 치닫게 만들고 있다.

그런데도 코로나 팬데믹 이후 세계 각국은 국내 문제를 해결해 나가기 위해서 국익 우선주의를 내세우면서 봉쇄정책을 더욱 강화시키고 있다. 이는 각지역별 전쟁이 지속적으로 펼쳐지고 있어 세계 경제의 소비, 투자, 생산, 고용이라는 거대한 네크워크가 무너지고 있어 결국 지역 단위로 각자도생(各自圖生) 시대를 맞이하고 있다.

요즈음 '하얀 코끼리를 선사 받게 된다'는 말이 유행되고 있다. 이는 전혀 알수 없는 초거대 위험이라는 불확실성 속에서 돌발적으로 나타나는 위험성에 대처할 수 있는 여유도 주지 않고 이에 따른 의외로 큰 책임까지 부담하게 된다는 의미이다.

예로부터 태국 왕은 마음에 들지 않는 신하들에게 하얀 코끼리를 선물하였다. 왕이 하사한 하얀 코끼리는 신령한 코끼리여서 잘 모셔야 하지만 아무런 쓸모가 없어 사료비만 드는 애물단지로 전락, 받는 사람들에겐 큰 부담이 될 수밖에 없다.

이같이 세계 경제는 지금 전혀 알 수 없는 초거대 위험 속에서 언제 달려들지 모르는 회색 코뿔소가 나타나 아무런 대책도 마련할 수 없는 불확실성 시대에 살고 있다.

여기에다 하얀 코끼리라는 애물단지까지 생겨 큰 부담을 지게 되는 위험천만한 미래가 지속적으로 펼쳐지고 있는 것이다.

이런 엉킨 실타래를 푸는 방법은 쉽지 않다. 그냥 무작정 이리 당겨보고 저리 당겨보지만 단단하게 뭉쳐질 뿐 더욱 풀기가 어렵게 된다. 우선 실타래가 쉽게 풀어 날 수 있도록 뭉쳐진 응어리를 헐겁게 만들어야 한다. 그리고 풀어나가는 순서대로 차분하게 이를 풀어나가는 인내심과 시간이 요구되는 법이다.

기후 위기를 풀기 위해서는 화석연료 사용을 중단시켜야 한다. 이는 화석연료를 사용하고 있는 모든 국가가 다 함께 참여해야 가능한 일이다.

그런데 세계적으로 탄소배출의 80%를 차지하고 있는 선진국들은 기상재앙의 20%만 부담하고 있다. 이에 반해 개도국들은 20%의 탄소를 배출하고 있는데 80%의 기상재앙을 부담해야 하는 상황에 몰리고 있다. 이런 기후 불평등 문제가 해결되지 않는 한 개도국들은 지구를 되살리기에 협조하지 않을 것이다.

이에 선진국들이 투자재원과 기술지원으로 기후 문제를 함께 해결해 나가는 방안을 제시하고 적극적으로 기후후원기금을 지원하겠다고 약속했다. 그런데 선진국 간에 국익 우선주의가 작용하여 기후후원기금에 전혀 출연하지 않으니, 개도국들과의 약속을 저버린 꼴이 된다.

난파선이 된 지구에서 살아나는 방안은 나 혼자서 먼저 가겠다는 생각으로 해결될 수 없다. 다함께 손잡고 멀리 가야만 해결될 수 있다는 인식 위에서 상호신뢰가 우선이다.

그래서 다른 무엇보다 지구를 살려내는 일이 우선이며 다 함께 손잡고 멀리 가서 새로운 공생 발전 사회를 만들어 나가야 가능한 일이다. 이렇게 나 혼자 먼저 빨리 가지 않고 다 함께 손을 잡고 멀리 가겠다는 결의로 지구를 구하는 일이 최우선이 될 때 해결의 실마리가 풀릴 수 있는 계기가 마련되는 법이다.

1. 인간 위주로 재편된 지구생태계

이제 지구촌에는 인공물 구조물이 자연물을 넘어서고 있다고 한다. 이스라엘 바이츠만 과학 연구소의 론 밀로(Ron Milo) 교수가 이끄는 연구진은 "인류가 등장한 이래 만들어진 플라스틱, 콘크리트, 금속, 도로, 건물 등의 인공구조물 총질량은 약 1조 1,000억t으로, 자연이 만들어낸 모든 생물의 총질량을 넘어서는 수치이다"라고 지난 2021년 12월 9일, 국제학술지 '네이처'에 발표하였다.

생물들의 총질량을 추정하기 위해서 각 생물체가 안고 있는 탄소를 측정해 비교하는 방법을 썼다. 즉 광대한 지역을 스캔하는 인공위성 원격감지나, 현미경으로 많은 유기체를 밝혀내는 유전자 배열 기술을 사용한 수백 개의 연구 데이터들을 분석자료로 활용했다.

인공구조물이란 인간이 만든 고체 형태의 무생물로 규정했다. 이를테면 나무를 가공해 만든 목재는 인공물로 다루고, 인간이 만든 식량이나 유전자 재조합을 통한 새로운 가축은 생물량에 포함했다.

연구팀의 연구 결과에 따르면 1900년의 인공물은 생물 총질량의 3%를 차지한 데 반해, 이후 20년마다 약 2배씩 급격하게 늘었다. 2021년의 인공구조물 총질량은 약 1조 1,000억t으로 나타났으며 이는 생물 총질량 약 1조t을 뛰어 넘어섰다고 밝혔다.

인공구조물 중 가장 큰 비중을 차지하는 건물과 도로를 합친 총질량은 지구촌 생물량 중 가장 많은 나무의 총질량 9,000억t을 이미 넘어섰고, 플라스틱 총질량도 80억t으로 전 세계의 육상동물과 해양 동물을 합친 총질량 40억t보다 2배나 많다고 연구팀은 밝혔다.

얼마 전 학술지 '미국립과학원회보'에는 "지구생태계에서 사람이 차지하는 비중은 매우 왜소하지만, 실질적으로 지구생태계의 대부분이 사람들이 차지하고 지배하면서 살아가고 있다"는 내용을 분석한 논문이 게재되었다. 즉 생물 전체에서 사람이 차지하는 비율은 6,000만 톤(0.01%)으로 1만 분의 1에 불과하다.

지구생태계의 전체 생물량은 5,500억 톤(탄소만 계산했을 때)으로 추정되면 이중 식물이 4,500억 톤으로 80% 가까이 차지하고 있다. 그런데 사람이 속한 동물은 20억 톤으로 0.36%에 불과하고 더욱이 사람의 차지하는 비중은 6,000만 톤으로 생물 전체의 0.01%(1만분의 1)에 불과한 실정이다.

동물 중에는 절지동물(arthropods, 10억 톤)과 어류(7억 톤)가 대부분을 차지하고 사람과 가축을 합치면 1억 6,000만 톤으로 생물 전체의 0.03%를 차지하고 있다. 이에 반해 야생 포유류는 이의 20분의 1도 안 되는 700만 톤에 불과하다.

사실 문명이 발달하기 이전에는 야생 육상 포유류는 2,000억 톤이었는데 최근에는 300만 톤으로 7만분의 1로 감소하였다. 그리고 야생 조류의 경우도 500억 톤에서 200만 톤으로 2만 5천분의 1로 축소되었다.

해양 포유류도 2,000억 톤에서 400만 톤으로 5만분의 1로 감소하였다. 이에 반해 사람과 가축을 합친 생물량이 1억 6,000만 톤이어서 야생 포유류는 다 합쳐도 700만 톤(육상·포유류 300만 톤 + 해양 포유류 400만 톤)으로 이의 4.3%에 불과한 실정이다.

더욱이 사람과 가축이 먹으려고 재배하는 농작물의 생물량은 100억 톤 수준으로 전체 식물량의 2%나 된다.

이같이 지구생태계가 얼마나 인간 위주로 변질되고 있는지를 쉽게 알 수 있다. 결국 인간 위주로 지구생태계가 운영됨에 따라서 지구 생물량은 절반 가까이 줄었고 사람과 가축, 몇몇 식물(농작물)만이 비정상으로 많이 늘어난 셈이다.

이같이 인간은 자기 편의를 위해서 지구환경을 마구 바꾼 결과 생물들이 차지하는 비중은 수만분의 1로 축소되는 지구환경을 정말로 엉망으로 망가뜨려 놓았다.

가. 지속해서 증가하는 에너지 사용량

지난 100년간 세계의 총생산량은 미화 2.3조 달러(1900년)에서 39조 달러(1998년)로 17배 증가했다. 그리고, 금속재료 사용량은 연간 2천만 톤에서 12억 톤으로 60배, 석유 사용량은 일당 수천 배럴에서 7,200만 배럴(1997년)로 수만 배, 자동차 대수는 수 천대에서 5억대로 수십만 배로 증가했다.

지난 100년간 인구가 4배로 증가했는데 인구 1인당의 생산량은 4배 이상이 증가했다. 이에 따라서 인간이 지구생태계의 의존도는 16배나 높아진 셈이 된다.

이같이 과학 문명이 발달하고 인구가 늘어날수록 지구의 생태계 파괴라는 대가를 통해서 인류는 편안한 문화생활을 하고 있는 셈이다.

인간이 1인당 자원 사용 비중은 크게 늘어 더 이상 자원을 사용할 수 없는 자원 고갈현상이 나타내고 있다. 즉 문명 이전의 사람은 하루에 대략 8.5-20MJ의 에너지를 소모하고 살아왔는데 현대 문명사회에서는 이의 70배나 되는 970MJ[1]의 에너지를 소모하고 있다.

나. 육식 위주의 문화

엘톤의 '생태 피라미드'에서는 지구생태계는 각 생물 간의 영양단계는 하위에서 상위로 올라가면서 생물의 생물량도 줄어들어 마치 피라미드 형태를 갖

---

1   MJ(메가 줄: mega joule)는 1초당 전력 에너지 단위로 백만 줄은 전력 백만 와트(1시간 단위)와 동일

추고 있다고 했다. 즉 태양으로부터 1,000칼로리의 열이 식물에 도달하면 식물
에 저장되는 에너지는 100칼로리에 불과하다.

그리고 2차로 동물이 식물을 섭취한 후에 동물에 남는 에너지는 다시 10칼
로리로 줄어든다. 이러한 사실을 잘 활용한다면 인류의 식량문제를 해결하는
데 중요한 열쇠가 되고 지구를 되살려 나갈 수 있는 기틀을 마련해 나갈 수
있다.

즉 육식을 통하여 얻을 수 있는 에너지양은 초식을 통하여 얻을 수 있는 양
의 10분의 1에 해당되기 때문에 육식 위주보다도 채식 위주로 전환할 때 10배
나 되는 식량부족 문제를 해결해 나갈 수 있는 기반이 되는 것이다.

이는 곧 자원 낭비를 10분의 1로 줄일 수 있는 방안이므로 가장 먼저 세계
인류가 다함께 육식 위주의 문화를 채식 위주의 문화로 전환한다면 식량부족
이라는 가장 위험 요소를 해결할 수 있는 길이 열리는 셈이다.

다. 생물농축현상

생태 피라미드는 상위로 올라갈수록 오염물질의 체내 농축이 심해지는데 이
를 생물농축이라고 한다. 모든 화학물질이 생물농축 현상을 일으키는 것은 아
니라 생물농축을 일으키는 물질은 중금속, 방사능물질, DDT, PCB와 같이 자
연현상에서 쉽게 분해되지 않는 물질들이다.

이런 물질은 호흡이나 배설을 통하여 극히 일부분만 체외로 배출되고 대부
분 생물의 체내에 축적되어 농축 현상이 일어난다. 이런 생물농축현상은 대부
분 먹이사슬은 상부로 올라갈수록 축적된 오염물질에 의한 피해가 커지는 경
향이 있다. 인간은 생태계의 최고 포식자로서 각종 어패류나 육류를 통하여 고
농축 환경 오염물질을 섭취하게 된다. 따라서 환경 오염의 피해를 가장 많이
받게 된다. 그래서 인류의 건강을 위해서 깨끗한 지구환경을 유지시켜 나가야
한다.

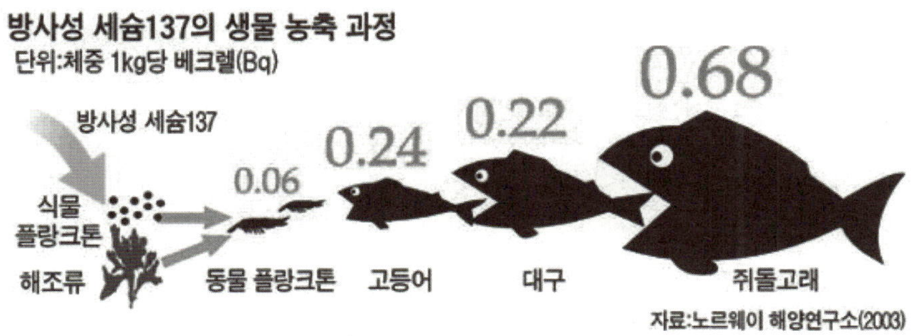

최근 세계 인류는 만성적인 질환에 시달리고 있는데 이는 결국 생물농축현상에 따라서 많은 독성물질을 체내에 쌓이고 있기 때문이다. 그래서 지구환경은 오염물질 없이 깨끗하게 환경을 보전하여 나가지 않으면 세계 인류는 항상 지구환경으로부터 만성질환이라는 선물을 받게 되고 생명의 위협을 받게 되는 법이다.

2. 인간 없는 지구에서는 생태계가 되살아나

오랫동안 우리들은 기독교의 천지창조설을 믿어왔다. 세상 만물들은 하나님에 의해서 창조되었다는 사실을 의심할 수 없었으며 그대로 믿어왔다. 그런데 1543년, 코페르니쿠스가 지동설을 주장하면서 절대 불가침으로 여겼던 천지창조설에 대한 반기를 들기 시작하였다. 특히 갈릴레오와 코페르니쿠스가 지동설을 입증하면서 1632년에는 학계에서까지도 지동설을 인정하게 되었다.

이어서 화학적으로 어버이 없이 핵산과 아미노산 등 생명을 구성하는 단순한 유기물만 있으면 모든 생명체는 만들 수 있다는 사실이 제기되면서 천지창조설은 큰 시련을 겪게 되었다.

드디어 1953년, 미국에서는 밀러-유리 실험에서 물, 메탄, 암모니아, 수소가 있는 혼합 기체에서 번개의 역할을 하는 전기 스파크(플라즈마)로 핵산과 아미노산 등 생명을 구성하는 유기물을 만드는 데 성공하였다. 이는 곧 모든 생명체는 하나님에 의해서 창조된 것이 아니라 자연이 스스로 진화 과정을 거치면서 만들어졌다는 자연발생설이 힘을 얻게 된 것이다.

지구는 46억 년이라는 역사가 있다. 이런 역사적인 사실들은 화석을 통하여 생생하게 기록되고 있다. 풍화 · 침식작용으로 지층이 퇴적되면서 당시 번성했던 생물들의 유해 등이 함께 퇴적돼 지층을 이룬다. 이렇게 지질시대에 생존한 동식물의 유해와 활동 흔적 등이 퇴적물에 매몰된 채로 화석으로 보존되기 때문에 오늘날에도 역사적인 사실을 우리들은 알 수 있다.

18세기 영국의 지질학자인 허튼은 저서 '지구의 이론'에서 지구상에서 일어나는 변화 과정은 지진이나 화산과 같이 급격한 변화에서부터 풍화나 침식작용과같이 짧은 시간에는 알아볼 수 없는 변화 과정까지 매우 다양하다. 그렇지만 이렇게 다양한 변화는 과거, 현재, 미래를 거치며 시간과 관계없이 동일한 과정을 거쳐 일어나기 때문에 지층과 화석을 연구해 알 수 있게 된다는 동일 과정의 법칙을 주장하게 되었다. 따라서 지구의 과거는 현재 또는 미래의 변화 과정도 화석의 역사적 기록물을 통하여 알 수 있게 된 셈이다.

화석은 지구생태계의 역사를 생생하게 기록하고 이를 과거, 현재, 미래에 어떤 변화가 일어날 것인지 우리에게 가르쳐 주는 역할을 담당하고 있다.

가. 가축이 전체 포유류의 94% 차지

2023년 2월, 이스라엘 바이츠만 과학 연구소와 미국 캘리포니아 공과대학이 공동으로 '지구촌 생태계의 생물량 변화'라는 보고서를 발표하였다.

지구에 생물량을 탄소로만 계산할 때 총 5,500억 톤의 생물량이 존재한다. 이 중에 사람은 6,000만 톤으로 1만의 1에 불과하다. 그렇지만 지구 포유류 전체의 생물량은 10억 2천만 톤으로 이 중에서 야생 포유류는 육상에 2,000만t 해양에 4,000만t이 사고 있어 5.8%에 불과하다.

18세기 산업혁명 이전까지 지구 포유류의 대부분을 차지했던 야생 포유류가 거의 다 사라지고 겨우 6% 정도이며 나머지 94%는 인간과 가축들이 차지하고 있는 것으로 추정된다고 한다.

소는 6억 3,000만t으로 가축 전체의 3분의 2를 차지하고 있으며 돼지의 무게는 육상 포유류 전체의 약 2배인 12%, 개의 무게도 전체 야생 육상 포유류와 비슷한 6%를 차지해 가축 전체의 84%나 차지하고 있는 셈이다.

전체적으로 야생 육상 포유류 가운데 사슴과 멧돼지 등 발굽이 짝수인 동물(우제류)의 비중은 49%에 이르렀고 이어 쥐 등 설치류가 16%, 코끼리 8%, 캥거루 등 유대류와 박쥐류가 각각 7%, 인간을 뺀 영장류 4%, 사자 등 식육목 3% 순이었다.

이 같은 야생 육상 포유류 생물량에서 가장 큰 비중을 차지한 종은 북미에 4,500만 마리가 사는 흰꼬리사슴이었고 이어 2위는 세계에 3,000만 마리가 서식하는 멧돼지였다. 그리고 아프리카코끼리는 무겁지만 개체수가 적어 3위를 기록했다.

나. 포유류는 소, 돼지, 개 등이 대부분 차지

2018년에 이스라엘 바이츠만 과학 연구소의 론 밀로(Ron Milo) 교수가 이끄는 국제 공동 연구진이 미국 '국립과학원회보(PNAS)'에 게재한 내용에서는 "인간은 '만물의 제왕'으로 지구에서 압도적인 지배력을 행사하여 불과 1만 년 안팎 사이와 지구생태계에 큰 불균형 상황을 만들어내고 있다"고 밝히고 있다.

인간이 유일하게 개체 보전을 지켜준 생명체는 가축뿐이다. 현재 닭, 오리 등 가금류는 모든 조류의 70%, 돼지 등 가축은 모든 포유류의 60%를 차지하고 있다. 이에 따라서 포유동물 가운데 야생에서 서식하는 동물은 겨우 4%에 불과한 입장이다.

인류는 한 해 600억 마리에 이르는 닭을 먹어 치우고 있고 2020년에는 닭이 돼지고기를 제치고 세계 최대 육류로 등극하였다고 밝히고 있다.

지난 50년 사이에만도 지구상 동물의 약 절반이 사라진 것으로 추정되는데 이는 인간의 생존과 번영을 위한 농업, 벌목, 각종 개발 등 자연 파괴 행위들은 결국 6번째 대멸종을 부르고 있다는 것이다.

이같이 인간 문명을 태동시킨 농업혁명, 자본주의 씨앗을 뿌린 산업혁명이 생명체의 대규모 멸종을 촉발한 촉매 역할을 담당하고 있다는 사실에 우린 놀라지 않을 수 없다.

한편 사람과 가축이 먹으려고 재배하는 농작물의 생물량은 100억 톤 수준으로 전체 식물량의 2%에 불과하지만 결국 인간이 지구를 지배하게 되면서 지구 생물량은 절반 가까이 줄었고 사람과 가축, 몇몇 식물(농작물)만이 생물량을 비정상으로 크게 늘린 셈이 되었다.

지구가 얼마나 인강에 의해서 짓밟히고 있는지를 생생하게 알 수 있게 되었다.

다. 인간 없는 지구에서 생태계가 되살아나

미국의 유명 저널리스트이자 애리조나 대학 국제 저널리즘 교수인 앨런 와이즈먼은 '인간 없는 세상'이라는 과학 논픽션을 내놓았다. 그는 "지구상에 갑자기 인간이 사라진다면 어떤 일이 벌어질까?"란 해답을 얻기 위해서 한국의 비무장지대를 비롯하여 터키와 북키프로스에 있는 유적지들, 아프리카, 아마존, 북극 등 전 세계의 구석구석을 누비는 세계 일주를 하였다.

그리고 고생물학자, 해양생태학자, 지질학자, 한국 비무장지대의 환경운동가 등 다양한 분야의 전문가들과 만나서 의견을 나눈 내용들을 나름대로 정리해서 만든 책이라고 한다.

이에 타임지는 이를 "세계가 함께 읽어야 할 올해 최고의 논픽션"이라는 극찬을 하였으며 뉴스위크는 "21세기 인류에게 계시록으로 남을 책"이라는 찬사를 아끼지 않았다.

여기에서는 인간이 이루어낸 많은 문명은 결국 인간들의 생활방식에 맞게 자연을 바꾸어 낸 것들이어서 인간과 함께 사라지게 된다는 것이다. 이는 기존의 화학성분들을 재배열해서 가공하고 땅속에 머물러 있던 것들을 밖으로 끄집어내었던 것들이 사라지게 돼 지구생태계는 오히려 자연순환의 원리에 따라서 진화 발전해 나갈 것이라고 주장하고 있다.

결국 인간이 사라지면 지구촌은 모든 것들이 본래의 모습으로 되돌아가서 더욱 강한 힘을 발휘하게 돼 지구생태계는 본래의 모습을 찾게 된다는 슬픈 이야기를 내놓고 있다.

결국 인간이 이 세상에서 사라진다면 지구생태계는 평온한 모습을 되찾게 된다는 사실에 우리들은 놀라지 않을 수 없다.

3. 만물의 영장일 수 없는 인간

유엔은 "지구적으로 생각하고 지역적으로 행동하라"라는 지침을 통하여 세계 인류에게 지구환경을 되살리는 일에 적극적으로 참여할 것을 권유하고 있다.

화석연료는 이미 세계 인류의 일상생활을 지배하고 있으며 화석연료에 의해서 생산되는 전기는 하루 한시라도 없다면 살아갈 수 없는 지경에 이른 것이다. 더욱이 화석연료 사용이 중단되면 기존의 산업 체제가 붕괴되고 세계 각국은 이를 감당하기에는 너무나 큰 부담으로 작용하고 있어 주저할 수밖에 없다. 따라서 지구환경을 되살려 나가기 위해서는 지구촌 전체의 입장에서 생각하고 이를 해결해 나갈 수 있는 지역적인 문제를 탐색하여 방안을 연구하여 실행해 나갈 때 지구환경은 개설될 수 있다.

지구적으로 생각하라는 것은 결국 환경에 대한 깊이 있는 지식정보가 뒷받침되고 지구생태계가 다 함께 지속적으로 발전해 나갈 수 있는 체제를 유지시켜 나가야 한다는 의미이다.

이런 친환경 마인드를 바탕으로 지구환경을 되살려 나가겠다는 결심을 하게 되고 이를 행동에 옮겨서 지구환경을 개선해야 한다.

우리나라도 뒤늦게 2023년부터 초등, 중등학교에서 환경교육을 의무화하고 있어 이런 환경 마인드를 고취해 나가는데 앞으로 더욱 힘써 나갈 수 있는 계기가 마련된 셈이다.

이를 위해선 우선 지구환경이 어떻게 조성되었는지 역사적 사실을 이해하고 앞으로 지구환경이 어떻게 변화할 것인지와 되살려 나가겠다는 다짐을 할 수 있는 환경교육자료를 준비해 나가야 할 것이다.

지금으로부터 약 1만 년 전에야 빙하 시대가 끝나고, 지구는 따뜻한 기후를 되찾았다. 그러자 매머드처럼 추위에 강한 동물들은 추운 북쪽으로 옮겨가고, 따뜻한 지역에는 토끼처럼 작고 빠른 동물들이 나타났다.

작고 날쌘 동물을 잡는 데에 돌도끼나 돌칼은 쓸모가 없어 인류는 활과 화살을 만들어 쓰게 되었다. 이는 또한 강이나 바다에서 물고기를 잡기 위해 그물을 만들었으며, 어롱이나 작살도 사용하였다.

이 무렵, 인류는 개를 길들이기 시작했고, 소나 양, 낙타, 닭 등도 길렀다. 가축의 사육은 유목민들을 탄생시켰다. 이들은 풀이 많은 땅을 찾아 가축 떼를 이끌고 수시로 이동했기 때문에 집을 만들지 않고 천막을 치고 잠을 잤다.

이같이 한곳에 정착해서 살게 되자, 인구가 늘어나 마을은 도시로 발전했다. 그리고 도시를 다스리는 왕과 도시를 지키는 군인, 제사를 담당하는 제사장도 생겨났다. 또한 말을 기록할 수 있는 문자도 만들어졌고 가히 혁명이라고 할 수 있는 이 시대가 바로 고대 문명의 기원이 되었다.

이런 인류는 끊임없이 발전을 거듭하여 오늘에 이르게 되었다. 결국 인류가 만물의 영장이라고 자신을 믿고 있으나 다른 동물보다 앞서서 사회생활을 하게 된 것은 불과 1만 년에 불과하다.

농경시대를 살아가면서 외부 침입으로부터 자신들의 마을을 보호하기 위해서 군주를 중심으로 하는 부족사회를 형성, 오늘날과 같은 문명사회를 만들어 왔다.

그렇다면 인간은 만물의 영장이 아니라 지구생태계의 망나니라는 사실을 겸허하게 받아들이면서 지구생태계가 다함께 공생 발전해 나가는 방안을 인간 스스로 마련해 나가는 것이 속죄의 길이라고 여겨진다.

결국 인간은 만물의 영장이라는 착각을 불러일으키고 지구환경을 파괴하는 행위는 원죄에 해당하는 일이며 이를 고해성사하는 마음으로 참회하고 지구환경을 되살리는 일에 적극적으로 나서야 할 것이다.

가. 지구생태계 모든 생물체의 조상인 루카

루카에서 유래한 후손들은 이후 바다 안에서 저마다의 삶을 영위하며 살아갔다. 그러던 어느 날 일부가 물 밖으로 나와 육지로 오르기 시작했고 땅 위로 서식지를 확장해 가면서 바다에서 점점 멀어져갔다. 즉 지구에 살았거나 사는 모든 생물이 루카에서 비롯되었다는 것이 현대 생물학계의 지배적인 견해이다.

이렇게 생각하는 근본적인 이유는 겉으로는 생물이 무척 다양해 보이지만, 세포 수준에서 보면 기본 틀이 모두 같기 때문이다. 요컨대, 지구상에 존재하는 모든 생명체는 같은 유전물질과 유전부호, 유전규칙을 사용한다. 말하자면, 인간을 포함해 현생 생물 모두 근원적으로 같은 출생지를 지닌 미생물의 형제 격인 셈이다.

익숙했던 고향을 떠나 낯선 곳을 향해 뻗어 나갔던 그들의 경이로운 이주는 수십억 년이 넘도록 지속했다. 그 덕분에 지구는 현재 우리가 아는 다양한 생물이 어우러져 사는 유일한 행성이 되었다고 할 수 있다.

결국 세상은 하나로부터 여러 갈래로 나뉘어 생명체로 진화 발전해 왔다는 사실이다. 모든 생명의 근원은 태양에너지이며 태양에너지를 지구환경에서 잘 조정 관리된다면 지구생태계가 다함께 편안하게 살아갈 수 있는 삶의 터전을 되찾을 수 있다고 믿는다.

나. 지구생태계의 먹잇감은 식물의 광합성

식물은 광합성을 통하여 스스로 영양분을 만들어 독립적으로 살아갈 수 있는 장점을 갖고 있다. 그래서 동물보다 식물이 훨씬 앞서 태어났으며 지구에는 무려 24억 년 동안 식물만이 번성하였다. 식물들이 만들어낸 산소가 지구의 주된 요소로 남아있어 모든 동물체가 생활할 수 있는 환경이 조성되었다.

동물은 최초 어류 형태로 약 6억 년 전에 바다에 등장하였다. 동물은 스스로 영양분을 만들어내지 못하고 식물이 만든 영양분을 먹고 산다. 그래서 식물은 생산자로서 역할을 담당하면서 살아가고 있고, 동물은 이를 활용하는 소비자로서 역할을 담당하면서 살아가고 있다.

동물이 없어도 식물들은 살 수 있다. 그렇지만 식물이 없다면 절대적으로 동물은 살아갈 수 없는 것이다.

이렇게 본다면 식물은 생명의 근원이자 모태라고 할 수 있다. 동물 중에서도 젖을 먹으면서 성장하는 포유류가 이 세상에 나타난 것은 6,500만 년 전이다. 이 중에서도 서서 걸어 다니는 직립형 인간이 나타난 것은 200만 년에 불과하다. 식물이 나타난 역사로 보면 인간이 태생한 역사는 30억 년대 200만 년에 불과하다.

다. 인간은 갓 태어난 어린아이

지구에 살아가는 각종 생태계의 측면에서 본다면 인간은 '갓 태어난 어린아이'에 불과할 뿐이다. 그런 어린애가 지구의 주인 노릇을 하면서 보다 편리하게 살아가겠다고 욕심으로 지구환경을 훼손시키는 화석연료를 많이 사용하여 지구생태계를 파멸시키고 있다.

그래서 생물체들의 측면에서 본다면 인간은 지구생태계를 망쳐놓은 망나니와 같은 존재라고 할 것이다.

인간은 지구환경을 망쳐놓은 장본인을 반성하고 이를 되살려 놓아야 한다. 그리고 지구생태계의 모든 생물체에 죄송스러운 마음으로 살아가야 하는 존재이다.

인류 역사에서 가장 중요한 변화는 약 50만 년 전부터 인류는 불을 사용하기 시작한 것이다. 인류는 불을 피워 추위를 가시게 하고, 어둠을 환하게 밝혔으며, 음식을 익혀 먹게 되었다.

불에 익힌 음식은 연하고 맛있을 뿐만 아니라 소화도 잘되었고 모닥불을 피워서 맹수의 습격을 막을 수도 있었다.

호모 사피엔스는 비록 지혜롭기는 했으나, 이들은 3만 5000년 전에 자취를 감춰 버려 현생 인류의 직계 조상이라고 할 수는 없다. 그런데 약 10만 년 전에 현생 인류와 닮은 인류가 나타나 이들은 '생각하는 지혜인'이라고 하여 호모 사피엔스 사피엔스라고 불린다.

　호모 사피엔스 사피엔스는 약 5만 년 전부터 사람이 살지 않는 신대륙으로 퍼져 나갔다. 인도네시아의 섬들에서 오스트레일리아로, 동북아에서 베링해를 건너 북아메리카로 옮겨 갔다.

　이 무렵부터 인류에게는 인종의 구분이 생겼으며 주변 환경에 적응하면서 흑인종과 백인종, 황인종의 특징이 각기 나타나기 시작한 것이다.

4. 지구생태계의 고리를 왜곡시키는 환경 오염물질

　20세기 가장 훌륭한 미국 생태학자이며 환경운동가로 꼽히는 배리 카머너는 『원은 닫혀야 한다』는 저서에서 "어린이의 젖니에서 방사능물질인 스트론튬—90을 검출해 냄으로써 핵폭발에서 발생한 방사능 낙진이 생태계를 온통 오염시키고 있다"는 사실을 밝혀냈다.

　이런 그의 노력은 1963년에 부분 핵실험금지조약을 체결하게 되었으며 원자력을 환경 파괴의 주범으로 지목하게 되었다. 이에 배리 카머너는 "환경위기의 원인이 현대 과학기술 문명과 자본주의 시스템이 생태계의 순환고리를 파괴하고 왜곡하였기 때문에 발생한 일이다."며 이를 해결할 수 있는 명확한 방안으로 "원은 닫혀야 한다"는 진리를 밝혀냈다.

　우리들은 그간 화석연료를 통한 이윤 추구에만 눈이 멀어 온실가스의 위험성을 제대로 인식하지 못하였다. 그리고 소각장을 빠져나간 다이옥신은 농축을 통해 우리의 생명을 노리고 있는데도 과학기술을 발전시키면 환경문제를 충분히 해결할 수 있다는 자만심에 빠져 그대로 방치하고 있다. 더욱이 기업들은 생산과 개발의 이익만 챙길 뿐 환경 오염이나 파괴에 대한 비용은 최대한 회피하려는 방식으로 지금껏 살아왔다.

이런 반 생태적 시스템 속에 길든 우리는 생태계의 일원으로 생태계에 속해 있으며, 생태계를 벗어나선 생존을 보장받을 수 없다는 엄연한 사실을 이해하지 못한 채 자기 이익 챙기기에만 급급했다.

인간은 그간 자연의 지배자로 행세하면서 생태계를 좌지우지할 수 있다는 착각 속에서 생활했다. 그러나 인간은 생태계의 일원으로 되돌아가야만 한다는 살 수 있다고 그는 주장하고 있다.

즉 생태계의 일원으로 되돌아가서 생태계가 지속해서 발전해 나갈 수 있는 기틀을 마련해 나가야 지구환경을 되살릴 수 있다고 그는 믿었다. 이를 위해서 배리 카머너는 생태학의 4가지 법칙을 내놓으며 이를 꼭 지켜나가야 한다고 주장하였다.

가. 생태학의 4가지 법칙

– 생태학 제1 법칙

지구생태계에 모든 생물체는 생명 그물(먹이사슬)에 매여 있으므로 생태계의 파괴는 다시 우리에게 되돌아온다.

– 생태학 제2 법칙

환경 오염물질이나 쓰레기는 우리 눈에 안 보이는 곳에 버린다고 결코 없어지는 것이 아니다.

– 생태학 제3 법칙

과학기술로 환경문제를 해결한다는 것은 좁은 시야 속에서 칼을 휘두르는 선무당과 다를 바 없어 특히 주의해야 한다.

– 생태학 제4 법칙

우리가 누리는 물질문명의 이기는 환경 파괴라는 대가로 이뤄진 것이기 때문에 그에 따른 대가를 지급해야 한다.

나. 과학기술은 생태계 고리를 왜곡시켜

카머너의 주장은 현대 과학의 한계를 직시하고 이를 벗어나지 않으면 지구 환경을 되살릴 수 없다는 인식을 세계 인류에게 심어주었다. 즉 생태계는 너무 복잡한 데 반해, 과학은 너무 세분되었고 전문화된 나머지 복잡한 생태계의 원리를 알아내는데 너무나 취약하다. 그래서 과학은 이런 편협한 시야로 위험하기조차 하므로 이를 벗어나야 한다는 주장이다.

가령, 플라스틱과 살충제 등 현대의 많은 문명의 이기는 유기화학의 성과물이라 할 수 있다. 그런데, 많은 유기 화합 물질은 자연 상태에서는 존재한 적이 없는 것들이므로 이런 물질들이 생태계에 나왔을 때 생태계의 순환고리를 왜곡시킬 가능성은 매우 크다.

이같이 과학자들은 신중을 기하지 않은 채 새로운 화학 합성 물질을 마구 만들어냄으로써 환경위기를 자초하고 있는 셈이다.

우리가 축적한 부는 짧은 시간 동안 환경을 착취하여 얻은 것이다. 이를 위한 비용이 자연 생태계의 위기, 산업 국가에서는 환경 파괴, 개발도상국에서는 인구 압력 등으로 나타나게 되었다. 이런 환경문제는 결국 세계 인류에게 사회적 비용이기에, 이 비용을 지불하는 것은 생산자가 아니라 일반 시민이다. 따라서 사회적 변화를 불러일으키기 위해 비판적인 과학적 소양을 지닌 시민들이 조직적인 활동을 통해 현대 과학기술이 제공하는 편익에서 발생하는 모든 숨겨진 사회적 비용을 찾아내어 평가하고 이를 지불 할 수 있게 만들

 한 권으로 끝나는 생태 위기

어야 한다.

이같이 배리 카머너는 환경문제를 비관적으로만 보지 않고 생태계를 고려한 생산방식의 개혁을 강조하며, 경제학자와 환경과학자, 정치가와 시민 등 공동의 노력으로 기존 질서를 파괴하고 새로운 질서 위에서 지구환경을 되살려 나가야 한다는 주장이다. 그래서 그는 철저한 환경주의자로서 살아가기로 다짐하면서『원은 닫혀야 한다.』는 그의 저서를 통하여 오늘날 과학계에 새로운 방향 전환을 제시하였다.

5. 먹이사슬로 연결되는 지구생태계

우리가 사는 지구생태계는 생산자, 소비자, 분해자로 구분된 먹이사슬로 연결되어 있다.

생산자는 작은 부유식물인 플랑크톤으로부터 거대한 수림까지의 모든 녹색식물과 여러 종류의 박테리아다. 이들은 태양에너지를 기반으로 광합성 작용을 통하여 먹이를 생산해 내고 있다. 그렇지만 소비자들은 생산자와 달리 스스로 먹이를 생산하지 못하고 식물과 동물을 포식하는 초식동물, 육식동물, 잡식동물, 기생 동물 등으로 구분된다.

분해자란 죽은 동식물체를 분해하는 박테리아. 곰팡이, 원생동물과 같은 미생물로써 분해된 무기 물질들이 다시 생산자인 식물이 사용함으로써 물질순환에 의해서 지구생태계를 지속적으로 유지토록 뒷받침하고 있다. 이런 지구생태계는 각 생물 간의 먹고 먹히는 관계인 먹이사슬로 연결되어 있다.

이같이 지구생태계는 먹이사슬에 의해서 재구성되어 가고 있다. 예를 들면 토끼와 메뚜기는 같은 1차 소비자는 생산자인 식물을 먹이로 삼고 있다. 이를

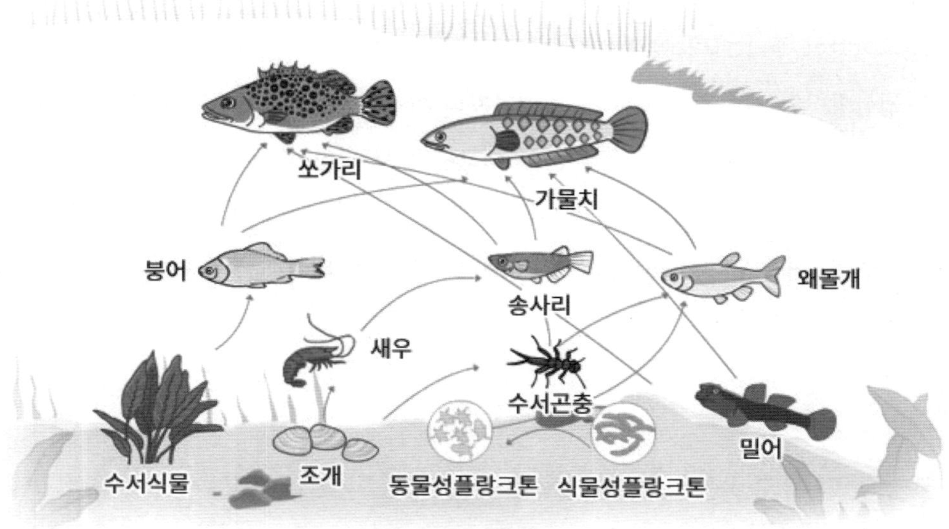

잡아먹는 초식동물, 육식동물들은 2차, 3차 소비자가 되어서 한 종류의 동물이 여러 종류의 동물을 먹거나 또는 한 생물이 여러 종류의 동물에게 잡아먹히는 등 실제로 복잡하게 연결되어 있다.

마치 먹이사슬이 그물망과 같이 연결되어 있고 지구생태계의 생물체들이 생존하기 위해서는 이런 먹이 그물망들이 원활하게 움직여야 지속적인 생명이 유지될 수 있는 것이다.

그래서 이런 먹이 그물망을 통해서 에너지가 이동하고 물질순환이 이뤄지고 있어 생물의 멸종은 결국 또 다른 물질순환 체제를 구성해 나가지 않을 수 없게 되어 지구생태계는 재편성될 수밖에 없다는 사실을 이해할 수 있다.

가. 엘톤의 '생태 피라미드'

각 생물 간의 영양단계는 하위에서 상위로 올라가면서 생물의 생물량도 줄어들어 마치 피라미드 형태를 갖추고 있다. 이를 엘톤의 '생태 피라미드'라고 한다. 생물체에 저장된 에너지는 먹이사슬의 상위단계로 올라가면서 10% 정도만이 이용되며 나머지는 이용할 수 없는 열 등으로 소실된다. 예를 들어 태양으로부터 1,000칼로리의 열이 식물에 도달하면 식물에 저장되는 에너지는 100칼로리에 불과하다. 그리고 동물이 식물을 섭취한 후에 동물에 남는 에너지는 다시 10칼로리로 줄어든다.

지구 표면에 식물의 양이 엄청나게 많은 데 비하여 초식동물의 양은 상대적으로 적고, 육식동물의 양은 아주 적어진다. 이러한 사실은 지구생태계의 먹이사슬에 의해서 운영되는 자연스러운 구조라고 할 것이다. 따라서 지구환경을 되살려 나가는데 가장 기본이 되는 에너지 순환과 물질순환이 균형, 안정화를 통하여 항상성을 유지시켜 나가는 기반이 된다고 할 수 있다.

이는 세계 인류의 식량문제 해결해 나가는 데 중요한 열쇠가 된다. 즉 육식을 통하여 얻을 수 있는 에너지량은 초식을 통하여 얻을 수 있는 양의 10분의 1에 해당한다. 이 때문에 육식 위주에서 초식 위주로 전환할 때 식량부족 문제는 상당 부분 해결할 수 있는 것이다.

나. 포획성 먹이사슬과 분해성 먹이사슬

먹이사슬에는 먹고 먹히는 관계와 유기물이 무기물로 분해하는 관계 2가지로 구분할 수 있다. 먹고 먹히는 관계는 포획성 먹이사슬로서 녹색식물이 초식동물에게 먹히고 이들은 더욱 강한 동물(육식동물)에게 먹히는 단계이다.

분해하는 단계는 부패성 먹이사슬로서 유기물로부터 미생물. 그리고 단계적으로 식물, 초식동물, 육식동물의 사체와 분해가 연속적으로 분해자에 의해서 이뤄지는 현상이다.

이런 먹이사슬의 에너지는 한쪽으로만 흐르게 되어 먹이사슬의 각 단계는 에너지 면에서 바로 아래 단계의 생물에 전적으로 의존하고 있다.

다. 동물과 식물의 상호보완적 생존 관계

인간은 초식동물 또는 육식동물의 구실을 하지만 태양으로부터 식물에너지를 직접 생성할 수 없으므로 결국 인간은 식물로부터 필요로 하는 에너지를 얻는 셈이 된다.

녹색식물은 광합성을 통하여 당, 지방, 단백질과 같은 식품으로 이산화탄소를 동화한다. 이렇게 고정된 탄소의 일부는 생산자와 소비자의 호흡 과정을 통하여 다시 이산화탄소로 변형되어 대기권으로 되돌아가게 된다.

동식물의 사체에 들어 있는 탄소도 분해자의 호흡을 통하여 결국 대기권으로 되돌아가게 된다. 그리고 생산자인 식물들은 광합성을 통하여 고정된 만큼의 이산화탄소가 호흡으로 다시 대기권으로 방출되어 지구생태계는 평형을 유지할 수 있게 된다.

라. 에너지 먹이사슬로 연결된 지구생태계

지구생태계는 먹이사슬로 연결되어 있다. 이는 또한 생존하는데 요구되는 에너지원을 구하는 관계이기 때문에 지구생태계는 에너지를 기반으로 하는 먹이사슬로 연결되어 있다. 그래서 에너지 순환 체제를 구축하면서 살아가고 있다고 할 수 있다.

녹색식물은 광합성을 통하여 당, 지방, 단백질과 같은 식품으로 이산화탄소를 동화한다. 이렇게 고정된 탄소의 일부는 생산자와 소비자의 호흡 과정을 통하여 다시 이산화탄소로 변형되어 대기권으로 되돌아가게 된다. 그리고 동식물의 사체에 들어 있는 탄소도 분해자의 호흡을 통하여 결국 대기권으로 되돌아가게 된다.

　　　　　　　　한 권으로 끝나는 생태 위기

생산자인 식물들은 광합성을 통하여 고정된 만큼의 이산화탄소가 흡수되고 산소를 배출하게 된다. 그런데 동물들은 산소를 바탕으로 호흡하게 되고 이산화탄소를 배출하여 식물들의 먹잇감을 제공하고 있다고 할 수 있다. 따라서 동물과 식물들은 흡수와 배출이라는 역 상관관계를 통하여 서로 생존해 나갈 수 있는 상호보완 관계에 있다고 할 것이다. 이 같은 물질순환 체제를 갖고 지구 생태계가 유지 발전하여 오늘날까지 지탱해 오고 있는 것이다.

마. 인간의 자연 파괴

식물들은 탄소동화작용을 통하여 먹을 수 있는 영양분을 생산해 내는 생산자이면서 동물들이 필요로 하는 산소를 공급해 준다. 그리고 동물이 에너지를 소모하고 난 후 내뿜는 이산화탄소를 흡수해 다시 먹을 수 있는 영양분을 생산하기 때문에 식물과 동물들이 다함께 서로 돕고 협력하는 상호보완적인 생존 관계를 조성하고 있다고 할 수 있다.

이같이 동물과 식물도 먹이사슬로 연결되어 있으므로 식량을 안정적으로 확보하기 위해서 식물들을 보호해야 한다. 그런데 이를 오히려 무시하고 화석연료와 화학물질을 마구 사용하여 환경을 오염시키고 지구를 황폐화시켜 결국에는 지구생태계에서 식물들의 생명을 위협하고 있다.

인간은 논이나 밭에서 벼나 보리, 밀 등 단일 작물을 심어 식량을 생산한다. 다른 작물들은 잡초라고 해서 제거하고 다른 생물들은 해충이라고 제거한다. 처음에는 직접 손으로 잡초나 해충을 제거하였으나 과학 문명이 발달하면서 농약이나 제초제 등 화학물질을 사용하여 제거하게 되었다.

농약이나 제초제를 사용하게 되면 해충이나 잡초들은 그에 대한 저항력을 길러 점점 더 강력한 살충제와 제초제를 사용하게 된다. 결국에는 살충제도 듣지 않는 슈퍼 박테리아가 출현하게 되는 것이다.

이런 자연과 인간은 서로 의지하고 협조하기보다는 인간의 필요 때문에 인 공적으로 자연을 파괴하는 일을 대수롭지 않게 여기면서 생활하고 있다. 곧 인 간들은 지구의 주인으로 행사하면서 모든 자연환경을 이용하여 손쉽고 편한 생활을 하려고 이를 훼손시켜 왔다. 더욱이 화학물질로 이를 억제해 환경을 오 염시키고 있다.

지구환경은 본래 자정능력을 갖고 있어 훼손된 환경을 스스로 자정시켜 나 가는 능력이 있다. 그렇지만 이런 자정능력의 범위를 벗어나게 되면 환경 오염 은 급진적으로 확산되어 더 이상 되돌릴 수 없는 황폐된 환경으로 급변하게 된 다. 그 대표적인 경우가 사막화 현상이라고 할 수 있다.

이런 이유로 지구환경은 급격히 악화되고 있고 지구 사막화가 진행되면서 분해자인 미생물들의 역습으로 인수 전염병을 만연시켜 인간의 생명을 위협하 고 있다. 어찌 보면 지구생태계에서 세계 인류가 자기 위주로 짓밟아 왔기 때 문에 기상재해, 전염병 확산 등의 보복을 통하여 구제의 메시지를 보내고 있다 고 할 것이다.

6. 적자생존이라는 생존 법칙

1859년, 찰스 다윈이 『종의 기원』이라는 저서를 통해 "모든 생명체는 자연의 선택 과정에 따라 진화한다"는 진화론을 발표하였다.

여기에서 자연선택이란 자연계의 조건에 적응하는 생물은 생존하고 그렇지 못한 생물은 저절로 사라지는 적자생존을 의미한다. 즉 지구상에 살아남은 생 물종은 강하거나 지혜로운 종이 아니라, 변화에 가장 잘 적응하는 종이라는 것이다.

그런데 그것은 생물체의 의사와는 상관없는 자연환경의 선택이라는 것이다. 결국 지구생태계의 변화에 대한 필요성으로 지구환경이 변화하게 되면 이에 적응하기 위해서 생물체도 변이를 일으키게 된다.

이런 것들은 생물체의 의지와는 관계없이 지구환경의 변화 때문에 선택되고 결정되는 것이라고 한다.

생물체가 자연환경에 따라 변화하는 변이에는 유전적 영향을 받는 유전변이와 환경에 영향을 받는 환경변이 그리고 완전히 새로운 변이로 나타내는 돌연변이가 있다.

일반적으로 부모가 가지고 있는 형질을 이어받는 유전변이는 멘델의 유전법칙에 따라서 어느 정도 예측이 가능하다.

그렇지만 주변 환경 변화에 따라서 얻어지는 환경변이는 사실상 예측이 불가능한 것이다. 역시 돌연변이도 진화 발전 과정을 거치지 않기 때문에 전혀 예측할 수 없다. 그런데 우리 인간들은 돌연변이에 의해서 만들어진 결정체라는 생물학자들의 주장이 나오고 있다.

가. 가우스의 법칙

러시아의 생태학자, 가우스는 '생태학의 원리 중 하나로, 같은 생태적 지위를 차지하는 두 종은 공존할 수 없다.'는 가우스의 법칙을 발표하였다. 즉 한 생태계에 같은 생태적 지위를 차지하는 둘 이상의 종이 있다면, 조금이라도 더 생존에 유리한 종이 살아남고 다른 종은 절멸에 이르게 된다는 것이다.

일정한 환경에서는 두 종간의 작은 차이라 할지라도 세대를 거듭하며 한정된 자원의 이용 효율이 낮은 쪽은 궁극적으로 절멸에 이르게 되어 자연 멸종하게 된다.

우리는 동물들의 세계를 약육강식의 자연현상으로 오해하고 있다. 그렇지만 포식과 피식, 먹이 약탈 행위 등은 투쟁이 아니라 오히려 일종의 균형 잡힌 공존을 위한 행동으로 이해해야 한다. 포식과 피식의 생태적 의미를 재조명한 저명한 생태학자 오덤의 생태학에서는 "자연은 경쟁적 투쟁을 회피할 수 있는 방향으로 조절되어 있으며, 경쟁이 아니라 평화로운 공존이 자연계의 법칙"이란 사실을 밝히고 있다.

결론적으로 "적자생존(適者生存)이란 싸움을 잘하는 동물이 아니라 언제든지 싸움을 회피하는 동물"이 이기는 법칙이라는 것이다. 즉 싸움을 잘 피할 뿐 아니라 자기와 상반된 힘을 가진 자와 협동하는 생물이 자연계의 순환 체제에 적응해 나가는 것이 진정한 적자가 될 수 있는 것이다. 그 때문에 지구생태계의 자원순환 체제에 순응해야만 생존할 수 있는 것이다.

나. 멘델의 법칙

1865년, 멘델은 완두콩 실험을 통하여 생물체의 유전에 관한 멘델의 법칙을 발견하였다. 즉 키가 큰 완두콩과 키가 작은 완두콩을 서로 분리해서 키가 큰

 한 권으로 끝나는 생태 위기

것은 큰 것대로 따로 키우고 작은 것은 작은 것대로 따로 키웠다.

키가 큰 완두콩끼리만 서로 교배시켰지만, 키가 큰 것과 작은 것, 중간 키의 완두콩이 나와 키가 큰 완두콩과 작은 완두콩의 비율이 3대 1로 나타났다.

키가 큰 완두콩일지라도 겉으로 나타나는 우성인자와 겉으로 나타나지 않은 열성인자를 동시에 보유하고 있다는 사실을 밝혀낸 것이다. 그렇지만 몇 세대 후에는 무조건 키가 큰 종자와 무조건 키가 작은 종자를 얻는 데 성공하였다. 결론적으로 모든 생물체는 부모의 형질을 그대로 유전되는 유전법칙을 발표하게 되었다.

다. 용불용설(用不用說)

물새는 물갈퀴가 달린 발가락을 갖고 있어 손쉽게 수영할 수 있다. 그런데 펭귄은 날개가 점차 퇴화되어 결국에는 작아져서 사용할 수 없게 되었다. 그렇다면 물새에게 물갈퀴가 왜 생기게 되고 펭귄 날개는 왜 점차 퇴화한 것일까? 이에 프랑스의 생물학자 장바티스트 라마르크는 "모든 생물은 환경에 대한 적응력이 있어 자주 사용하는 기관은 더욱 발달하고 사용하지 않는 기관은 퇴화된다."는 용불용설(用不用說)이라는 생물 진화론을 발표하였다.

이는 생물이 살아 있는 동안 환경에 적응한 결과로 획득한 형질(획득 형질)이 다음 세대에 유전되어 진화가 일어난다는 주장이었다. 하지만 멘델의 유전법칙이 발표되면서 획득 형질은 유전되지 않는다는 것이 밝혀졌다면서 라마르크의 용불용설은 오류라고 여겼다. 그렇지만 최근 나타난 후성유전학에서 라마르의 주장이 완전히 틀린 것은 아니라는 이의 의견에 상당히 접근하는 내용을 내놓고 있어 어느 정도 용인되고 있다고 할 것이다.

라. 자연도태

후성유전학은 DNA의 염기서열이 변화하지 않은 상태에서 이루어지는 유전

자라고 할지라도 다음 세대에게 유전될 수 있다. 즉 DNA 염기서열이 변하지 않아도 2~ 3세대 정도 대를 이어 유전될 가능성도 있다. 그래서 다음 세대에 전해지면서 점진적인 변화를 끌어내고 있어 라마르크의 용불용설을 부분적으로 인정하고 있는 셈이다.

어린 오랑우탄의 경우 공격적인 수컷들과 함께 자란 경우 어린 오랑우탄 수컷은 이차 성징에 이르지 못하고 성적발육을 멈춘다는 사실이 실험을 통하여 확인되었다. 즉 '교육– 학습– 선택– 문화적 제도' 등 매개를 통한 환경적 변이도 분명히 다음 세대로 전달된다는 것을 알 수 있다.

그래서 인간을 비롯한 영장류의 많은 고정적 행동 양식들은 역설적으로 학습이라는 단계를 거쳐 다음 세대에 유전된다는 사실을 알 수 있다.

이같이 다윈의 진화론이 후대에 끼친 영향은 막대했다. 애초 다윈은 자연도태만을 강조한 것이 아니었지만 결과적으로 자연도태는 약육강식을 정당화하고 시장경제의 빈익빈 부익부를 정당화했다는 토머스 쿤의 주장도 나왔다.

결과적으로 진화론은 시장 논리가 지배되는 현대 자본주의의 약육강식이라는 공식에 의해서 자연 도태되는 것을 설명하는 도구로 활용되고 있다. 그렇지만 지구생태계는 나름대로 진화 발전해 나가는 원리를 갖고 있어 이 같은 법칙에 따라서 지구환경이 변화하고 있다는 사실을 쉽게 이해할 수 있다.

7. 환경 오염으로 파괴되는 지구생태계

1962년, 미국의 해양생물학자 레이첼 카슨(Rachel Carson)은 '침묵의 봄'이라는 저서를 내놓았다. "DDT를 비롯한 농약 등의 무차별적인 방제로 봄은 왔지만, 새가 사라져 조용한 봄이 되고 있다"고 살충제에 대한 지구환경 파괴행위를 고발하였다.

이어서 1997년, 테오 콜본 (Theo Colborn)의 '도둑맞은 미래'라는 저서에서는 생태계의 멸종위기를 지적하였다. 특히 각종 독성물질에 의해서 야생동물들의 생식기 결함, 행동 이상, 생식기능 손상, 새끼들의 죽음, 그리고 동물 집단의 갑작스러운 절멸을 나타내고 있다고 경고하였다.

지난 50년 사이에 사람들의 평균 정자 수가 50%나 감소하여 불임 및 기형아 출산의 원인이 되고 있다.

그리고 현재 미국 여성 15% 수준이 유방암인데 최근 매년 1%씩 증가하고 있다는 보고서도 나왔다. 이런 생식능력의 상실은 결국 생물의 멸종으로 이어져 지구생태계는 죽음의 겨울을 맞게 될 것이라고 한다.

사실 지구상에 인구가 폭발적으로 늘어나면서 이를 뒷받침하기 위하여 더 많은 식량을 생산해 내야 했다. 그래서 산이나 숲을 농지로 개간하고 농산물의 산출량을 늘리기 위해서 농약과 화학비료를 개발하였다.

산림이 파괴되어 홍수, 가뭄 등 자연재해의 원인이 되었고 농약과 비료는 지구 생태계에 치명적인 독성물질로 만성적인 환경 질환의 원인이 되었다. 더욱이 토양을 산성화시켜 아무런 생물체들도 살아갈 수 없는 불모의 땅으로 변해가고 있다.

각 지역의 사막화로 모래 먼지는 생활환경을 악화시키고 있다. 또한 비료와 농약이 비에 휩쓸려 바다에 흘러 내려가 바다를 산성화, 해양생태계를 파괴하는 원인이 되고 있다.

세계 각국에서는 이런 사실을 뒤늦게 깨닫고 농약과 비료가 없는 유기농법을 권장하게 되었다. 그렇지만 유기농법으로 농사를 짓게 되면 농산물의 생산량은 5분의 1로 감축되어 심각한 식량부족 현상이 염려된다.

　그렇다고 생물체의 생명을 위협하는 농약과 화학비료에 의한 화학 농법을 주장할 수도 없는 노릇이다. 이에 세계 각국은 농약과 화학비료를 적게 사용하면서 생태계도 안전하고 식량부족 문제도 해결해 나가는 방안을 마련하기에 고심하고 있다. 그렇지만 모든 조건을 충족시키는 좋은 묘책이 아직도 나오지 않고 있다.

가. 환경호르몬

　현대인들은 환경호르몬이라는 체내 부작용을 유발하는 물질을 보유하고 있어 건강에 위험 요소가 되고 있다.

　환경호르몬이란 화학물질에서 배출되는 독성물질인 난분해성과 잔류성 때문에 유발된다. 이런 독성물질을 섭취한 동물들은 내분비계의 교란 물질로 작용하게 되어 극미량이 잔존 하더라도 산모뿐만 아니라 태아에 악영향을 끼치게 된다.

　얼마 전 미국 오대호 일대의 수질을 오염시킨 납 성분을 가진 PCB를 조사하였다. 그 결과를 살펴보면 '플랑크톤 → 갑각류 → 빙어 → 호수 송어 → 재갈매기'로 이어지는 먹이사슬을 갖고 있었다.

　이 먹이사슬의 최상층부에는 인간이 있었으며 이의 농도는 당초보다 2천5백만 배까지 증폭되어 사람들은 환경 오염에 크게 노출되고 있다는 사실이 밝혀졌다.

　이런 환경호르몬은 대개 염소 화합물로 이루어져 있어 장기간 분해되지 않은 채 인간과 동물의 내분비계를 교란하는 합성 화학물질로 남게 된다. 일명 프레온가스로 불리는 CFC, 살충제 DDT, 납 성분을 지닌 PCB, 쓰레기를 태우면 남는 다이옥신 등이 대표적인 환경호르몬 물질이라고 할 수 있다.

　생태주의 작가 헨리 데이비드 소로(Henry David Thoreau)는 미국 매사추세

츠주의 콩코드에 있는 월든 호숫가에 통나무집을 짓고 친환경 생활을 하면서 '월든'이라는 책을 펴냈다.

"우리는 자연과 더불어 내핍생활을 할 때 환경호르몬에서 벗어날 수 있다. 그래서 현대인들에겐 물질적인 풍요보다는 자연과 더불어 살려는 공생 의지로 '자발적 빈곤'을 즐길 때 도둑맞은 미래를 되찾을 수 있는 열쇠를 얻게 된다"고 주장하였다.

결국 인간은 자연을 떠나서 살 수 없고 인간이 자연을 보호할 때 자연도 인간을 보호할 수 있다는 평범한 자연법칙을 우리들은 생활화하여야 한다.

나. 사람의 몸도 자원의 일부

사람들은 이 세상을 살아가는데 환경의 지배를 받기 마련이다. 우리들이 매일 마시는 공기, 물, 그리고 식량 등 의식주 모든 것들은 자연환경의 영향을 받게 되어 있다. 인간은 자연환경의 일부분으로서 환경과 끊임없는 영향을 주고받으면서 생활하고 있다.

만일 인간이 자연환경을 이용하여 훼손되면 생태계는 본래 모습으로 되돌아가려는 자기 치유 능력을 갖추고 있어 스스로 보완된다. 그렇지만 지구환경의 자정능력을 넘어서는 오염물질을 배출하게 되면 극도로 환경이 악화되어 많은 환경재앙을 일으켜 지구생태계를 위협하게 된다.

사실 사람의 몸도 자연환경의 일부분이라고 할 수 있다. 즉 사람의 창자 속에는 최소한 500여 종 3조 마리의 미생물들이 살고 있다. 이들의 무게는 대체로 1kg에 불과하고 크기는 1,000분의 1mm로 세균 이외에도 바이러스, 곰팡이, 원생동물 등이 사람의 몸속에는 살고 있다.

이들은 소화를 돕고 영양분을 흡수하는 데 도움을 주며 병균이 침입하게 되면 이들과 싸워서 인체가 건강을 유지하는 데 도움을 준다. 그래서 사람의 면역력의 80%를 담당하고 있다고 한다. 이런 미생물 중에는 음식물을 상하게 하고 쓰레기를 썩히는 것은 물론 사람의 몸속에 침투하는 병균이 되기도 한다.

만일 미생물이 없다면 음식물을 소화 시키고, 술이 발효되고, 김치가 익혀가는 물질순환이 불가능하게 된다. 그래서 미생물 세계는 이로운 미생물과 해로운 미생물들이 공존하여 살아가고 있다.

이같이 사람의 몸속에서도 생태계의 네트워크가 구축되어 먹이사슬로 연결되어 있어 서로 돕고 도움을 받으면서 살아가고 있는 자연환경의 일부분이라고 할 수 있다.

최근 환경 오염 문제를 오염물질 분해 능력을 갖춘 미생물을 많이 이용하여 해결해 나가고 있는 것을 보면서 우리 인간은 결국 자연의 일부일 수밖에 없다는 사실을 깨닫게 된다.

다. 자연과 인간과의 공존 관계

우리들의 농림 활동을 살펴보면 자연과 인간과의 공존 관계에 있다는 사실을 확인할 수 있다.

인간은 농작물을 심기 위해서 산림이나 초원을 개간하여 논이나 밭을 만든다. 그리고 논이나 밭에 인간의 식량으로 사용할 벼나 보리, 밀 등 단일 작물을 심으면서 가꾸게 된다.

다른 작물들은 잡초라고 해서 제거하고 다른 생물들은 해충이라고 제거한다. 처음에는 직접 손으로 잡초나 해충을 제거하였으나 과학 문명이 발달하면서 농약이나 비료, 제초제 등 화학물질을 사용하여 제거하게 되었다.

농약이나 비료, 제초제를 사용하게 되면 해충이나 잡초들은 그에 대한 저항력을 길러 점점 더 강력한 살충제와 제초제를 사용하게 된다. 결국에는 살충제도 듣지 않는 슈퍼 박테리아가 출현하게 되는 것이다.

더 많은 화학물질을 사용하게 되고 이렇게 많은 화학물질을 사용하면서 인간은 독성물질의 중독에 걸려 면역력이 약화 되고 각종 만성질환에 시달리게 되었다.

인간은 자연과 서로 의지하고 협조하면서 생활하여야 한다. 그렇지만 인간이 자연을 파괴하면 환경재앙으로 변해 큰 재앙을 겪게 된다. 그래서 인간은 자연보호, 자연은 인간 보호라는 사실을 명심하고 자연과 인간은 상호 조화롭게 공존하여 나가는 지혜를 터득해야 한다.

라. 파괴되는 지구환경

일반적으로 환경 오염은 인구 증가, 도시화, 산업화 등을 원인으로 들고 있다. 그렇지만 소수의 선진국에 사는 인구들만 화석연료를 마음껏 사용하면서 육류를 즐겨 먹고 환경재앙을 모르면서 현대 물질문명을 누리면서 생활하고 있다. 지구상의 절반에 해당하는 인구는 화석연료를 사용하지 못하고 물질문명의 혜택도 받지 못했는데 불구하고 환경재앙으로 배고픔과 질병, 그리고 폭염, 쓰나미의 공포 속에서 시달리면서 살아가고 있다.

선진국들이 사용한 화석연료는 오존층 파괴, 지구온난화, 산성비, 삼림파괴 등 자연환경을 파괴시키고 기후변화로 인하여 지구생태계는 멸종위기에 직면하게 만들고 있다. 그리고 현대 물질문명이 발달하면서 인류는 농약, 다이옥신, PCB 등 독성물질을 많이 활용하여 지구생태계의 건강성을 해치고 있다.

이런데도 불구하고 선진국들은 자신들의 국가이익을 위해서 환경 오염 물질을 근본적으로 감축시켜 지구를 되살리려는 책임을 부담하려고 하지 않는다.

지구환경은 대기, 육지, 바다, 삼림, 에너지원인 태양광으로 구성되어 있다. 그리고 지구의 지각 아래에는 마그마의 열이 있어 동식물들이 살아가기에 적당한 온도인 15℃를 유지해 주고 있다.

숲속에 나무나 잡초는 태양광과 물, 대기 중의 이산화탄소를 이용한 광합성

작용으로 에너지를 만든다. 그리고 뿌리에서 흡수한 질소, 인 등으로 여러 가지 영양분으로 된 열매를 맺는다.

그런 식물을 초식동물이 먹고, 육식동물은 초식동물을 먹으며 지구생태계는 먹이사슬로 연결되어 있다.

한편 동식물의 사체는 세균이나 박테리아 등이 분해해 무기 물질로 변하게 한다. 이를 다시 식물들이 흡수하여 지구생태계가 지속적으로 유지될 수 있도록 자연순환 체제가 뒷받침되고 있다는 사실을 우린 잊지 말아야 할 것이다.

8. 세계 인류는 난파선인 지구를 구제할 수 있을까?

세계 지질학계는 홀로세를 마감하고 인류세라는 새로운 역사의 시작을 선언하였다. 홀로세란 세계 인류가 수렵 채취 생활을 접고 농사일로 정착하면서 시작된 1만 년 전부터 시작되어 오늘날까지의 역사를 말한다.

이를 접게 된 이유는 무엇보다도 세계 인류가 지질학적 변화를 일으킨 장본인이라는 사실을 인지하고 이젠 세계 인류의 역할이 달라져야 한다는 새로운 역사를 선언하게 된 것이다.

세계 인류는 지금까지 만물의 영장으로 지구환경을 마음대로 활용할 수 있는 권리를 갖고 태어났다고 생각하였다. 그래서 산업혁명에서 석탄을 활용하여 증기기관차를 발명한 이후 자동차, 전자제품, 석유 화학용품 등으로 현대 과학 문명을 누려왔다.

그런데 화석연료에서는 온실가스가 배출되어 지구의 기온을 상승시키고 환경 오염물질이 배출되어 만성질환의 원인이 되는데 불구하고 이를 무시하고 기업들은 값싸고 품질 좋은 제품을 생산하여 세계시장을 지배하려는 다국적 기업들에 의해서 무한경쟁체제를 유지해 왔다.

이미 70, 80년 전부터 봄이 되었는데 새 소리가 들리지 않고 런던 스모그로 많은 인구가 갇혀 죽어가는데 이를 시정하려고 하지 않았다. 오히려 다국적 기업에 의한 무한경쟁체제를 그대로 유지해 아무런 거리낌 없이 지구환경을 오염시키고 쓰레기는 지구촌을 덮여 이젠 살 수 없는 지구로 변해가고 있다.

올가을에는 유난히 단풍이 들지 않은 채 나무들이 푸른 색깔 그대로 간직한 채 추운 겨울을 맞이하게 되었다. 기상전문가들은 앞으로 우리나라에서도 단풍 구경을 하기 어려운 시대가 개막될 것이라는 밝히고 있다.

본래 단풍이란 일정 기간에 일조량이 점차 감소하면서 기온이 5도 이하가 낮아져야 나무들이 단풍을 들 수 있는 여유가 생기게 된다는 것이다. 그런데 2023년 11월 2일 서울의 아침 최저기온은 18.7도, 낮 최고 기온도 25.9도로 초여름 수준의 날씨가 지속되었다.

이같이 우리나라의 날씨가 봄과 가을은 없어지고 여름만 길어지는 아열대 지역으로 변하고 있다는 사실을 쉽게 알 수 있다.

2023년, 유엔 환경계획(UNEP)이 발행한 배출 격차 보고서에 따르면 "현재 국가 탄소 감축목표(NDC)로는 1.5도 목표를 달성할 가능성은 14%에 불과하다"고 밝히고 있다. 그리고 "그 가능성을 절반의 확률로 높이려면, 2030년까지 연간 온실가스 배출량을 330억 톤으로 낮춰야 한다"고 세계 각국에서 수정 목표를 제시할 것을 요구하고 있다.

그렇지만 세계 인류가 2030년까지 330억 톤으로 낮추려면 8년 동안 매년 약 6.7%를 줄여나가야 한다. 이는 코로나19 팬데믹 동안 약 7%가 감소한 것에 비교될 수 있는 대단히 큰 수치다. 따라서 '2050 탄소중립'을 성공적으로 완성한다는 것은 거의 불가능한 일이기에 우린 비관론에 빠질 수밖에 없다.

사실 지구는 인간이 살 수 없는 곳으로 점점 변화하고 있다. 지난해 열돔 현상으로 세계 곳곳에서 50도 이상의 살인 더위로 6만 명 이상이 죽어가야 했다. 그리고 가뭄, 대형 산불로 지구촌은 곳곳에서 더 이상 살 수 없는 곳으로 변해가고 있음을 세계 인류는 지켜보아야 했다.

열돔이라는 지구온난화로 기온이 40도 이상 상승하면서 고기압권이 돔(dome: 반구형 지붕)을 형성하여 50도 이상 상승하는 찜통더위가 장기간 지속돼 가뭄과 대형 산불이 발생시키는 원이 되고 있다.

앞으로 지구온난화가 심화하면서 이런 열돔 현상은 더욱 기승을 부릴 것이라고 하니 정말 살 수 없는 지구로 변해가고 있는 것이 분명하다.

해수 온도가 상승하면서 바닷물이 산성화되어 물고기들이 떼 죽임을 당하고 있으며 열대 우림지역에도 2023년에 심각한 가뭄이 들어 강물이 다 말라 먹을 물조차 구할 수 없게 되었다. 이에 많은 과일 열매가 쌓여 썩어가면서 많은 메탄가스를 배출하였다. 이는 지구 전체의 온실가스 배출량의 2배나 되는 탄소 흡수원이 제 역할을 하지 못하고 오히려 메탄을 배출하여 지구온난화를 가중시키고 있는 셈이다. 그리고 북극 해빙이 90% 이상 이뤄지면서 영구동토까지 해빙되어 여기에서 역시 메탄가스 배출 가능성이 높아지면서 지구환경을 되살릴 수 있는 마지막 기회조차도 놓치고 있는 실정이란다.

결국 지구촌은 생물체들이 살 수 없는 곳으로 변해가고 토양도 매년 산성화율이 크게 높아지면서 농작물들이 살 수 없는 곳으로 변하면서 사막화가 크게 진전되고 있다.

이렇게 지구촌이 더 이상 살 수 없는 난파선으로 변해가고 있는데도 미·중 패권전쟁, 우크라이나 전쟁, 하마스 이스라엘 전쟁 등 세계 곳곳에서 전쟁을 벌이면서 자국민 우선, 국익 우선주의만 부르짖고 있으니 세계 인류가 어떻게 난파선 된 지구를 구제할 수 있겠는가?

 한 권으로 끝나는 생태 위기

우리들의 미래가 보이지 않아 답답하고 숨이 막힐 것만 같아 번아웃 상태에
빠질 지경에 이르게 된다.

그렇지만 지금까지 '나 혼자 빨리 가는' 방식에서 벗어나 '다함께 손을 잡고
멀리 가겠다'는 각오로 지구환경을 되살리겠다는 다짐을 하면 지구환경을 되
살릴 수 있는 기회가 열리게 될 것이다. 이는 곧 화석연료에 기반을 둔 자본주
의 체제에서 벗어나 무탄소 청정에너지에 기반을 둔 공생발전사회로 만들어
나가는 일이다.

최고의 선은 물과 같이 흘러 내려가야

도덕경에서의 상선약수(上善若水)라는 말이 있다. 이는 "최고의 선
이란 물과 같다"는 의미로 "물은 만물을 이롭게 하고도 그 공을 다투지
않고, 모든 사람이 싫어하는 곳에 있어 거의 도에 가깝다"고 했다. 산
골짜기의 물은 흘러내리면서 주변의 생명을 먹여 살리고 끝없이 아래
로 흘러간다. 항상 낮은 곳을 향하며 바위를 만나면 피해서 돌아가고
웅덩이를 만나면 채운 후 흘러넘쳐 흘러간다.

아무리 작은 물방울일지라도 자신의 의지를 굳히지 않고 계속 주장
하면 결국에는 바위라도 뚫을 수 있는 참고 기다릴 줄 안다. 결국 시냇
물이 냇물이 되고 냇물이 강물이 되어 바다라는 넓은 세상이 서로 만
나게 된다.

물은 굳이 자기주장을 내세우지 않는다. 둥근 그릇에 담으면 둥근
모양이 되고 네모난 그릇에 담으면 네모가 된다. 다만 상황이나 주변

의 형세에 따라서 순응할 뿐 억지로 하려는 욕망은 애시당초 갖고 있지 않는다. 그렇지만 낙숫물이 바위를 뚫고 흘러 넓은 바다에서 다 함께 만날 수 있다. 이런 물의 특성이 바로 최고의 선이라고 도자의 도덕경에서는 가르치고 있다.

인간은 본래 자연환경의 산물이라고 한다. 모든 생물체는 루카라는 원생동물로부터 진화 발전해 왔다. 30억 년 동안 화학물질의 융복합 과정을 통하여 진화 발전해 왔다는 사실들이 화석에 의해서 증명되고 있다. 따라서 인간도 그런 자연환경의 산물임이 틀림없는 사실이기 때문에 이를 부인할 수는 없다.

그런데 인간들은 멀리 보고 깊이 생각할 수 있는 특성을 보여 다른 동물보다도 뛰어난 지혜를 갖게 되었다. 더욱이 불을 다룰 수 있는 능력을 갖게 되면서 자신이 만물의 영장이라는 착각으로 지구환경을 자신들이 편리한 도구와 수단을 활용하여 왔다. 이는 결국에는 진화 발전해 왔던 자원순환 체제를 넘어서 지구환경을 짓밟아 제대로 작동될 수 없는 지경에 이른 것이다.

탄소중립이니 생태 중립이니 하는 지구환경을 되살리는 일은 지난날의 잘못을 반성하고 새로운 마음가짐으로 자연의 섭리에 어긋나지 않도록 물과 같이 자신의 역할을 찾아서 도리를 지켜나가야 하는 것이다.

한 권으로 끝나는 생태 위기

제3장

지구생태계
살리기

세계 인류는 화석연료에 기반을 둔 자본주의 체제를 무너뜨려야 생존할 수 있다. 그런데 화석연료에 기반을 둔 자본주의 체제를 누리고 있는 선진국들은 전체 탄소배출의 80%를 차지하면서도 기상재난은 20%만 겪고 있다.

이에 반해 개도국들은 전체 탄소배출의 20%만 차지하고 있는데도 기상재난은 80%를 감수해야 한다. 이런 기후 불평등 문제를 해결하지 않으면 개도국들은 화석연료 사용을 중단시켜 나가는 탄소중립에 참여할 수 없다.

세계 탄소 배출량의 40% 이상을 차지하고 있는 미국과 중국은 탄소중립보다도 패권전쟁에 열을 올리고 있다. 패권전쟁은 다른 한 국가가 사라져야 끝나는 전쟁이라고 한다.

이런 상황에서 세계 인류는 지구를 살려낼 수 있을까? 걱정된다.

우린 인간 없는 세상에서 오히려 지구생태계는 활발하게 삶을 누리고 있다는 사실을 기억해야 한다. 그리고 인디언 부족의 땅을 차지하겠다는 미국 대통령에게 쓴 인디언 추장의 답장을 기억해야 한다.

난파선이 된 지구에서 세계 인류가 생존할 수 있는 길은 '나 혼자 빨리 가는 세상'이 아니라 '다 함께 손을 잡고 멀리 가는 세상'이라는 사실을 우린 명심해야 한다.

제1절.
지구생태계의
멸종위기

유엔은 생물다양성 협약이 발표된 1992년 5월 22일을 기념하기 위해서 2000년부터 '생물 다양성의 날'로 지정하였다. 그리고 환경 파괴 정도를 시간으로 빗댄 환경위기 시계를 만들어 전 세계 인류에게 지구생태계의 위기를 알리고 있다.

2016년 말, 세계 야생 생물 기금(WWF)에서 발표한 보고서에 의하면 "2020년까지 지구의 야생동물이 최고 67%까지 사라질 수 있다"고 경고하고 있다. 이는 인류가 생물종의 멸종 속도를 과거보다도 약 1천 배 정도 빠르게 이뤄지고 있다.

세계자연보전연맹은 위기종 레드 리스트의 수천 종을 선정, 분석하고 있다. 이 같은 분석 업무에 참여했던 퀸즐랜드 대학교 션 맥스웰 교수는 "생물 다양성을 가장 많이 멸종시키는 원인은 기후변화가 아니라 벌목, 사냥, 어업, 식물 채집 등 과잉 개발에 있다"고 인간 활동에 의한 생물 다양성 파괴를 지적하고 있다. 즉 세계자연보전연맹이 선정한 위기종 레드 리스트의 8,688종 중 62%의 종이 농업 활동, 35%의 종이 도시 개발, 22%의 종이 오염의 영향을 받아 전체 8,688개 종의 72%가 인간 활동의 직접적인 영향을 받은 것으로 나타났다고 밝혔다.

이에 반해 수면 상승, 폭염, 태풍과 가뭄 등 기후변화는 전체의 19%만 영향을 받은 것으로 분석됐다.

한편 아프리카의 치타와 아시아의 털코 수달을 비롯한 5,407종이 농업의 영향을 받으며, 수마트라 코뿔소와 서부고릴라 등은 불법 사냥에 의한 개체수 감소가 계속되고 있다. 즉 밀렵꾼들은 하루에 아프리카코끼리 100마리 정도를 죽이는데, 그 목적은 오직 상아를 얻기 위한 것일 뿐이다.

기후변화에 직접적인 영향받는 1,688종 중 하나인 코주머니 물범이 있는데 최근 몇십 년 동안 대서양 북극해에서 개체수가 90% 감소했다. 그래서 생물 다양성을 보전시켜 나가려면 보호구역을 지정하여 사냥 규제를 강화하고 위기종이 살아갈 수 있도록 농업 개간을 억제하며 다양한 인간 행동을 억제하는 규제 관리가 강화되어야 한다. 이같이 생물이 멸종하는 가장 주된 원인은 서식지 파괴, 환경 오염, 지구온난화 등 3가지를 들 수 있다.

삼림 벌채, 습지 매립 준설, 도시 건설 등으로 서식지가 파괴되면 서식지를 잃은 곤충이나 동물들이 멸종하게 된다. 그리고 쓰레기, 폐수, 비료나 농약, 배기가스, 기름 유출, 방사성 물질, 산성비와 토양 산성화 등의 물질이 환경에 노출되어서 생물체들은 오염되게 된다. 이는 중금속(Hg, Cd, Pb), 환경호르몬(DDT, PCB, 다이옥신, 고엽제) 등의 생물농축 물질을 섭취하게 되며 체내에서 분해나 배설이 되지 않고 지방조직과 결합을 하게 되어 각종 질환의 원인이 되고 있다.

그리고 지구 기온이 1℃가 상승하게 되면 생태계의 서식지는 100km~150km 북으로 이동하여야 알맞은 환경이 조성될 수 있다. 그런데 생물체들은 지구온난화로 기온이 상승하였는데도 불구하고 서식지를 옮길 수 없어 한계성을 내보이고 있다.

그런데도 인간은 이런 환경 오염에 대한 책임 의식을 느끼지 않고 편리한 생활만을 추구하면서 환경 오염을 더욱 심화시키고 있다. 즉 인간은 식량을 증산하기 위해서 막대한 양의 살충제를 살포하고 있다. 그래서 식량 생산의 증대를 가져오지만, 살충제에 대한 해충들의 내성이 증가하게 되어 살충제 효과가 반감하게 된다.

따라서 살충제를 더 많이 사용하게 되어 환경 오염은 더욱 심각한 수준까지 발전하고 있다. 이런 일련의 행동들을 어떻게 규제하고 생물 다양성을 보전시켜 나갈 것인지 좀 더 깊이 있는 연구를 통하여 실효성이 있는 대안을 마련해야 할 것이다.

1. 지구를 되살리는 생태 경제학

영국 경제학자, 레이워스는 '도넛 경제학'이라는 그의 저서에서 "성장 중독에 빠진 주류 경제학에서 벗어나 지구 차원에서 모든 사람이 안전하고 공평하게 살 수 있는 방향으로 경제학을 바꿔야 한다"라고 주장하고 있다.

지금까지 우리들의 경제활동은 희소한 자원에 바탕을 두고 최대의 효과를 거두는 효율성에 초점을 맞춰 왔다. 그렇지만 그 결과 지구생태계는 기상이변으로 기상재앙을 맞이하게 되었고 환경 오염으로 생태계는 멸종위기에 있으며 인류는 만성질환에 고통을 받고 있다.

이제 지구생태계를 더 파괴하지 않고 인류의 경제활동이 이뤄지는 새로운 경제활동을 할 수 있는 '도넛 경제모델'을 만들어 나가야 한다.

즉 21세기 인류의 목표가 도넛 안으로 들어가서 생태적으로 안전하고 사회적으로 정의로운 공간, 지구가 베푸는 한계 안에서 만인이 필요와 욕구를 충족시켜 나갈 수 있는 생태 경제학이 앞으로 세계 경제를 끌고 나가야 한다고 밝히고 있다.

인류의 번영은 곧 지구의 번영으로 이뤄져야 한다는 환경 위주의 경제학으로 우리들의 인식을 바꿔야 한다. 즉 지구생태계를 지켜나가는 목표가 경제활동에 들어가서 각종 활동에 우선적으로 배려해야 지구를 되살려 나갈 수 있는 구체적인 행동을 기대할 수 있는 것이다.

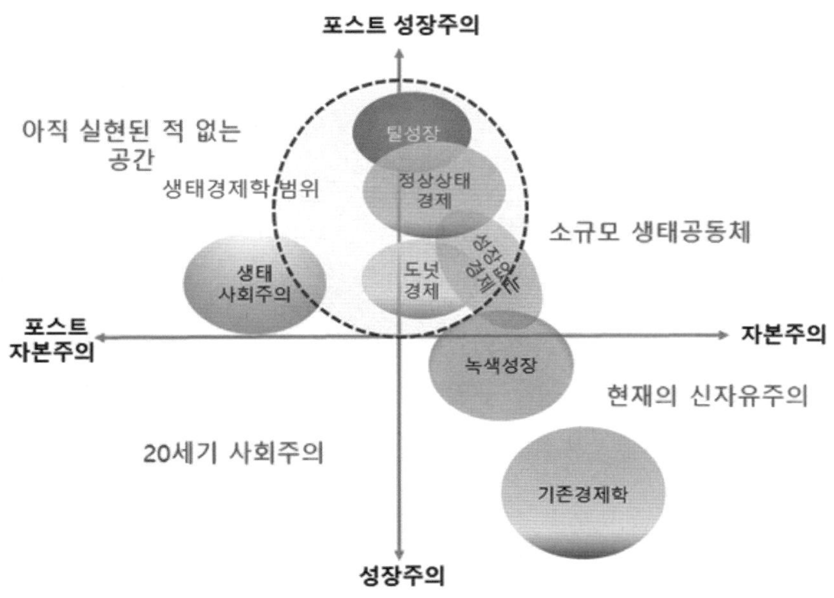

인도의 간디는 "세상을 바꾸고 싶으면 당신이 먼저 그 모습으로 바꿔야 한다"라는 명언을 남겼다. 내가 먼저 마음을 바꿔 환경 지킴이로써의 사명과 역할을 하겠다고 결심하여야 지구생태계를 지켜낼 수 있다. 이를 위해서 내가 무엇을 어떻게 해 나가야 할 것인가란 행동 준칙을 설정해 지켜나가겠다는 다짐이 먼저 이뤄져야 한다. 그래야만 우리는 환경지킴이로서 새로운 출발을 하게 된다.

온실가스와 환경 오염을 줄이는데 우리들이 가장 먼저 해야 할 일은 매일 승용차로 출퇴근하지 않고 대중교통을 이용하는 일이다. 그렇지만 매일 승용차로 편하게 출퇴근하던 습관을 버리고 불편하게 대중교통수단을 이용한다는 것은 보다 큰 결심이 필요하다.

이는 결국 환경문제를 정확하게 이해하고 이를 위해서 환경 지킴이로써 사명과 역할을 담당해 나가겠다는 다짐을 하지 않으면 쉽게 이뤄질 수 없는 일이다. 그래서 환경문제를 해결해 나가는 일은 지난 생활 습관을 바꿔 나가는 일이며 이를 위해서 마음가짐을 바꿔야 하고 어떤 행동을 해야 할 것인지 행동 준칙을 설정하여야 할 것이다.

가. 자연과 한 몸이 되는 생태 식사법

울산과학기술원 도시환경공학과 조재원 교수는 "자연과 한 몸이 되는 생태 식사법이 우리들을 건강하게 만든다"고 생태 식사법을 몸소 실천해야 한다고 강조하고 있다. 즉 물구나무선 사람을 머릿속에 그려 보자. 머리는 땅에 붙어 있고 그 위로 몸통이, 가장 위에 생식기가 위치한다. 이를 식물에 대응해 보면, 머리는 식물 뿌리, 몸통은 줄기와 잎 그리고 열매는 생식기에 해당한다.

즉 식물 뿌리를 먹으면 흙 성분들을 먹을 수 있는데 미네랄이 많이 포함돼 머리와 몸의 뼈를 튼튼하게 한다. 그리고 줄기와 잎을 먹으면 호흡기와 내장 기관을 이루는 성분을 섭취한다.

열매는 활동 에너지와 함께 자손 번식, 생체 대사, 혈액 등을 만드는 물질을 포함하고 있다.

열매 부분을 가장 많이 먹는데 그만큼 우리 몸에서 열매가 가진 영양분을 많이 필요로 하기 때문이다. 그다음으로는 잎, 줄기 순으로 많이 필요하며 뿌리는 가장 적게 필요로 한다.

오늘 먹은 식사 중에서 열매, 잎, 줄기, 뿌리에 해당하는 음식을 떠올려보자. 쌀밥과 빵은 열매에 해당하며 고기는 생명체를 이룬 완성된 몸에서 왔으므로 뿌리, 줄기, 잎보다는 열매에 가깝다.

아침 식사로 빵과 고기, 과일을 먹고 커피를 마셨다면 열매만 먹은 셈이다. 다음 식사 때는 잎, 줄기, 뿌리도 조금씩 섞어 먹어보자. 균형 있게 먹는다고 해서 열매, 줄기, 잎과 뿌리를 먹는 양이 같아야 한다는 것은 아니다.

열매를 많이 먹되 뿌리 음식도 가능하면 매끼 조금씩이라도 먹길 권한다. 균형을 맞추는 것도 자기 몸이 하는 얘기에 귀 기울이면 자연스레 알 수 있다. 마시는 차도 마찬가지다. 커피와 오미자는 열매, 녹차는 잎, 우엉차나 둥굴레차는 뿌리로 만든다.

차를 마실 때도 균형을 고려해 보자. 여러 색의 열매, 잎, 줄기, 뿌리를 골고루 고른다면 장보기 고수가 되기 어렵지 않다. 식탁이 온통 녹색으로만 덮여 있다고 건강한 식사가 아니다. 붉은색, 검은색, 노란색 열매, 줄기, 잎, 뿌리가 섞여 있다면 영양분을 굳이 따지지 않더라도 건강한 식사를 할 수 있다.

외식과 주문 음식도 마찬가지다. 붉은색 음식이 주를 이루는 외식을 했다면 다음에는 노란색 식탁을 차려 주는 식당을 선택해 보는 것이다. 열매, 잎, 줄기, 뿌리의 여러 부분을 가져와 형형색색 다양한 식탁을 이룰 때 몸도 여러 다른 영양분뿐만 아니라 자연의 힘을 함께 얻을 수 있다.

올가을 생태 식사법을 통해 자신의 건강을 직접 지켜보자. 올가을에는 여러 색을 띠는 열매, 잎, 줄기, 뿌리로 만든 음식을 골고루 균형 있게 먹자. 단백질을 많이 먹어야지, 탄수화물과 지방 섭취는 줄여야지, 비타민은 꼭 챙겨 먹어야지, 부족한 미네랄은 어떻게 보충할지 고민하면서 단백질 음료, 종합비타민, 미네랄 음료 등에 의존하지 말고 음식으로 해결해 보자.

장에 가서 열매, 잎, 줄기, 뿌리채소를 골고루 고르고 같은 부분이라도 색깔을 다양하게 선택하면 음식 전문가, 의사들 도움 없이도 건강해질 수 있다.

나. 풀무학교의 생명 교육

충남 홍성에는 유기농 교육과 생명 교육을 위주로 환경교육을 하는 풀무학교가 있다. 특히 이 학교에서는 지난 40여 년 동안 환경을 파괴하는 기존의 농업 관행을 거부하고 자연의 위대한 힘을 발전시키고자 유기농업을 쳤다.

유기농업이란 하나의 농사법이 아니라 '자연과 사람', '생산자와 소비자'를 서로 잇는 것이다. 새 기술을 창조하고, 유통 체계를 개선함으로써 분배 양식과 식생활을 변혁하고, 나아가 생명 중시에 바탕을 둔 더불어 사는 공동사회를 이루는 길이라는 환경교육을 바탕으로 출발하였다. 즉 풀무학교의 환경교육은 "농업은 생명을 유지하는 가장 중요한 산업이고 지역 자립의 중요한 기초이다."라고 강조한다.

그리고 대지에서 일방적으로 수탈하는 현재의 농업은 하루빨리 고쳐나가야 한다. 전 세계적으로 진행되는 자연 파괴농업에서, 자연을 보살피고 자연이 갖는 힘을 생생하게 드러나게 하는 농업으로 바뀌어야 한다.는 유기농법을 강조하고 있다.

근본적으로 경제적 경쟁 원리와 농업은 서로 어울릴 수 없다. 농업이 갖는 문화적, 사회적 역할을 온 국민은 재평가하고 발전시켜야 한다.

식량 자급은 평등한 국제관계 확립을 위하여 양보할 수 없는 기본 권리이다. 그리고 이런 식량 자급의 기초가 되는 것은 기업 위주의 효율성 위주의 농업이 아니라 가족농업 및 마을 공동체를 중심으로 하는 자립 농업이다.

생산자와 소비자는 직접 연결되어 도시와 농촌이 이웃이 되어야 한다. 고향 차원의 소규모 농산물 가공을 통해 부가가치를 높이고 농업과 공업을 통합해야 한다. 그리고 유기농업과 고향 조직의 지식과 경험을 나누기 위해 모든 분야에서 농민들의 국내, 국외의 교류가 추진 되어야 한다.

무너진 마음의 고향, 현실의 고향을 살리는 농민은 경제와 효율만 찾는 농민이 아니라 현실성과 함께 자기 사명을 자각하는 철학이나 종교심을 갖는 농민이라야 한다. 고향을 살리는 농민을 키워내는 풀무학교가 학교에서의 환경교육을 총체적으로 실시하는 대표적 기관이라면 학교 외에서의 평생교육 차원에서 환경교육은 다양한 시민단체를 통해서 이루어져야 한다.

환경에 대한 무지를 깨닫게 하고 환경 지킴이로서 거듭날 수 있게 하는 교육이야말로 앞으로 정말 강화되어야 할 과제이다.

환경문제는 아는 만큼 깨닫게 되고, 깨달은 만큼 실천하게 되는 것이다. 이같이 풀무학교는 생태 경제학에 기초를 둔 환경교육을 유기농법에 도입시켜 이를 정착시켜 나가고 있는 성공적인 사례라고 할 수 있다.

2. 심화되는 생태 용량 부족

국제 생태발자국 네트워크 (GEN)은 1987년부터 지구가 인류의 생태발자국을 수용할 수 있는 생태 용량을 계산해 이를 토대로 365일로 환산한 '지구 생태 용량 초과의 날'을 발표해 오고 있다.

2024년, 지구 생태 용량 초과의 날은 8월 1일이다. 오늘로써 인류는 지구 재생할 수 있는 생태자원보다 더 많은 양의 자원을 사용하게 되는 셈이다.

지난 수십 년 동안 탄소 발자국은 계속해서 증가했지만, 지구의 생태 용량, 즉 생태자원을 재생하는 능력이 현저하게 감소했다.

1970년 12월 30일에 시작된 지구 생태 용량 초과의 날은 코로나의 영향이 가장 컸던 2020년에 잠시 8월 22일로 미뤄졌지만, 그다음 해인 2021년, 다시 팬데믹 전인 7월 29일로 되돌아왔고 2022년엔 7월 28일, 2023년에는 조금 호전을 보인 8월 2일로 미뤄졌다.

지구 생태 용량 초과의 날은 2006년 영국 싱크탱크 New Economics Foundation와 국제 생태 발자국 네트워크(Global Footprint Network)에 의해 처음으로 고안되었다.

기후 위기를 막고 2050년 탄소중립을 목표로 삼았으나 매년 인류는 1.6개의 지구를 사용하고 있으며 획기적으로 줄어들 기미도 보이지 않고 있다. 더욱이 최근 산불, 폭염, 홍수, 가뭄, 폭우로 전 세계가 기상이변으로 몸살을 앓고 있다.

동시에 러시아와 우크라이나 전쟁, 이스라엘과 하마스 전쟁, 미·중 패권전쟁 등 자국민 우선주의와 국익 우선주의에 따라서 막대한 탄소배출까지 더해졌다. 자원 부족과 식량부족이 예측되자 유럽의 지도자들은 슬며시 탄소중립 카드를 내려놓고 석탄 사용을 늘리고 원자력발전을 눈감아 주려는 움직임을 보인다.

이같이 한 해 동안 인류가 소비하는 자원과 생태 서비스를 충당하기 위해서는 지구 1.6개에 해당하는 생태 용량이 필요하다. 즉 인류는 지구 생태 용량의 60%를 초과하여 소비하고 있다는 의미다. 이같이 지구 생태 용량을 초과하여 자원을 소비하는 가장 큰 이유 중의 하나는 서식지 파괴를 들 수 있다.

한편 지구상 생물 다양성의 절반이 서식하는 열대우림이 놀라운 속도로 사라지고 있다. 즉 뉴기니아의 경우 지구상 육지의 0.5%를 차지하지만 생물 다양성의 8%를 보유하여 다른 곳보다 16배나 많은 생물 다양성을 보유하고 있다. 그런데 매년 열대림이 1.7%씩 사라지고 있다고 하니 생물 다양성 파괴는 물론 이산화탄소 흡수원은 점차 붕괴할 것을 우려하지 않을 수 없다.

 　　　　　　　　　　　　　　　　　　　　　　한 권으로 끝나는 생태 위기

한편 해양생물의 4분의 1의 서식지를 제공하는 산호가 해류 온난화 때문에 전체의 3분의 1이 사라져 해양생물들의 멸종도 우려하지 않을 수 없다. 장거리 이동 생물종들은 산란과 먹이 취득, 휴식 등을 위해 매우 다양한 서식지가 요구된다. 그런데 기온 상승과 강수량의 변화, 해수면 상승, 해양 산성화, 해류의 변화, 기상이변 등으로 서식지가 파괴되어 치명적인 멸종위기를 맞고 있다.

이산화탄소가 지구의 자정능력을 넘어서 배출되면 200년간 대기 중에 쌓여 지구온난화의 원인이 된다. 그래서 기후변화를 일으키게 되고 이것이 빌미가 되어 기상재앙으로 인류는 큰 고통을 받는다.

가. 심화되는 생태발자국

인류의 생태발자국 구성요소 중에서 이산화탄소가 차지하는 비중이 1961년 43%에서 2012년 60%로 크게 늘어났다. 이산화탄소는 해양이 흡수하는 양 외에는 산림이 주된 흡수원으로 작용하고 있다. 그런데 해양과 토양의 산성화, 산림의 붕괴로 흡수 기능이 크게 감축되어 이산화탄소의 누적은 기하급수적으로 확대되고 있어 걱정된다.

앞으로 세계 경제는 '식량부족, 물 부족, 생물 다양성 훼손'이라는 3가지 경제지표에 의해서 좌우될 수밖에 없는 상황에 빠져들고 있다. 그래서 전 세계 각국은 철저하게 '식량부족, 물 부족, 생물 다양성 훼손' 관리를 해나가야 할 것이다.

이것이 21세기를 살아가는 우리들이 안고 있는 가장 큰 숙제라고 할 수 있다. 전 세계가 채식을 택하면 지구온난화의 80%를 막으며 세계 기아를 종식하고 지구 담수와 많은 천연자원을 보존하게 된다는 보고서도 나와 있다.

즉 1kg의 동물 단백질 생산에 식물 단백질보다 6배의 물이 소요 되고 쇠고기 생산은 칼로리당 곡물이나 감자보다 20배의 물이 필요하다고 밝혔다. 그래서 육식 위주의 육식 문화에서 채식 위주의 채식 문화로 바꿔 나가야 지구를 되살릴 수 있다고 한다.

여하튼 후손들에게는 이런 환경재앙을 물려주지 말아야 하겠다는 결의를 다짐하고 지구를 되살리는 일에 너나 할 것 없이 적극적으로 참여해야 할 것이다.

나. 지구생태계 보전

지구생태계는 상호작용을 통하여 함께 살아가는 생물체의 공동체라고 할 수 있다.

인간은 이 세상을 살아가는데 수천 종의 서로 다른 생물들에게 의존하면서 살아가고 있다. 먹는 음식, 옷, 집 등도 모두 생물자원으로부터 나오고 곰팡이나 세균도 유용한 의약품이나 식품을 만들기 위해서 불가피하게 생물자원의 지원을 받게 된다.

인간에게 아무런 이득이 없다고 여기는 곤충의 경우도 각종 식물이 꽃가루받이가 이뤄지게 하여 우리가 먹을 식량을 생산하고 있다. 그렇지만 인간들은 곡식이나 채소 등 필요로 하는 작물만을 논과 밭에 가꾸고 있어 생물 다양성을 해치고 있다.

이에 반해 숲은 나무 넝쿨, 풀, 곤충, 개구리, 뱀, 멧돼지, 곰팡이, 세균 등 생물의 다양성을 유지해 나갈 수 있는 여건이 조성되어 있다. 따라서 생물의 다양성을 보전시켜 나가려면 숲과 같은 생물자원의 서식지를 안정적으로 관리해야 한다.

요즈음 생물자원의 보고라고 할 수 있는 아마존의 열대우림이 파괴됨에 따라서 생물 다양성은 큰 타격을 받고 있다. 이로써 인류는 불가피하게 재앙을 맞이할 수밖에 없게 될 것이라고 한다.

한편 미국의 옐로우스톤에서는 먹이사슬 최상위 포식자인 늑대를 복원시키자 나무와 풀을 과도하게 섭식하던 엘크의 수가 줄어들었다. 그리고 나무가 다시 풍성하게 자라게 되었다. 그러자 나무를 이용해 서식지를 만드는 비버들도 나타나 지금은 아주 빼어난 자연경관을 유지할 수 있게 되었다.

이같이 지구생태계를 파괴하는 장애물을 제거한다면 지구생태계는 복원시켜 나갈 수 있다. 그래서 세계 각국에서는 생태 보호구역을 확대하고 다양한 생물들과 사람들이 공존하는 환경을 다 함께 만들어 나가야 한다.

이런 노력이 뒷받침될 때 우리들은 지속 가능한 지구생태계를 유지시켜 나갈 수 있게 되는 것이다.

3. 생물의 경제적 가치

최근 신물질 및 의약품의 상당한 비중을 생물자원에서 확보하고 있다. 미국의 경우 의약품의 40%를 생물자원으로부터 추출하고 섬유, 염색, 고무, 기름 등 산업 물질도 생물자원에서 얻고 있다. 그리고 탐조 하이킹 등의 레저 활동이나 미학적, 문학적 소재로 생물자원을 활용하고 있다.

생물의 경제적 가치는 연평균 33조 달러로 지구상 전 국가의 총생산액 18조 달러의 2배가량이나 된다. 신물질, 의약품 등 생물자원을 활용한 산업의 시장 규모는 급성장하여 5천억 달러에서 8천억 달러 수준이 된다. 이는 자동차 시장이나 전자시장 못지않은 규모이다.

더욱이 말라리아, 뎅기열 등 수백만 명의 인명 피해를 야기하는 곤충 매개 질병의 확산 방지 역할을 담당하고 홍수 예방 등 재해 방지, 환경정화 등의 가치를 고려한다면 경제적 가치는 이보다 훨씬 높을 것으로 추정된다.

생물 다양성이 감소하면 어업과 농업 생산량, 의약품 원료가 줄어들고 전염병과 자가면역 장애가 증가하게 된다. 그리고 식량, 물, 심지어 문화까지도 지역생태계에 의존하여 생활하는 토착민들이 가장 큰 피해를 보게 된다.

한편 유엔 환경계획의 특별 조사 위원이면서 웨이크 포레스트 대학교 존 녹스 교수는 '생물 다양성과 건강한 생태계가 인권에 있어 필수적'이라는 사실을 밝혔다. 즉 생물 다양성은 식량, 물, 건강을 최대한 누리는 데 꼭 필요하므로 우리들이 행복한 삶을 누리기 위해서는 건강한 생태계를 보전해야 한다는 것이다. 이는 또한 생물 다양성에 의해서 뒷받침되어야 한다. 즉 현재와 미래 세대 모두에게 올바른 음식, 물을 얻을 권리, 주택의 권리, 건강의 권리, 여러 사회, 경제, 문화적 권리를 누리기 위해서는 생물 다양성 보전이 필수적으로 요구된다.

결국 인간은 자연 속에서 생존하여 나갈 수밖에 없고 인간이 자연을 보호할 때 자연이 인간을 보호할 수 있다는 평범한 진리를 생활화해야 한다.

과학자들은 지구상에 1,300만 종 이상의 생물이 있다고 추정한다. 이 중 매일 70종이 사라지는데, 1시간마다 약 3종의 생물이 사라지고 있다고 한다.

우리나라도 호랑이, 늑대, 독도 강치는 우리 땅에서 완전히 자취를 감췄고 50년 전만 해도 흔히 볼 수 있었던 뜸부기, 구렁이 등도 이제는 쉽게 찾아볼 수 없다.

가. 우리나라에서의 생물다양성보전

우리나라에서는 2012년 2월에 '생물다양성 보전 및 이용에 관한 법률'을 제정하고 생물다양성보전을 위해서 국가와 지방자치단체는 각종 계획의 수립, 개발 등 사업을 적극적으로 추진해 나가고 있다. 따라서 모든 국민은 생물자원을 국가의 공동 자산으로서 인식하고 현재 세대는 물론 미래 세대를 위하여 생물 다양성을 보전시켜 생물자원의 지속 가능한 이용을 유지해 나가도록 노력

 한 권으로 끝나는 생태 위기

해야 한다.

환경부는 생물자원의 체계적인 조사와 연구, 보전관리 체계를 구축하기 위해서 생물자원 보전 종합대책을 수립하여 시행하고 있다. 그동안 표본을 비롯한 생물자원의 확보 및 보전과 관련해서는 많은 진전이 이뤄졌으나 생물자원의 효율적인 이용을 위한 실용화 기술 및 활용 인프라 구축은 아직 미흡한 실정이다.

기존의 야생물, 식물 중심의 보호 위주의 정책에서 자연 상태에 서식하거나 자생하는 생물 전체에 대한 체계적인 보호 및 관리로 정책 방향을 전환하여 '야생 동·식물보호법'에서 '야생 생물 보호 및 관리에 관한 법률'로 개명하였다. 그리고, 국가 차원에서 생물 다양성을 총괄 관리체계를 마련하기 위한 '생물다양성 보전 및 이용에 관한 법률'을 제정하였다.

그동안 개발 위주의 국토관리로 인하여 생물 다양성 및 서식 환경의 훼손이 심화되는 등 생물자원 보전 여건은 지속적으로 악화되고 있다.

야생 생물 서식지의 지속적인 파괴와 무분별한 야생물 남획으로 생물 다양성이 급격히 저하되고 있어 적극적인 보전, 관리 대책이 요구된다.

생물자원은 생명공학(BT) 기술과 접목되어 신약 등 고부가가치 제품으로 개발될 수 있는 소중한 자원이다. 이를 활용한 생물 산업은 저탄소 녹색성장을 실현할 수 있는 블루오션이자 핵심 산업으로 부각되고 있다. 따라서 고유생물자원의 유전체 정보축적 등 생물자원산업을 체계적으로 육성시켜야 한다.

나. 보호구역 지정

인류는 먹거리의 약 80%를 20종의 식물에서 얻고 있으며, 그 외에 20%는 약 4만 종의 식물과 동물에서 얻고 있다. 농작물의 질병에 대한 내성과 직결되는 농작물의 유전적 다양성을 확보해야 우리들은 안정된 식량을 생산해 낼 수 있다. 결국 인구 증가에 따른 식량 생산을 위해서 생물 다양성이 크게 훼손되고 있음을 알 수 있다.

현재 우리나라에서 멸종위기종으로 지정된 생물은 267종에 이르고 환경 오염과 기후변화, 서식지 파괴, 남획 등의 이유로 멸종위기에 놓인 생물들은 셀 수 없이 많다.

과학자들은 생물종의 급격한 감소세를 겪고 있는 지구생태계에 곧 '6번째 대멸종'이 올 것이라 경고한다. 사실 생물 다양성을 보전시켜 나간다는 어려운 작업이지만 인류의 지속적인 생존을 위해서 필연적으로 추진되어야 할 사업이다.

다. 보호구역의 재설정

국제적인 기준과 서식 현황 및 서식 규모를 고려하여 현재 보호구역의 수는 너무 적은 편으로 나타났다. 국가 또는 지자체가 주관하는 사업이 보호구역 내에 이뤄지면 해제되는 경우가 많아 실효성이 떨어지고 있다.

보호구역 지정 외에 보호구역의 효율성을 위한 규제 및 관리가 이뤄지지 않고 있다. 현재 지정된 보호구역은 과거에 임의적으로 지정된 것이 많아 현황 파악을 통해 현재 상황을 고려한 보호구역을 재설정할 필요가 있다.

첫째, 보호구역 설정에 따른 토지 소유지 및 지역주민들에게 경제적 피해를 보상할 재원 마련과 함께 시스템을 구비 하여야 한다. 대부분 지역주민은 보호구역이 설정되면 이에 반발하고 많은 민원이 제기되고 있다. 이는 충분한 보상이 이뤄지지 않고 있기 때문이다.

둘째, 서식지 현황을 파악해야 한다.

현재 정부에서 시행 중인 자생종, 고유종 발굴 사업 외에 생물 다양성 현황 파악을 위한 모니터링사업이 필요하다. 지자체 법규에 따라 관할구역 내 생물 다양성 현황 파악과 관리를 위한 모니터링사업을 추진하여야 한다.

셋째, 서식지 관리 및 복원 사업을 확대하여야 한다.

주요 서식지 대부분 질이 악화되어 있으며 개선하기 위한 보호 관리가 절실하게 요구되고 있다. 도로와 도시 건설 등의 개발로 인해 고립되고 단절된 서식지가 많으며 서식지 네트워크를 활용한 복원 사업을 추진하여야 한다.

넷째, 생물 다양성 관리체계 및 부서 간 협조를 위한 협의체를 구성하여야 한다.

가장 중요한 사안으로써 보전 사업과 개발계획 간의 동전의 양면처럼 정부 – 지자체, 지자체 – 부처, 지자체 – 국민 간의 이견이 드러나고 있다. 따라서 이견조율과 의사 반영을 위한 통합협의체가 구성되어 원활하게 보전 사업과 개발계획이 추진될 수 있도록 하여야 한다.

다섯째, 기타 다양한 보호조치가 요구된다.

생물에게 다양한 먹이와 은신처를 제공하기 위하여 과다한 살충제 사용을 억제하며 유기농업을 권고하여 확대해야 한다. 한편 하천 정비사업, 수로 개선 사업, 간벌 사업 등을 시행할 때 서식지의 다양성과 유지를 우선적으로 고려되어야 한다.

4. 생태발자국 줄이기

국제환경단체 글로벌 생태발자국 네트워크는 인류의 생태발자국이 1년간 지구가 생산할 수 있는 생태자원을 넘어선 날을 '지구 생태 용량 초과의 날'이라고 지정하고 있다. 이날을 기점으로 인류는 미래 세대가 써야 하는 몫의 생태자원을 끌어다가 쓰고 있다는 의미이다.

매년 1월 1일 발표되는 지구 생태 용량 초과의 날은 갈수록 짧아지고 있고 1971년에는 12월 25일이었지만, 2022년은 7월 28일을 기록했다. 국가별로도 다르게 나타났으나 전 세계 인류가 한국처럼 생활한다고 가정하면 4월 2일이 지구 생태 용량 초과의 날이 된다.

한국은 4월 2일을 기록하고 있고 2023년 국가별 지구 생태 용량 초과의 날은 1961~2018년 데이터를 토대로 한 2022년 통계를 사용해 추산됐다. 그런데 유엔의 보고 프로세스로 인해 최신 데이터 업데이트는 3~4년씩 지연되고 있다.

글로벌 생태발자국 네트워크는 지구 평균기온 상승을 1.5℃ 이내로 제한하려면 지구 생태 용량 초과의 날을 매년 10일씩 늦춰야 한다. 결국 자원을 아껴서 지구 생태 용량 초과의 날을 늦춰야 한다.

국제 환경단체인 지구 생태발자국 네트워크는 지난 1980년대 중반부터 '지구 생태 용량 초과의 날'을 매년 발표해 왔다. 2016년은 지구 생태 용량 초과의 날이 8월 8일이다. 이날 이후로는 미래에 사용할 자원을 미리 사용하고 있는 셈이어서 후대에 짐을 부담시키는 꼴이 된다.

인류는 현재 자연이 요구하는 생태 용량은 지구가 재생할 수 있는 양보다 64% 정도 많다고 한다. 이는 대규모 어획, 산림벌채, 이산화탄소 배출 등으로 지구의 생태 용량이 고갈시켜 점차 지구의 생태 서비스의 잠재력을 잠식시키고 있다. 그래서 생태 용량 초과량은 후대를 위해서 생태발자국을 지우기를 통하여 생태 적자를 없애도록 노력해야 한다.

가. 우리나라의 생태발자국

2016년, 우리나라의 1인당 생태 용량은 0.7ha인데 생태발자국은 5.7ha나 된다. 이는 결국에는 8.4배나 되는 생태 용량에 비해 더 많은 생태 서비스를 받고 있다는 의미이다. 전 세계 1인당 평균 생태발자국이 2.7ha이므로 한국인들이 2배 이상 더 많은 자원을 사용하여 지구환경을 훼손시키고 있다고 할 수 있다.

우리나라의 생태발자국에서 탄소 발자국이 차지하는 비중은 73%로 세계 평균 60%보다 훨씬 높다. 그리고 가계 부문에서 음식이 차지하는 비중은 23%나 차지하고 있어 결국 83%가 에너지와 식료품이 차지하고 있다.

우리나라는 화석연료의 97%를 해외로부터 수입하고 있다. 그리고 곡물 자급률이 24%에 불과하여 대부분 곡물을 해외에 의존하고 있다. 이런 여건에서는 화석연료를 신재생에너지로 전환해 에너지의 대외의존도를 크게 줄여나가야 하고 곡물 자급률을 높여 해외로부터 수입되는 곡물을 크게 축소시켜 나가야 한다. 따라서 우리나라는 다른 나라에 비하여 생태 중립을 위해서 많은 노력과 비용이 요구되는데 지구 되살리기 위한 노력은 크게 미흡한 실정이다.

나. 물 발자국

요즈음 물 발자국이라는 개념까지 도입하여 국제적으로 물 부족 문제를 해결해 나가기 위해서 안간힘을 쓰고 있다. 즉 물 발자국이란 사람이 직접 마시고 씻는 데 사용한 물에다 음식이나 제품을 만드는 데 소요되는 '가상수(virtual water, 눈에 보이지 않는 물)'를 합친 총량을 말한다.

유네스코가 만든 물 발자국 지수에 따르면 쌀 1kg을 생산하는 데는 물 2,500리터, 쇠고기 1kg은 15,400리터, 맥주 1리터에는 300리터의 물이 들어간다고 발표하였다. 따라서 에너지와 식품을 해외로부터 수입한다면 역시 물 발자국도 높을 수밖에 없다.

물이 풍부한 나라는 가상수 소비가 많은 제품을 수출하고, 물부족국가는 가상수 소비가 적은 제품을 수출할 경우 국제적인 물의 재분배를 기대할 수 있다. 그렇지만 우리나라는 물부족국가인데도 불구하고 식량자급률이 24%에 불과하니 물발자국을 줄일 수 없는 한계성을 안고 있다.

다. 규격 외 품 구출하기

국내에는 외형이 못생겼거나 흠이 있다는 이유로 유통 과정에 발도 들여보지 못하고 폐기되는 제품이 수없이 많다. 이에 버려지고 있는 '규격 외 품'을 소비하려는 흐름이 생겨나고 있다.

땅에서 자라난 농산물들은 마트에서 보는 것처럼 비슷한 외형을 가지고 있지 않다. 여러 개로 갈라진 당근도 있고, C자로 휘어진 가지, 울퉁불퉁한 애호박, 일부분에 초록색과 노란색이 섞인 사과 등 다양하다.

하지만 유통업체에서 정한 기준에 맞지 않는 외형을 가지고 있는 못난이 농산물들은 판로를 찾지 못해 버려지거나 헐값에 팔리게 된다.

어글리어스, 예스어스, 언밸런스 마켓 등은 여러 종류의 못난이 농산물을 원하는 만큼 받아 볼 수 있게 제공하고 있다. 어글리어스는 공식 홈페이지를 통해 55만 5,000kg이 넘는 양의 농산물을 구출했으며, 이에 따라 약 33만 1,000kg의 탄소를 절감했다고 소개하고 있다.

소비자가 사용하기에 아무런 문제가 없지만, 모종의 이유로 버려지는 상품들을 구출해 판매하는 곳도 있다.

인스타그램, 카카오톡 채널 알람 등으로 폐기 위기에 처한 멀쩡한 상품들을 소개하고 있다.

구출에는 '소비 기간'도 함께 고려되고 있어 국내 제품에 주로 적혀있는 '유통기한'은 제품의 판매가 이뤄져야 하는 기한이고, 실제로 소비자가 사용할 수 있는 '소비 기간'은 이보다 더 긴 경우가 많다.

5. 저탄소사회로 가기 위한 절약 운동

저탄소사회로 가기 위해서는 '에너지 절약, 재생에너지로의 전환, 에너지 효율 향상'이라는 3가지 전략이 필수적이다. 이는 기존의 상식을 벗어나서 지구 생태계에 대한 이해를 새롭게 할 필요가 있다.

사실상 재생에너지 전환이나 에너지 효율 향상은 일반 개인들이 접근할 수 없는 분야이다. 일반 대중들이 접근하기 쉬운 분야는 바로 에너지 절약 운동이다.

요즈음 가상수, 생태발자국, 푸드마일리지, 질소 지수, 탄소 발자국 등이 개발되어 이를 각 부문에서 널리 활용해 나가야 할 것이다. 그리고 우리나라의 생태 중립을 위해서 우리들은 각자 무엇을 어떻게 해야 할 것인지 계획을 수립하여 지구를 되살리는 일에 조금이라도 기여할 수 있도록 노력하는 사람이 되어야 할 것이다.

우리나라는 대부분 식료품을 수입해 오기 때문에 푸드 마일리가 매우 높다. 총 푸드마일리지 317,169 백만 톤/km 중에서 옥수수 등의 곡물이 55.1%, 대두 등의 유량 종자가 12.5%, 대두박이 11.7%를 차지하고 있다.

이들 3품목이 총 77.3%나 차지하고 있다. 이것은 사료 곡물(대두박 포함)을 수입해서 국내에서 가축 사료로 사용하고 또한 콩을 원료로 수입해서 콩기름을 착유하는 우리나라 식량 공급구조의 특징을 반영하고 있다.

한편 우리나라는 미국에서 식량을 수입하고 있는데 이에 드는 푸드마일리지는 1,387억 톤으로 전체의 43.7%를 차지하고 있으며 이어 브라질 15.9%, 아르헨티나가 8.8%를 차지하여 수입 상대국 상위 3개국이 70% 정도를 차지하고 있다.

가. 가상수

지구상의 수자원 중 담수는 약 2.5%에 지나지 않고 음료수, 생활용수, 생산활동에 이용할 수 있는 지하수, 하천, 호수 등이 전체의 0.8% 미만이다. 현재 세계 인구 중 20억 명 이상이 물 스트레스 상태에 놓여 있다.

우리나라가 식량자급률이 매우 낮아 해외 식량에 대한 의존도가 높다. 따라서 우리나라는 해외농지라는 자원을 빌려 우리의 식량을 생산한다고 할 수 있다.

우리가 수입하고 있는 주요 농산물의 해외 농지 면적은 약 520만 헥타르에 달하는 것으로 추정된다. 이것은 우리나라 농지의 약 3배에 상당하다. 특히 옥수수, 콩, 축산물 등이 큰 비중을 차지하고 있어 우리는 국내 농지자원을 효율적으로 활용하여 식량자급률을 높여야 할 것이다.

나. 생태발자국

인간이 각 지역에서 생활과 경제활동을 하기 위해서는 지속적으로 뒷받침되어야 할 필요한 토지, 삼림, 수역 등의 면적을 나타내는 지표이다. 1인당 생태발자국 지수(헥타르/인)를 보면 면적의 적정 규모(환경수용력)를 어느 정도에서 경제활동을 하고 있는가를 쉽게 알 수 있다.

우리나라의 생태발자국지수를 계산하면 1인당 4.05ha가 된다. 이것은 지구의 환경수용력을 전 인류에 공평하게 할당할 경우의 수치 1.8ha에 비해 2.3배가 넓은 면적이다.

전 인류가 우리나라 사람과 같은 수준의 생활과 경제활동을 실현하기 위해서는 지구 2.3개가 필요하다는 얘기다.

미국인의 생태발자국 지수는 1인당 9.5ha이다. 전 세계 사람들이 미국인과 같은 삶을 살려면 5.3개의 지구가 필요하다. 이처럼 현재 지구상에 존재하는 큰 격차를 전제로 하여 인류는 전체로서의 생활과 경제활동이 계속되고 있다.

다. 탄소 발자국(carbon footprint)

탄소 발자국이란 개인 또는 단체가 직간접적으로 발생시키는 온실가스의 총량을 말한다. 우리들이 일상생활에서 사용하는 연료, 전기, 생활용품 등이 모두 포함된 개념이다.

종이컵은 고작 5g이지만 탄소 발자국은 11g이다. 즉 종이컵의 원료는 인도네시아 밀림의 벌목 현장에서 생산되고 이것을 만들어지기까지 11g의 탄소가 배출된다. 만일 종이컵은 한 번 사용된 후 휴지통에 버렸다면 그 사람은 이 지구상에 11g의 탄소 발자국을 남긴 셈이다.

우리들이 일상에서 가장 많은 이산화탄소 발생 요인은 출퇴근 교통수단을 이용하는 것이다. 자가용의 탄소 발자국 양은 9.36톤, 대중교통은 2.9톤, 자전거 이용은 2.6톤 등이다. 따라서 자가용을 사용하지 않고 대중교통이나 자전거를 이용해야 탄소 발자국을 줄여 지구를 되살리게 되는 것이다.

2006년, 영국에서 '탄소 발자국을 처음으로 도입하여 개인별로 또한 제품별로 탄소 배출량을 계산할 수 있게 하여 환경 보호 운동에 적극 참여토록 권장해 왔다'. 이를 위해서 10가지 생활방식을 바꿔 실천할 수 있는 환경 보호 방법을 제시하고 있다.

절전형광등 설치하기(LED 전원사용), 계절별 적정온도 유지하기(온 냉방비용 줄이기), 에어컨 필터 청소하기, 전기제품은 플러그까지 뽑기, 절약형 샤워기 쓰기, 경제적으로 운전하기, 1년에 한 번 자동차 점검하기, 자전거에 쌓인

먼지 털기, 일주일에 하루는 채식하기, 신토불이 제철 음식 먹기 등이다.

라. 질소 지수

식량 무역은 농산물로 형태를 바꾼다면 질소를 수입하는 것과 같다고 할 수 있다. 즉 식량 수출국에서는 수출한 식량 생산에 쓰인 같은 양의 질소를 농지로 보충하지 못해 지력 감퇴가 생기게 된다. 반대로 식량 수입국에서는 농지로 환원할 수 있는 수준 이상의 질소가 유입되어 환경부하를 발생 시킨다.

우리나라는 많은 식량과 사료를 수입하고 있어 질소 지수가 크게 불균형 상태에 있다. 질소 수지 불균형을 해소하기 위해서는 수입 식량, 사료에 유래하는 축산분뇨 등을 수출하는 것이 필요하다. 그렇지만 현실적으로 국내 농지 등에 그대로 축적되고 있다. 이처럼 축산물과 지방류를 대량으로 소비하고 있는 우리 식생활 패턴 때문에 식량, 사료와 축산물의 대량 수입은 질소의 축적이라는 과정을 통해 우리나라 환경에도 큰 부담이 되고 있다.

마. 푸드마일리지

푸드마일리지란 식량의 수송량과 수송 거리를 종합적, 정량적으로 파악하는 것을 목적으로 하는 지표이다. 수입 식량의 의존도를 나타낼 수 있는 가장 일반적인 지표는 식량자급률이다. 하지만 식량자급률이라는 지표는 수송 거리라는 요소가 빠져있다. 이와는 달리 푸드마일리지는 수송 거리라는 요소를 포함시켜 각국의 식량 공급구조의 특색, 즉 원거리 수송에 의한 대량의 수입 식량에 의존하고 있는 현상을 알기 쉽게 나타낼 수 있다.

일본 농림 수산 정책연구소에서 발표한 자료에 따르면 우리나라의 1인당 푸드마일리지는 6,637km로 일본의 7,093km보다는 낮지만, 미국의 1,051km, 영국의 3,195km, 프랑스의 1,798km, 독일의 2,090km보다는 월등히 높은 수준이다.

6. 생물 다양성을 보전해야 하는 이유

국제 자연 보전기관인 세계자연기금(WWF)이 발표한 '지구 생명 보고서 2022'에서는 "야생동물 개체군 규모의 평균 69%가 감소한 것으로 나타났다." 고 밝히고 있다. 지구 생명 보고서란 2년마다 발간되고 있으며 이번에 14번째 로 발표된 지구 생명 지수이다.

지구 생명 지수는 1970년부터 2018년까지 전 세계 5,230종의 생물종을 대표 하는 3만 1,821개의 개체군을 대상으로 진행한 조사 결과이다. 그렇지만 아직 지구상에 생물종이 몇 종이 있는지도 정확하게 파악되지 않고 있으며 다만 곤 충의 감소를 식충성 조류인 제비의 개체수 감소를 지표로 삼아 알아내는 지수 로 확인하고 있을 뿐이다.

이 같은 방식으로 대표 종들이 어떻게 변했는지를 보면 지구 전체의 생물이 어떻게 변하고 있는지를 살펴볼 수 있어 지구 생물 다양성이 지난 50년간 어떻 게 변해왔는지를 보여줄 수 있는 아주 중요한 지표이다.

우리나라에서는 제약, 화장품, 식품회사의 약 3분의 2가 해외 생물자원을 이

용하는 실정이다. 해외 생물자원 부국(富國)과 교류 협력 네트워크를 더욱 강화하여 나고야 의정서에서 의무화하고 있는 투명하고 공정한 절차에 따른 생물자원 접근의 수단으로 활용해 나가야 한다.

따라서 생물 다양성 지수를 확인하고 세계 생물자원에 대한 동향을 살펴서 필요한 원자재를 확보해야 할 것이다.

세계에서 가장 널리 사용되는 약 중 하나인 아스피린은 버드나무류 껍질과 장미과의 터리풀 종류에서 발견된 살리실산에서 유도된 아세틸살리실산으로 만든다.

요즈음 약국에서 팔리는 모든 처방 약의 4분의 1은 식물에서 추출된 것이고 총 40% 정도가 생물에서 유래한 천연물이라고 한다.

전 세계에서 사용되는 119가지 순수 약물 중에서 무려 74%나 되는 88가지나 원주민들의 민속 식물학적 지식을 실마리로 개발된 것이라고 한다. 그런데 이런 민속 식물학적 지식은 원주민들의 터전이 개발되고 농경지나 도시로 이주하면서 빠르게 사라지고 있다.

가. 사라지고 있는 전통적인 생물학적 지식

보르네오 주민들은 과거 숲에서의 생활을 접고 마을에 정착하였는데, 빠른 속도로 옛 기억을 잃어가 그들의 선조들은 어떤 나비 종이 출현하면 언제나 멧돼지 떼가 나타난다는 사실을 알고 성공적으로 사냥을 할 수 있었던 전통적인 생물학적 지식들이 사라지고 있다.

이젠 생물다양성 협약이 국제협약으로 체결되어 이런 전통적인 생물학적 지식은 보호하고 선진국들이 전통 민속학적 지식을 이용해 신약 개발을 독점하던 것을 이젠 원주민들과 이익을 공유하면서 이룰 생물과 전통적인 지식을 보전하게 되었다.

우리나라에서도 멸종위기에 처해 있는 산양, 반달곰, 황새, 따오기 등의 복원 사업을 펼치고 있다.

이런 복원 사업을 위해서는 생태적 병목현상 또는 최소 생존 개체군(MVP) 등 많은 연구가 뒷받침되어야 복원 사업이 성공적으로 추진될 수 있다. 이렇게 멸종되는 생물종이나 전통적인 지식은 이젠 국가 고유의 자산으로 인정되고 이를 기반으로 하는 약품, 화장품, 기타 화학물질 개발 등에 로얄티를 받게 되는 시대가 된 것이다.

나. 생물 다양성을 보전해야 할 5가지 이유

지구의 한정된 자원 속에서 끝없는 성장 추구로 인한 결과는 지금까지 인간에 의해서 발견된 전 세계 800만 종 가운데 100만 종이 수십 년 내에 멸종할 것으로 과학자들은 경고하고 있다. 이 멸종 속도는 자연적으로 발생하는 멸종 속도보다 수백 배 빠른 속도로 6번째 대멸종 위기로 치닫고 있다고 한다. 그래서 우리들은 생물 다양성을 보전해 나가는 노력을 기울여야 할 것이다. 우리들이 생물 다양성을 보전해야 할 이유는 다음같이 5가지로 요약할 수 있다.

첫째, 자연은 우리에게 필요한 일용품을 제공해 준다.

모든 생명의 근원인 식량, 깨끗한 물과 공기는 인류 생존에도 필수 불가결한 요소이다. 더불어,

자연은 기후를 조절하며 탄소를 흡수하고 저장하여 우리가 살고 있는 지역의 기후를 안정화하는 역할로 담당하여 준다.

둘째. 자연은 우리를 보호해 준다.

생물 다양성은 '생물 방어막'을 형성해서 코로나19와 같은 질병 발생을 억제해 준다. 산림이 이산화탄소를 흡수하고 기후 위기 대응에 중요한 역할을 하며 바다는 산림보다 더 많은 이산화탄소를 흡수하며, 해조류에서 발생하는 산소

량은 지구 전체 발생량의 무려 70%나 차지하고 있다.

셋째, 자연은 무기 원소를 지속적으로 순환시켜 지구생태계의 생존을 돕는다.
질소와 인은 지구상의 모든 생명체가 필요로 하는 두 가지 주요한 생물학적
무기 원소이다. 그러나 공기 중의 질소와 토양의 인이 인간의 활동으로 과도하
게 만들어져 토양과 바다에 투입되고 있다. 그 결과, 지구 전체의 질소와 인의
순환이 정상적으로 이뤄지지 않고 과도하게 축적되어 토양이 산성화되고 바다
에는 수중 데드존이 만들어지고 있다.

넷째, 자연은 우리의 정신을 풍요롭게 해준다.
우리는 자연의 일부이며, 분리된 존재가 아니다. 자연 속에서 머무는 것만으
로도 일상에서 지친 스트레스가 해소해 준다. 산림욕을 하면 식물의 피톤치드
와 같은 물질과 신선한 공기와 향기로 인해 우리들은 안정감을 찾게 된다.

다섯째, 우리들은 자연에서 필요한 각종 물품을 만들어 사용할 수 있다.
우리가 사용하는 항생제 및 항암제의 80% 이상은 자연에서 유래된 물질이고
우리에게 잘 알려진 신종플루의 치료제인 타미플루도 주요성분은 스타아니스
라는 식물의 방어 물질이다. 이같이 다양한 생물들의 물질들이 우리의 의식주
를 비롯한 다양한 산업에 사용될 수 있는 새로운 자원으로 사용되고 있다.

7. 지구생태계 멸종의 연쇄작용과 생태 복원 사업

1900년 이후 생물종의 평균 멸종률은 이전에 비해 1천 배가량 커졌고, 멸종
의 속도가 급속히 빨라지고 있다. 100만 종 가운데 매년 100종이 사라지고 있

어 지구에는 멸종위기를 겪고 있다고 한다. 하나의 멸종위기종이 사라지면 같은 생태계의 다른 종들에 연쇄작용을 초래해 생물다양성감소를 급속하게 이뤄지고 있다.

2019년 5월, 생물 다양성 과학기구(IPBES)는 생물다양성과 생태계서비스에 대한 과학적 체계를 구축, 독립적 정부간 협력체로 132개국이 참여하는 단체로 전례 없는 생물다양성감소에 관한 보고서를 내놓았다.

과거 50년간 식량, 목재 등 자연이 주는 물질적 혜택은 늘어났지만, 온실가스 저감, 수질 정화, 자연 체험 등 생태계서비스는 줄어들고 있다.

2000년 이후로는 매년 650만 헥타르의 산림이 사라지고 있으며 수십 년 내 1백만 종 이상의 동식물(지구 생물의 12.5%)이 멸종위기에 처하고 양서류 44%, 산호초 33%, 해양 포유류 33%, 가축 9%가 줄어들 것으로 전망했다.

지구상에는 약 1,500만 종이 사는 것으로 추정되며 이 가운데 170~180만 종(200만 종 이하)만 발견되어 기록되고 인간이 모르는 종은 10배 정도 된다. 특히 열대우림은 생물종이 다양하며 인간들에게 식량이나 목재, 의약품 재료를 제공하고 있다.

과학자들은 지구상에 1,300만 종 이상의 생물이 있다고 추정한다. 이 중 매일 70종이 사라지는데, 1시간마다 약 3종의 생물이 사라지는 셈이다. 우리나라도 호랑이, 늑대, 독도 강치는 우리 땅에서 완전히 자취를 감췄고 50년 전만 해도 흔히 볼 수 있었던 뜸부기, 구렁이 등도 이제는 쉽게 찾아볼 수 없다.

현재 우리나라에서 멸종위기종으로 지정된 생물은 267종에 이르고 환경 오염과 기후변화, 서식지 파괴, 남획 등의 이유로 멸종위기에 놓인 생물들은 셀 수 없이 많다.

과학자들은 생물종의 급격한 감소세를 겪고 있는 지구생태계에는 곧 '6번째 대멸종'이 올 것이라 경고한다. 즉 지구생태계에서 한 종이 멸종하게 되면 이에 따라 다른 종도 멸종하게 되는 연쇄반응을 통하여 지구생태계 전체가 붕괴하는 '도미노 현상'이 일어나게 된다. 이렇게 되면 지구생태계는 영영 회복될 수 없는 멸종을 맞이하게 되는 것이다. 이에 따라서 멸종위기에 있는 생물종을 되살려내는 생태 복원 사업을 우리는 진행 시켜야 한다.

가. 생태 복원 사업 본격화

미국의 옐로우스톤에서는 먹이사슬 최상위 포식자인 늑대를 복원하자 나무와 풀을 과도하게 섭식하던 엘크의 수가 줄어들었고 나무가 다시 자라게 되었다. 그러자 나무를 이용해 서식지를 만드는 비버들도 나타나 지금은 아주 빼어난 자연경관을 유지할 수 있게 되었다.

이같이 지구생태계를 파괴하는 장애물을 제거한다면 지구생태계는 복원시켜 나갈 수 있다. 따라서 생태 보호구역을 확대하고 다양한 생물들과 사람들이 공존하는 환경이 다 함께 만들어 나갈 때 우리들은 지속 가능한 지구생태계를 유지시켜 나갈 수 있게 된다. 이런 생태 보전을 통하여 생물 다양성을 유지해 나가야 지구생태계는 안전성을 유지할 수 있게 돼 지구환경이 복원될 수 있는 기틀이 마련되는 셈이다.

나. 우리나라의 도시 생태 복원 사업 강화

도시 생태 복원 사업은 도시 내 훼손된 생태계를 복원하여 생물 다양성 감소와 기후 · 환경 문제 해결을 도모하고, 도시민의 생활환경을 개선하기 위한 것으로 2020년부터 시작해 현재까지 전국에 23개 사업이 진행되고 있다. 그러나 사업추진 지연 등으로 실 집행률 저조, 사업 효과성 검증 및 모니터링 확대 필요성 등 문제가 제기되고 있다. 그래서 환경부는 2023년 7월에 도시 생태 복원 사업 지침서를 강화하여 추진체계를 대폭 개선했다.

도시생태 축 복원 사업 가이드라인 주요 개정 내용은 ▲ 신규사업 사전심사 강화를 위해 현장평가 의무화 ▲ 정책과의 부합성 검토를 위해 도시기본계획–공원녹지기본계획–환경계획 연동 ▲사후관리 강화를 위한 모니터링 기간 확대 ▲ 신속한 사업추진 도모를 위한 사전 행정절차 공유 ▲평가 배점 조정 ▲지원 제외 대상 강화 ▲생물 다양성 증진을 위해 자생종 대원칙 제시 ▲인위적 시설 설치 최소화 협력 구역 비율 축소 등이 있다.

먼저, 신규사업 선정 시 도시생태복원 대상지와 주변 생태 축과의 연결성, 부지확보 여부 등을 종합적으로 검토하기 위해 현장평가를 의무화하는 등 사전심사 절차를 강화했다. 유지관리도 3년에서 5년으로 확대하고, 사업추진 전과 비교하여 사업추진 후의 효과성을 검증하도록 하는 등 사후관리 방법도 강화했다.

대상지 여건에 따라 이행해야 할 각종 행정절차 정보를 공유하고, 사전 준비와 추진 의지가 높은 지자체의 사업대상지가 선정될 수 있도록 사전 준비 및 추진 의지, 모니터링 계획의 구체성 등의 평가 배점을 상향 조정하여 신속한 사업추진을 유도했다. 특히 도시 생태 복원 사업 본연의 취지를 살린 생물 다양성 증진을 위해 식물 식재 시 동일 종 10% 이하, 동일 속 20% 이하, 같은 과 30% 이하 식재라는 '10–20–30' 원칙을 적용하고, 자생종을 먼저 심는다.

곤충 등 생물이 유입되도록 곤충의 먹잇감이 되는 식물을 심으면서 교목·관목·초본이 어우러지는 다층 식재를 고려하도록 했다. 유네스코 생물권보전지역 내 놀이시설, 편의·휴게시설 등 인위적인 시설물은 전체 면적의 10% 이하로 설정되었지만, 최소화를 위해 5% 이하로 변경했다.

8. 생물 다양성이란?

생물 다양성은 유전자 다양성과 생태계 다양성으로 구분된다. 유전자 다양성이란 같은 종 내에서도 서로 다른 유전자 때문에 여러 가지 형질로 나타나는 것을 말한다. 즉 같은 종의 옥수수라고 할지라도 낱알과 이삭이 서로 다른 것은 유전자의 다양성 때문이다.

생물들은 서로 다른 색깔이나 모양은 우리들이 눈으로 쉽게 식별할 수 있지만 행동이나 생리는 눈으로 식별할 수 없다.

생태계 다양성이란 생물들이 살아가는 환경을 의미한다. 즉 생물들은 서로가 서로에게 영향을 미치면서 살아가고 있어 지구는 일종의 생물들 공동체인 셈이다. 나무 넝쿨, 풀, 곤충, 개구리, 뱀, 멧돼지, 곰팡이, 세균 등이 상호작용을 하면서 살아가는 숲은 벼만 심어놓은 논보다 생태계 다양성이 높다고 할 것이다.

인간은 이 세상을 살아가는데 수천 종의 서로 다른 생물들에게 의존하고 있다. 먹는 음식, 옷, 집 등도 모두 생물로부터 나오는 것이다. 곤충의 경우 인간에게 아무런 이득이 없다고 여길 수 있다. 그렇지만 곤충이 없다면 각종 식물이 꽃가루받이가 이뤄지지 않아 먹을 식량을 생산할 수 없게 된다.

곰팡이나 세균의 경우에도 유용한 의약품이나 식품을 만들기 위해서 불가피하게 요구되는 것들이다. 따라서 생물의 다양성은 인류가 건강하게 삶을 영위하기 위해서 불가피하게 필요한 것이다.

만일 생물이 멸종하게 되면 멸종된 생물은 다른 생물과 먹이사슬로 연결되어 있어 지속적인 생물의 멸종을 낳게 된다. 그래서 생물 다양성 협약은 이런 생물들이 멸종되지 않고 지속해서 이용 가능하도록 지구환경을 만들어 나가자는데 그 의미가 있다.

만일 지구온난화가 가속화되어 아마존의 열대우림이 파괴된다면 전 인류는 이로 인한 재앙을 불가피하게 맞이하게 될 것이다. 그래서 세계 생물다양성 협약은 현재 193개국이 참여하고 있으며 '생물 다양성의 보전, 생물 다양성의 지속할 수 있는 이용. 국가 간 유전 자원에서 발생하는 이익을 공평하게 배분'하자는 논의가 이뤄진 것이다.

선진국이 개도국의 유전자를 이용하여 신약을 개발하였을 경우 지금까지 신약 개발에 대한 이익은 선진국이 독점하여 왔다. 그렇지만 앞으로 유전자를 제공한 개도국에도 이익을 공평하게 배분하도록 하여 생태계를 보전해 나가는 기틀을 마련하게 된 것이다.

가. 생물 다양성 논의

1992년 6월, 생물다양성 협약이 국제적으로 채택되면서 생물자원 주권이 인정됨에 따라 세계 각국은 생물자원의 확보, 전산화 작업, 자국의 생물자원 관리를 강화하고 있다.

학문적인 개념으로 생물 다양성은 생명체의 다양성과 생명체가 살아가는 서식의 다양성을 총칭하는 말로 생명체를 보는 단계에 따라 유전자 수준의 다양성, 종 수준의 다양성 그리고 생태계 수준의 다양성 등 세 가지 유형을 구분된다.

생물다양성 협약에서의 의미는 지구가 갖고 있는 본래 생물학적 자본으로 지구상에서의 인간 생활을 가능케 하고 보다 나은 생활을 위한 재화와 서비스를 공급해 주며 욕구나 상황변화에 사회가 적응해 갈 수 있도록 하는 것에 가깝다.

다양한 생물의 서식 장소로서 아름다운 자연경관이나 다양한 야생 동식물의 존재에 의해 사람들에게 정신적인 만족감이나 편안함을 주며 등산, 하이킹, 캠프 등 각종 레크리에이션이나 관광 활동의 장으로서 커다란 자원적 가치를 의미한다.

그동안 인류 공동의 것으로 인식해 누구나 쉽게 이용하던 생물자원에 대한 생물 다양성 협약에서 생물 주권을 인정함으로써 생물자원 확보를 위한 국가 간 경쟁이 매우 치열하게 진행 중이다. 이에 따라 생물자원 제공국과 이용국 간의 이익 배분에 대한 논쟁도 끊이지 않고 있다.

나. 생물 다양성 협약

생물 다양성 협약은 국제적으로 생물 다양성 보전에 관한 관심이 증대되면서 1992년 6월, 브라질에서 개최된 리우회의에서 채택된 협약이다. 우리나라는 1994년 10월에 가입하였으며 현재 191개국이 가입되어 있다.

기후변화협약과 더불어 생물 다양성, 생물자원 분야의 협약을 포괄하는 중요한 국제협약이다. 즉 생물다양성 협약이란 생물 다양성의 보전, 생물 다양성의 지속 가능한 이용, 그리고 생물유전 자원의 이용으로부터 발생하는 이익의 공평한 공유를 목적으로 하고 있다.

지난 150년간 인류는 6배로 늘어났고 이렇게 늘어난 인간은 야생동물의 멸종 속도를 100배로 가속화하고 있다. 지금도 10분에 한 종씩 야생동물이 멸종되고 있는 실정이란다.

일본 나고야에서 열린 제10차 당사국회의에서 2011년부터 생물다양성 협약에 따른 각국 정부는 생물 다양성 증진을 위한 국가전략 보고서를 제출하고 이행토록 하고 있다.

우리나라는 밀렵, 불법 채취, 생물종의 해외 유출 가능성 등이 남아있다. 환경부에 따르면 이중 밀렵이 멸종위기종 위협요인의 51%를 차지하고 있어 정부는 생물자원 이용에 관한 다양한 법률을 제정, 운용하고 있다고 한다.

농림식품부는 2007년부터 농업유전자원의 보존, 관리 및 이용에 관한 법률

을, 과학기술부는 생명 연구 자원의 확보, 관리 및 활용에 관한 법률을, 해양수
산부는 해양 생명 자원의 확보관리 및 활용에 관한 법률을 제정하여 실행하고
있다.

그리고 산업자원부는 유전자 변형체의 국가간이동 등에 관한 법률을, 환경
부는 자연환경보전법과 야생동식물 보호법, 그리고 백두대간에 관한 법률 등을
통해 생물자원의 보호에 나서고 있다. 이에 따라서 생물 다양성 이용과 보전을
조화시키는 총괄적인 관리체계를 담당하는 부서가 필요하다고 할 것이다.

9. 생물 다양성 당사국 총회

생물다양성 협약의 최고 의사결정기구는 당사국회의(COP: Conference of
the Parties)이다. 당사국회의는 정기적으로 개최되는 정기 당사국회의와 필요
한 경우 가입국 3분의 1 이상 요청이 있을 때 열리는 특별 당사국회의가 있다.

당사국회의에서는 협약의 이행 상황을 검토하며 의정서의 검토와 채택, 협
약과 부속서 의정서의 개정, 보조 기관의 창설 등의 기능을 담당한다. 회의는
협약의 자체 보조기구들의 절차 규칙을 합의에 의해 채택할 수 있다. 1994년
이후 당사국회의 9차례 개최되었으며 1차부터 3차까지는 매년, 4차부터 격년
제도 개최되고 있다.

당사국들은 2년마다 당사국 총회를 개최하여 그간 성과를 점검하고 사업의
우선순위를 선정하며 협약이행을 위한 세부 방안을 논의한다.

그간 당사국 총회에서는 산림, 연안, 해양, 내수, 농업, (준)건조지역 등 보
전 대상 유형별로 보전 프로그램을 마련하고 유전 자원 접근 및 이익의 공평한
분배, 전통 지식, 지속 가능한 관광, 생태적 접근, 침략적 외래종, 식물 보전 전
략, 국제 분류체계, 보호지역 등에 관한 원칙 또는 지침을 정립해 왔다.

2006년 3월, 브라질 쿠리치바에서 개최된 제8차 당사국 총회에서는 유전 자원에 접근과 이익공유(ABS) 국제규범화 문제의 향후 진행 방향, 생물 다양성 관련 전통 지식의 보전을 위한 국가별 독자적 제도 개발, 외래종 관리에 있어 국가 간 경험 공유 및 공동책임 등이 주요 의제로 논의되었다.

생물다양성 협약은 1993년 12월에 발효되어 2007년 5월 현재 190개국이 가입하고 있으며, 우리나라는 1994년 10월에 가입하였다. 의정서의 경우 59개국 비준 후 2003년 9월 11일에 발효되었으며 2007년 5월 현재 141개국이 가입하였으나, 유전자 변형생물체(LMO) 농산물 주요 수출국인 미국, 호주 등은 미가입 상태이다.

우리나라는 2001년 3월 '유전자 변형생물체의 국가 간 이동 등에 관한 법률'을 제정하였고, 시행령 제정도 완료하였다.

또한 UN 환경계획(UNEP)이 전 세계 100개 국가를 대상으로 벌인 '국가별 바이오 안전성 관리체계 구축 사업'에 과제 제안서를 승인받아 '한국의 바이오 안전성 관리체계 구축(02.7~04.3) 사업'을 실시하였다.

이는 의정서 비준을 앞두고 국내 체계를 정비, 보완하기 위한 목적으로 '바이오 안전성 관련 국가 법률체계 구축', '바이오 안전성 국가 행정체계 구축' 등을 사업 내용으로 삼고 있다.

가. '바이오 안전성 의정서' 채택

정보공유 체계(CHM)의 2005~2010년간 전략계획과 작업계획 채택, 식품과 영양을 위한 생물 다양성에 관한 다양한 분야 이니셔티브, 도서 생물 다양성의 작업계획 및 우선 시행 조치 마련 등 생산적인 결과를 도출하였다.

당사국들은 협약 제19조 3항에 따라, 생명공학 기술로 개발된 유전자 변형 생물체가 생물 다양성의 보존과 지속 가능한 이용에 미치는 부정적인 효과를 방지하기 위하여 2000년 1월 콜롬비아 카르타헤나에서 개최된 특별당사국 총회에서 '바이오 안전성 의정서'를 채택하였다.

'바이오 안전성 의정서'는 유전자 변형 생물체(LMOs)의 잠재적 위해성에 대한 과학적 불확실성에도 불구하고, 사전예방원칙(Precautionary principl 유전자 변형생물체(LMOs)의 국가 간 이동 시 안전을 확보할 수 있는 절차를 규정하였다.

21세기 최초의 국제환경 협약으로 유전자 변형생물체(LMOs)의 국가 간 이동 시 사전통보승인, LMOs의 환경에 미치는 영향 및 위해성 평가 및 관리, 위해성 평가 및 심사를 위한 능력배양, 취급 · 운송 · 포장 · 표기 관련 사항, 정보 공유, LMOs의 국가간이동에 의해 초래될 손해에 대한 책임과 피해 배상 등을 주요 내용으로 삼고 있다.

나. 멸종위기에 처한 야생 동, 식물의 국제 거래에 관한 협약 (CITES)

CITES는 야생으로부터 포획 · 채취한 동 · 식물을 국제적으로 거래하는 것이 동 · 식물의 생존에 가장 큰 위협이 되고 있음을 깨닫고, 야생 동 · 식물 수출입 국가들이 상호 협력하여 국제 거래를 규제함을 목적으로 하고 있다. 이로써 서식지로부터의 무질서한 채취 및 포획을 억제하고자 하는 데서 시작되었다.

1973년 미국 워싱턴에서 81개국이 참가하여 채택되었고, 1975년 7월 1일 발효되어 30여 년의 역사를 갖는 가장 오래된 환경협약 중 하나이다. 2007년 5월 현재 171개국이 가입하고 있으며, 우리나라는 1993년 7월 9일 120번째로 협약에 가입하였다.

CITES는 멸종위기 정도에 따라 규제 대상 동 · 식물을 부속서 I, II, III으로 구분하여 수출입 시 관리 당국의 수출입 허가를 받도록 규정하고 있다. 원칙적으로 상업목적의 거래가 금지되는 부속서 I 에는 코끼리, 코뿔소, 호랑이, 나일

악어 등이 등재되어 있다.

상업목적의 수출이 가능하나 관리 당국의 승인이 필요한 부속서 Ⅱ에는 천산갑, 미국 산삼, 아메리카 곰 등의 동식물이, 자국의 특정 종을 보호하기 위하여 지정된 부속서 Ⅲ에는 인도의 북방 살모사 등 5,000여 종의 동물과 25,000여 종의 식물이 등재되어 있다.

2004년 10월, 태국의 방콕에서 개최된 제13차 당사국 총회에서는 인공 번식된 부속서Ⅱ의 난초과 교잡종의 협약 규정 제외, 백상어·홍합 등 해양생물의 부속서 등재 등의 안건이 채택되었다. 그리고 유인원 보존, 외래종 관리, 수렵 기념품 거래 규제, 다른 협약과 CITES 간의 협력방안 등이 논의되었다.

다. 람사르 협약(물새 서식지로서 국제적으로 중요한 습지에 관한 협약)

람사르 협약은 수조류(水鳥類), 어류, 양서류, 파충류 및 식물의 기본적 서식지이자 가장 생산적인 생명부양의 생태계인 습지의 보호를 위해 1971년 2월 이란의 람사르(Ramsar)에서 채택되었다. 2007년 기준으로 154개국이 당사국으로 가입하고 있다. 습지는 홍수와 한발을 조절하는 등 기후조정 역할을 하며, 가장 비옥한 건초용 목초지보다 두 배 이상의 유기물질을 생산한다. 2006년 12월 현재 아열대 해수 소택지 등 1,611개소 약 1억 5천ha의 습지가 국제적으로 중요한 습지 목록에 등재되어 보호되고 있다.

우리나라는 1997년 3월 28일, 람사르 협약에 가입하면서 자연생태계 보호지역으로 지정·관리 중인 강원도 인제군에 있는 '대암산 용늪'을 람사르 습지로 등록하였다. 1998년 3월에는 경남 창녕의 '우포늪'을, 2005년에는 전남 신안군 '장도 습지'를, 2006년에는 제주 '물영아리오름'을 람사르 습지로 지정하는 등 총 5개의 습지를 람사르 습지로 등록하였다.

1999년 2월에 제정된 '습지 보전법'을 통하여 내륙습지(환경부)와 연안습지

(해양수산부)에 대해 습지 조사 및 습지 보전 기본계획을 수립하고 우수지역을 습지보호지역으로 지정하는 등 체계적 관리를 도모하고 있다.

2005년 11월, 우간다 캄팔라에서 제9차 당사국 총회가 개최되어 람사르 협약 내의 과학기술위원회(STRP)의 역할 및 위상 강화 방안, 교육·홍보 및 인식증진 사업(CEPA)의 효율적인 추진, 2003~2008년간 전략계획의 추진성과 평가 등이 주요 의제로 다루어졌다.

이 밖에도 총회에서는 습지 보전을 위한 문화, 사회 경제적 측면의 중요성 인식과 농업과 수자원 관리의 중요성이 부각되는 등 습지 보전을 국가 지속 가능한 발전을 위한 계획에 통합시키는 것이 우선 과제로 확인되었다.

한편 우리나라는 2008년 당사국 총회를 국내에 유치하는 데 성공하여 제10차 당사국 총회를 유치하였다. 2008년 10월 28일부터 11월 4일까지 8일간 경상남도 창원에서 165여 개 당사국 대표 1,500여 명이 참석한 가운데 "건강한 습지, 건강한 인간"을 주제로 습지의 보전과 현명한 이용에 대해 논의하였다. 총회에서 우리나라의 습지 보전 노력을 널리 소개하고 자연 보전 정책을 한 단계 발전시키는 발판을 마련하였다.

<h1 style="text-align:center">제2절.
생태계를 복원시키는
생물다양성 협약</h1>

생물다양성 협약은 보전과 생물자원의 지속 가능한 이용으로 얻어지는 이익을 공정하고 공평하게 분배하고자 1992년 5월 유엔환경개발회의에서 채택되었다.

이 협약은 1993년 12월 29일에 발효되었고 우리나라는 1994년 10월 3일에 이 협약에 가입하였다. 2017년 5월 현재 입 당사국은 총 196개국이며, 미국은 아직 미비준 상태이다.

생물다양성 협약의 주요 운영조직은 당사국 총회(COP)와 이를 보조하는 사무국, 과학기술 자문 등이 있다. 생물다양성 협약 사무국은 현재 캐나다 몬트리올에 자리 잡고 있다.

당사국 총회는 제1차 바하마 총회를 시작으로 총 13회 개최되었으며, 2000년부터 매 2년 주기로 개최되고 있다.

과학기술자문보조기구(SBSTTA)는 생물 다양성의 상태에 대한 평가 및 협약의 규정에 따라 취해진 조치 유형의 평가 제공 등을 포함하여 과학 및 기술 측면에서 협약이행에 대한 조언과 권고를 당사국 총회에 제공하는 기구이다.

1992년, 유엔환경계획(UNEP)은 '지구상의 살아가는 생물 약 3,000만 종 중에 매년 2만 5천~ 3만 종이 멸종되고 있다.'라는 보고서를 내놓았다. 그래서 1992년 5월, 케냐의 나이로비에서 열린 생물 다양성 당사국 총회에서 생물다양성 협약을 채택하게 되었다.

이는 1992년 6월 5일, 브라질 리우데자네이루에서 개최된 UN 환경개발 회의에서 '기후변화협약, 생물다양성 협약, 사막화 방지협약'이라는 3대 환경 국제협약을 채택하는 계기가 되었다.

생물다양성 협약은 '인간은 이제 생태계에 부담을 주는 모든 행동을 중단하고 생태계를 복원시켜 나가자.'는 선언이었다. 즉 생물다양성 협약은 '생물 다양성의 보전, 이의 지속 가능한 이용, 생물유전 자원의 이용으로부터 발생한 이익의 공평한 배분'이라는 3대 목표를 제시하고 있다.

이는 결국 인류의 공동유산으로 여겨왔던 생물자원과 전통 지식을 세계 각국 국가의 소유로 전환 시켜놓는 계기가 되었다.

지금까지 선진국들은 후진국들의 생물자원이나 전통 지식까지도 인류 공동의 유산으로 여기고 아무런 보상 없이 독점적으로 각종 제품을 생산하여 왔다. 그런데 생물자원과 전통 지식이 국가 자산으로 인정됨에 따라서 이를 이용하면 보상해야 한다.

전 세계 생물자원의 80% 이상은 브라질, 인도네시아, 말레이시아, 남아프리카공화국, 중국 등 약 20개 생물자원 부국이 보유하고 있다. 지금까지 생물자원을 제공하는 국가와 이용하는 국가 사이에는 공평한 이익 공유체제가 마련되지 않아 지속적인 갈등의 원인이 되어 왔다.

생물다양성 협약은 이런 갈등을 해결하고 세계 각국이 자국의 생물자원을 귀중한 자산으로 여겨 복원시켜 나갈 수 있도록 제도적인 장치를 마련해 주었다고 할 수 있다.

1. 생물 다양성을 보전하는 나고야 의정서

2010년, 일본 나고야에서 채택된 '나고야 의정서'는 생물자원을 국제적으로 원활하게 유통해 관련 산업을 발전시켜 나갈 수 있도록 공유 기반을 마련하고 체결되었다. 즉 생물다양성 협약은 결국 지구의 생물 다양성을 보호하면서 다른 한편으로는 이를 이용하는 산업 발전을 지원하는 목적이 있다.

생물 다양성이란 생명체의 다양성과 서식처의 다양성을 총칭하는 의미이다. 즉 생물체를 보는 단계에서 '유전자 다양성, 종 다양성 및 생태계 다양성'으로 구분한다.

유전자 다양성이란 지구상에 생존하는 개체 생물의 세포 속에 들어 있는 유전자의 다양성을 인정하고 동일 생물종이거나 종 내에서도 이들 개체를 구성하고 있는 유전자를 보전하자는 것이다. 이에 반해 종 다양성이란 동식물, 곤충 및 미생물 등 다양한 생물종으로 지구상의 각 지역 내에 존재하는 다양한 생물 종류를 보전하기 위한 대책을 마련하자는 것이다.

마지막으로 생태계 다양성이란 서식지에 따라서 생물종의 군집 양상과 상호작용 시스템의 차이로 구분하며 에너지와 물질순환 및 시스템의 재생력 등 서식지의 안전성을 유지해 나가자는 것이다.

이런 생물 다양성은 결국 기후변화를 극복하기 위한 지구환경 개선 운동이라고 할 수 있다.

2010년, 칸쿤 합의와 나고야 의정서 채택은 새로운 세계 경제질서를 만들어 새로운 시대를 열어나가는 계기가 되었다. 2010년 12월11일, 멕시코 칸쿤에서 열린 제16차 유엔 기후변화협약당사국총회에서는 선진국들이 2020년까지 매년 1,000억 달러를 모금해 후진국들의 기후변화 대응을 지원하는 '녹색기후기금'을 조성하기로 합의하였다.

 한 권으로 끝나는 생태 위기

그러나 '칸쿤 합의'는 구체적 기금 조달 방안에 대한 합의가 이뤄지지 않아 아직까지 불확실한 상태가 이어지고 있다. 그렇지만 지구온난화의 책임이 선진국에 있다는 역사적 책임은 인정한 셈이다.

그리고 나고야 의정서에서 각국의 생물자원이나 전통 지식을 사용하게 되면 이에 따른 로열티를 지급하도록 되어 있어 세계 각국이 생물자원을 국가 자산으로 보호할 수 있는 계기가 마련되었다고 할 것이다.

어찌 보면 기후변화협약과 생물다양성 협약은 지구를 되살리는 새의 양쪽 날개와도 같다고 할 수 있다.

기후변화협약은 오염된 지구환경을 끼끗하게 개선해 나가는 국제협약인 데 반해 생물다양성 협약은 멸종되어 가는 생물체를 다시 복원시켜 나가는 국제협약이다. 이 두 협약이 성공적으로 추진되어야 새가 두 날개로 비상하여 높이 날아갈 수 있는 것과 같이 지구를 되살려 인류의 행복한 보금자리를 지켜나갈 수 있도록 하고자 하는 것이다.

가. 뒤늦게 발효된 나고야 의정서

2010년, 일본 나고야에서 열린 제10차 당사국회의에서 '유전 자원의 접근 및 이익 공유원칙'(ABS)이 채택되었다. 그리고 2011년부터 세계 각국은 생물 다양성 증진을 위한 국가전략 보고서를 제출하고 이를 이행해나가도록 하는 의무를 부담하는 나고야 의정서를 결의하였다. 그런데 나고야 의정서는 4년이 지난 2014년 10월에 54개국이 비준함으로써 비로소 발효되었다.

나고야 의정서에 비준한 국가들은 유전 자원을 제공하는 아프리카, 아시아, 남아메리카 등의 저개발 국가와 개발도상국들이 대부분이었다.

선진국 중에서는 미국, 독일, 영국, 프랑스 등 대부분이 빠져있고 노르웨이, 덴마크, 스위스, 스페인 정도가 비준에 동의하였을 뿐이다. 사실상 나고야 의정서가 발효되면 해외 생물자원이나 전통 지식을 이용하면 그에 따른 로열티를 지급해야 한다.

지금까지 선진국들은 후진국의 토착 생물자원이나 전통 지식을 인류 공동 자산으로 여겨 이를 무료로 사용해 왔다.

그런데 나고야 의정서가 발효됨에 따라 해외 생물자원을 이용하면 원산지 국가에 이용 승인을 받아야 하고, 생물자원을 이용해 발생한 이익은 상호 합의된 계약조건에 따라 일정 비율로 분배해야 한다는 원칙이 적용된다.

결국 선진국들에겐 지금까지 무료로 사용하던 생물자원에 로열티를 지불해야 되는 부담을 안게 되어 달갑지 않은 국제협약이라고 할 것이다.

나. 생물다양성보전

2010년 5월 10일, 유엔 환경계획(UNEP)은 '제3차 세계 생물 다양성 전망'이라는 보고서를 내놓았다. 여기에서 '이제 자연환경을 되돌리는 건 불가능한 단계에 접어들어 지구생태계가 이미 제 기능을 상실하는 임계점에 도달했다'라고 발표하였다.

생물다양성 협약 사무국에서는 "지난 2002년에 생물 다양성 당사국 총회에서 2010년까지 생물 다양성 손실률을 현저히 줄이겠다."고 합의하였다. 그러나 193개 회원국 가운데 목표치를 달성한 나라는 한 곳도 없어 생물다양성보전이라는 목표 달성에 실패했다고 밝혔다.

그 원인은 무엇보다 생물 다양성의 중요성을 인식하지 못하고 무분별한 자원이 용과 개발을 억제하기 위한 구속력 있는 합의와 실질적인 정책 수단을 마련하지 않았기 때문이다.

가장 본질적인 원인은 "인간이 지구상에서 홀로 살아갈 수 있다는 환상을 버려야 되는데 아직도 '인간만 남은 지구'가 존재할 수 있다고 믿는 사람들이 많다."는 것이다.

우리들은 이런 허황된 망상에서 벗어나서 생태계의 일원이라는 사실을 인식하고 지구환경 개선에 적극 참여해야 한다는 것이다.

다. 생태계 복원 사업

2010년 6월 3일, 유엔환경계획(UNEP)은 전 세계적으로 수천 개의 생태계 복원 사업의 성과를 분석하였다. 그 결과 생태계를 파괴하는 개발사업보다 몇 배 이상의 수익을 창출할 수 있는 성공 사례를 많이 확인할 수 있었다. 특히 대표적인 30개 성공 사례를 들어 생태계 복원 사업이 갖는 경제적인 장점을 널리 알리는 계기가 되었다.

생태계 복원 사업의 대표적인 성공 사례로는 농지 개간을 위해 벌목한 숲이나 파괴된 습지 등을 다시 원래 상태로 되돌리는 일이다. 이러한 사업을 통해 토양의 안정도와 비옥도를 높일 수 있고 대기 중 온실가스를 흡수해 기후변화 완화에도 기여할 수 있게 되었다.

구체적인 성공 사례로는 2008년, 월드컵이 열렸던 남아공에서는 7년간 450

만 달러를 투입해 드라켄스버그산맥 일대의 목초지와 하천을 복원하였다.

그런데 이는 매년 740만 달러의 수익을 낳고 있으며 300여 개의 정규직 일자리를 만들어내고 있어 두 마리 토끼를 한꺼번에 잡은 결과를 낳았다. 물론 생태 복원 사업이 매번 이렇게 성공적이지 않지만, 지구생태계를 되살리는 일이기 때문에 우리는 적극적으로 추진해야 한다.

라. 생물 주권

전 세계 생태계의 60%가 이미 파괴된 상태 이어서 생태계를 복원시키지 않으면 생물 멸종이 지속될 수밖에 없다. 그래서 자연생태계를 있는 그대로 잘 보전하면서 관리하는 것은 매우 중요한 일이라고 할 수 있다.

현재 지구상의 생물종 멸종 속도는 역사적인 멸종 속도의 평균에 비해 1,000배나 빠르게 진행되고 있다고 한다. 그래서 나고야 의정서에서는 '생물종 멸종 속도를 2020년까지 절반 이상으로 줄인다'는 목표를 세우게 되었다.

유엔에서도 '환경체계와 생물 다양성 경제학' 프로젝트를 수립하여 세계 빈곤 지역에서 생물종 멸종으로 인해 해마다 2조~ 5조 달러의 비용을 치르고 있는 사실을 밝히고 다 함께 예방하기 위해 노력할 것을 제안하였다. 그리고 생물종의 멸종을 방지하지 않으면 인류의 생존도 어렵다는 공감대를 형성시키고자 홍보를 강화하고 있다.

이제 후진국들도 토종 생물자원을 그대로 방치했다가는 해외 선진국들에게 생물자원을 빼앗기게 된다는 절박감에서 생물 주권을 확보하기 위한 각종 국가적 계획을 수립하여 실행하고 있다.

실제 우리나라는 생물자원의 중요성에 눈뜨기 전에 이미 미국 등 선진국에서는 우리 고유종을 유출해 고부가가치 상품으로 개발, 시장을 선점해 나가고 있다. 그런데 이런 사실도 제대로 인식하지 못한 채 방치한 결과 국내에서 유출된 생물자원을 수입해 사용하는 경우가 허다하다는 사실을 뒤늦게 알게 되었다. 따라서 세계 각국은 뒤늦게나 자원관 건립 등을 통하여 자국의 토종 생물종 관리 대책을 마련해 나가고 있다.

2. 토종 생물종에 의한 국부 창출 시대 개막

토종 생물종을 보전, 관리하면 이젠 로얄티를 받아 국부를 창출할 수 있는 시대가 된 것이다. 그렇지 못한 경우에는 토종 생물종일지라도 해외에 유출되어 그곳에서 뿌리를 내리면 오히려 로얄티를 주고 사와야 한다. 그래서 토종 생물종을 보전, 관리하여 국내 생물 다양성을 보호하고 국부도 창출해 나갈 수 있는 기반을 마련해 나가야 한다.

세계 각국은 생물 주권 시대에 자국의 토종 생물자원과 전통 지식을 보전, 관리하여 국부 창출은 물론 멸종해 가는 생물종 복원 사업에 경쟁적으로 참여하고 있다. 그래서 나고야 의정서는 '창의적 모호함 속의 걸작품'이라는 평가를 받고 있다.

아직 세계 각국이 생물 다양성을 보존하고 깨끗한 지구환경을 조성하기에는 많은 미비점이 발견되고 있다. 그렇지만 후진국들이 지구생태계를 보전시켜 나갈 수 있도록 지원할 수 있는 훌륭한 제도적 장치가 마련되었다는 평가를 받고 있다.

나고야 의정서가 발효됨에 따라서 제약업계, 화장품 업계, 건강식품업계 등 바이오 업체들은 해외 유전 자원이나 전통 지식을 이용할 경우 나고야 의정서의 절차를 밟아야 한다. 즉 사전에 생물자원 원산지국에 통보하여 사용 허가를 받아야 하며, 이익에 대해서는 분할 방법을 위한 계약을 체결하여 계약의 이행

사항을 보고하여야 한다. 이를 위해서 입증할 방법을 제시하고, 기술이전이나 지식재산권은 어떻게 할 것인지 등에 대해서 합의하여야 한다.

정부도 외국의 생물유전 자원을 국내로 반입하는 경우 원산지국의 사전통 보승인(PIC)을 받았는지, 이익의 공유방법이나 절차 등을 위한 상호합의 조건(MAT)을 규정한 계약을 체결하였는가를 확인할 의무를 부담하고 있다.

생물자원이 국내에서 연구, 개발되어 상품화되는 경우 그 이용 사항을 적절하고 효과적으로 감시하기 위한 법률적 절차를 마련하고 있다. 이같이 나고야 의정서는 유전 자원뿐만 아니라 이와 연관된 전통 지식의 이용으로부터 발생하는 이익에 대해서도 공적 의무에 대해 규정하고 있다.

가. 유전정보를 활용한 상품개발

나고야 의정서는 원칙적으로 상품교역을 규제하는 세계무역기구(WTO)의 규범에는 적용되지 아니한다. 예를 들면 도라지라는 농산물을 단순히 도라지 무침으로 사용할 목적으로 중국에서 상품으로 수입하는 경우에는 의정서가 적용되지 아니한다.

그렇지만 도라지의 유전적 또는 생화학적 성분을 연구하여 천식이나 기관지 등 의학적 또는 건강상 유용성을 확인하고 상품을 개발할 목적으로 수입되는 경우에는 나고야 의정서가 적용된다.

이럴 경우 도라지 수입업자, 유통업자 또는 제약회사는 수입 전에 중국 정부로부터 사전 승인을 받고, 수익금의 일부를 로열티로 지급하기 위한 계약을 체결하여야 한다. 로열티 금액은 중국 정부와 제약회사 간의 계약조건에 따라 결정된다.

만일 해외 생물자원을 제품개발에 사용하였는데도 불구하고 나고야 의정서에 따른 절차를 밟지 않으면 이를 '생물자원 해적행위'라고 규정하며 영국에서는 이를 형사처벌하고 있다. 한편 중국은 비공식 회의에서 우리나라에서 생산되는 의약품의 80%는 중국의 생물자원으로 생산된다고 주장하고 있다. 물론 원산지국으로써 충분한 입증자료가 있어야 하겠지만 자칫 우리나라의 의약품 80%가 중국에 로열티를 지급해야 하는 사태가 발생할 수 있는 것이다.

나. 이익공유계약 체결

산업계의 파급효과를 설명하는데 타미플루와 후디아 사건을 들고 있다. 즉 2000년대 전 세계를 죽음의 공포로 떨게 한 조류독감의 유일한 치료제인 타미플루는 사실 중국 운남의 민간에서 해열제로 널리 사용되던 팔각회향이라는 나무의 뿌리와 열매를 이용하여 개발된 것이다.

만약 나고야 의정서가 발효되었다면 중국은 타미플루의 제약사인 스위스 로슈사로부터 매년 3~5조 원의 수익금 중 상당 금액을 요구할 수 있는 것이다.

우리나라에 부쉬맨으로 널리 알려진 아프리카 산(San)족은 장기간 사냥을 떠나는 경우 후디아라는 선인장과 식물의 뿌리를 휴대하였다. 이들에게 후디아 뿌리는 공복시 허기를 달래 주는 효과를 가졌다.

그런데 유럽의 많은 회사들은 이를 이용하여 다이어트 약품이나 건강식품을 생산하여 막대한 이익을 독식하였다. 그렇지만 지금까지는 아무런 보상도 전혀 지급하지 않았으나 최근에는 이익공유계약을 체결하여 수익금의 5% 정도를 로열티로 지불하고 있다.

다. 자연 서식지

우리나라, 중국, 일본이 '쑥'을 자국의 자연 서식처에 보유하는 경우에는 모두 생물자원 원산지국이 될 수 있다. 그런데 원산지국이 되기 위해서는 해당 생물자원을 자국의 자연 서식지에 보유하고 있어야 한다.

인공 서식지라고 할 수 있는 논이나 밭 등에 재배하는 경우에는 나고야 의정서의 적용 대상이 될 수 없다. 따라서 식량 농업용 생물자원을 논이나 밭에 보유하는 경우에는 생물자원 원산지국이라고 할 수 없다.

라. 전통 지식

전통 지식의 경우 모든 전통 지식이 인정되는 것이 아니라 생물자원과 관련이 있어야 한다. 그리고 토착 민족 및 지역 공동체가 보유하고 있는 전통 지식에 한정하고 있다.

이러한 전통 지식 중 가장 대표적인 것이라면 중국의 한방 전통 지식을 들 수 있다. 현재 중국은 우리나라 동의보감(東醫寶鑑)의 90%가 중국 의서를 인용했다고 주장하고 있다.

이는 곧 한의학의 기원이 중의학이라는 의미로 이것이 인정될 경우 동의보감을 비롯하여 한의학을 사용할 때, 로열티를 중국에 지불 해야 하는 불상사가 벌어질 수 있다.

이에 생물자원 확보를 위한 한의계의 대응 전략은 보건복지부가 주축이 되어, 2012년부터 2016년까지 5년간 토종 한약재 유전 자원 확보 및 한국 토종자원의 한약재 사용을 위한 규격을 설정하는 '한국 토종자원의 한약재 기반 구축 사업'을 진행하고 있다.

3. 우리나라에서의 유전 자원관리 체계

토종 한약재 88품목 유전 자원 등록, 토종자원 100품목 이상 규격 기준을 설정하고 있어 한약재로 사용할 수 있는 범위가 현재 547종보다 더 넓어져 다양한 처방이 가능해진다. 그간 수입하여 사용하던 약재를 새로 발굴된 토종 한약재로 33종이나 대체하게 되었다.

보건복지부는 토종자원을 발굴하는 과정에서 수집된 자원과 재배 정보를 토대로 종자 보급을 통한 지역 특성과 환경에 맞는 한약재를 대규모 재배할 계획이다.

정부는 1983년, 생명공학육성법을 제정하고 2006년에는 제2차 생명공학육성 기본계획을 수립, 세계 생명공학 7위 강국 진입을 목표로 다양한 정책을 추진하고 있다.

2017년 1월, 우리나라에서도 '유전 자원의 접근 이용 및 이익공유에 관한 법률'이 제정되었고 3월에는 국회의 비준 동의를 거쳐서 8월 17일부터 나고야 의정서가 발효되게 된다.

이젠 해외 유전 자원을 이용하려는 국내 기업들은 '접근과 이익공유' 등에 관한 제공국의 절차를 준수했음을 환경부 등 국가점검 기관에 신고하여야 한다. 아울러 환경부 장관은 유전 자원 접근과 이익공유에 관한 국내외 정보를 취합, 조사, 제공하는 유전 자원정보관리센터를 설치, 운영하도록 되어 있다.

사실상 중국은 우리나라보다 앞서 이미 2016년 6월 8일에 나고야 의정서를 비준했고 동년 9월 6일부터 나고야 의정서 효력이 발생하는 공식 당사국이 되었다. 국내 바이오 업체 중 절반 정도가 해외 생물자원을 이용하고 있고 중국의 생물자원을 이용하는 기업이 51.4%로 가장 많다. 유럽이 43.2%, 미국이 31.1% 순이다. 그렇지만 나고야 의정서와 관련한 대응책을 마련한 업체는 10%도 채 되지 않는다.

나고야 의정서에서는 해외 생물유전 자원을 이용하기 위해서는 생물유전 자원 제공국으로부터 '사전 통보 승인'을 받아야 하며, 이익의 공유는 '상호합의 조건'에 따르도록 규정하고 있다.

생물자원이 풍부한 나라는 주로 개도국이지만 생물자원을 상업적으로 이용할 수 있는 능력은 주로 선진국이 보유하고 있어, 선진국과 개도국 간 대립 구도가 형성되고 있다.

나고야 의정서는 1992년 생물 다양성 협정이 체결된 후 17년간의 긴 협상 끝에 2010년 10월에 일본 나고야에서 개최된 제10차 생물다양성 협약 당사국 총회에서 채택된 국제협약이다.

나고야 의정서에서는 당사국에서 나고야 의정서 이행에 필요한 국가 책임기관, 국가점검기관 및 국가 연락 기관의 설치를 의무화하고 있다. 반면에 국내의 정보공유 또는 허브센터인 유전 자원정보관리센터의 구축은 강제하지 않고 있다.

그렇지만 나고야 의정서의 성공적인 이행을 위해서는 무엇보다 정확한 국내외 정보 교류가 필수적이다. 유전 자원 이용자들에게 보다 많은 편의를 제공하고자 이미 20개의 당사국이 정보공유센터를 운영하고 있다.

가. 유전 자원정보관리센터

우리나라에서도 유전 자원법 제17조에 '유전 자원정보관리센터'를 환경부 장관이 설치 · 운영하도록 되어 있다. 우리나라는 국가책임기관, 국가점검기관 및 국가 연락 기관 등이 여러 부처로 분산되어 있어 보유하고 있는 정보를 서로 공유하여 불필요한 접근 신고 절차의 지연을 막고 이용자의 편의를 제고하기 위하여 통합방식으로 운영할 필요성이 있다. 그리고 여러 부처 간의 협력을 제고하기 위해서 협의체를 구성, 통합형의 단점을 극복하여야 할 것이다.

우리나라 유전 자원법 제13조 1항에는 국가점검기관과 그 소관 분야를 규정하고 있다.

과학기술정보통신부는 '생명 연구 자원의 확보 · 관리 및 활용에 관한 법률'에 따른 생명연구자원, 농림축산식품부는 '농업생명자원의 보존 · 관리 및 이용에 관한 법률'에 따른 농업생명자원, 산업통상자원부는 '생명연구자원의 확보·관리 및 활용에 관한 법률'에 따른 소관 생명연구자원, 보건복지부는 '병원체 자원의 수집·관리 및 활용 촉진에 관한 법률'에 따른 병원체 자원, 환경부는 '야생생물 보호 및 관리에 관한 법률'에 따른 야생생물분야 생물자원 및 '생물다양성 보전 및 이용에 관한 법률'에 따른 소관 생물자원, 해양수산부는 '해양수산 생명 자원의 확보·관리 및 이용 등에 관한 법률'에 따른 해양수산 생명 자원 등을 관장하도록 되어 있다.

나. 국가생명연구자원정보센터

우리나라는 유전 자원의 수요자 입장과 유전 자원의 공급자 입장으로 양분되어 정책을 수행하고 있다. 유전 자원의 수요자 입장은 과학기술정보통신부의 '국가생명연구자원정보센터'가 대표적이며 해외 유전 자원 이용 측면을 강조한 국내 바이오 업체들을 지원하는 역할을 담당하고 있다.

이에 반해 환경부의 '국가생물다양성센터'는 '생물다양성보전 및 이용에 관한 법률'과 '국가생물 다양성 전략 및 이행계획'을 통하여 유전 자원의 생산자 측면을 지원하고 있다.

정부는 2011년 환경부를 중심으로 '범정부 생물자원 보호 및 바이오산업 지원 대책'을 수립하여 추진하고 있다.

농림축산식품부도 지난 2016년 10월 10일 나고야 의정서 발효를 앞두고 '제2차 농업 생명 자원 기본계획'을 발표하였다. 이같이 토착 유전 자원을 확보하여 국부 수익 창출의 기회를 만들어 나가기 위한 여러 가지 방안이 강구되어야 할 것이다.

4. 생물 주권을 활용하는 수익 창출 방안 마련

지난 2014년 9월 말, 강원도 평창에서 제12차 생물다양성 협약 당사국 총회(CBD COP12)가 개최되었다. 164개국 25,203명이 참여하여 평창 로드맵과 강원선언문을 채택하였다. 평창 로드맵은 2020년까지 세계 생물 다양성 목표를 달성하기 위한 전략과 과학기술협력, 재원 동원, 개도국 역량 강화 등 핵심 수단별 추진 사항을 망라하는 단계별 이행 방안을 마련했다.

개도국과 선진국의 첨예한 대립으로 재원 동원에 대한 합의는 끌어내지 못하였다. 다만 당사국들은 결국 생물다양성보전을 위한 개도국 재정지원 규모를 2015년에 배로 늘리기로 일단 합의하고 차기 총회에서 재정 규모를 재협상하기로 하였다.

지금까지 다국적 기업들은 아프리카나 남미 등의 희귀 약초나 미생물, 전통 요법을 이용해 신약이나 제품을 개발한 뒤 특허를 내 막대한 수익을 독점하고 있었다. 나고야 의정서가 발효되면 수익을 공정하게 나누게 되고 토종생물 국가인 개발도상국은 자금을 지원받아 생물 다양성을 보전하기 위한 사업을 추진할 수 있게 된다.

토종 생물 국가로서 생물 주권에 대한 국부를 창출해 나가기 위해서는 멸종된 토종생물을 복원시키고 토종생물을 철저하게 보전시켜 나가는 방안을 강구하고 있다. 그래서 자국의 토종생물이 해외에 유출되고 새로운 식물로 변종되어 상품화되는 것을 방지하기 위한 노력이 지속적으로 이뤄질 것이다. 그런 의미에서 세계 각국은 생물자원에 대한 새로운 관리방식을 도입하고 있어야 한다.

가. 일본의 개방적 관리체제

일본은 생물자원 수출을 비즈니스의 기회로 삼기 위해서 생물자원에 대해 개방적 관리체제를 도입하고 있다. 즉 활용 기술이 없거나 개발하기 어려운 생물자원은 국내에 가둬두기보다 해외로 나가서 적극적인 수익 창출을 실현해 나갈 수 있도록 지원하고 있어서 이를 통하여 수익을 거두는 기업들도 많다.

일본 국립기술평가원 산하에는 국제생물자원센터(NBRC)가 있어 기업들이 생물종이 풍부한 국가에서 미생물을 얻어 연구할 수 있도록 다리를 놓아주는 역할을 담당하고 있다. 즉 국제생물자원센터(NBRC)는 1993년, 생물다양성 협약이 발효된 뒤 해외 생물자원의 연구가 어려워진 기업에 단비와 같은 존재이다. 현재 가장 생물종이 풍부하다고 선정된 미얀마, 몽골, 인도네시아, 말레이시아, 베트남 등 7개 나라와 기술 협정(MOU)을 맺고 있다. 그리고 생물자원 보유국과 신뢰를 쌓기 위해 현지인들과 함께 기술을 개발, 공유하는 등의 신뢰를 쌓아나가고 있다. 이것이 생물자원개발 선진국으로 나가는 기틀이 되는 것이다.

나. 생물자원 선진국

우리나라도 일본과 같이 생물자원을 단순히 보관, 관리하는 데 만족하지 않고 이를 적극적으로 활용하여 국부를 창출할 수 있는 계기로 만들어 나가야 할 것이다. 그렇지만 우리나라는 생물자원 수집이라는 틀에 갇혀 현실을 제대로 보지 못하고 있다는 평가를 받고 있다.

산업적 수요가 없는 환경에서 생물자원을 수집하고 보존하는 데만 급급하여 사실상 수익 창출의 기회를 상실하고 있는 경우가 허다하다. 그래서 우리나라도 정부와 기업이 함께 생물자원의 출구를 마련하여 수익 창출의 계기를 적극적으로 만들어 나가야 한다.

우리 땅에 자생하고 있는 생물자원은 10만 종에 이를 것으로 추정하고 있으나 리스트화 한 것은 3만 종에 불과하다. 이는 아직도 토종생물에 대한 정확한 자료들이 확보되지 못하고 있다는 반증이다.

생물자원관은 우리 고유 생물이 국외로 유출되는 것을 효과적으로 방지하는 한편 체계적으로 생물자원을 수집·보전·육성 해 국가 생물 주권을 확보하는 역할을 담당해 나가고 있다.

생물자원이 국부를 창출하는 생물 주권 시대를 맞이하여 국가 차원의 종합적인 생물자원 보전 및 관리시스템을 구축해 생물자원 선진국으로 발돋움하여야 할 것이다.

다. 수목원 조성

2015년 12월, 우리나라에서도 동양 최대의 국립 백두대간 수목원이 경북 봉화에 조성되었다. 총면적은 5,179ha로 총사업비 3,215억 원을 투자하여 완료하여 2017년에 정식 개원되었다.

국립백두대간수목원은 크게 생태탐방지구(4,973ha)와 중점조성지구(206ha)로 구분되어 생태탐방지구에는 종자저장시설, 연구시설, 기후변화 지표 식물원, 전시 공간 등이 설치되었다.

중점조성지구는 커뮤니티지구, 주제 정원 전시 및 교육지구, 산림생물자원 연구지구, 산림보존 및 복원 지구로 구분되어 있어 연구, 교육, 체험을 함께할 수 있는 공간이다.

측백나무를 이용한 미로원, 교과 서원, 모험의 숲 등으로 아이들의 식물에 대한 흥미를 유도하고 세계문화자원식물원 등으로 세계의 민속 생활문화를 경험할 수 있다. 오색정원, 꽃나무원 등의 전시원에서는 식물의 아름다움을 감상할 수 있고, 호랑이 숲에는 백두대간의 상징적 동물인 호랑이가 서식하는 숲으로 시베리아호랑이도 전시되고 있다.

수목원이란 자연에서 생육하고 있는 다양한 식물 종을 체계적으로 조사·수집·증식·보존·관리하고, 식물유전 자원의 자원화를 위한 학술·산업적 연구 등을 수행하는 식물자원의 서식지 외 보전기관이다.

우리나라는 1999년에 25개의 수목원을 현재 60개소로 늘려 인구 80만 명당 1개 꼴이 되었다. 그렇지만 영국은 202개, 미국은 748개, 프랑스는 212개로서 수목원당 인구비가 25만 명으로 앞으로도 더 많은 수목원을 조성해야 한다. 즉 수목원 숫자는 국가의 기본자산인 식물자원을 체계적으로 보전하여 식물 분야의 국가 경쟁력을 강화하는 등 국민 삶의 질 수준을 예측할 수 있는 지표로서의 의미를 갖는다.

현재 국립 수목원은 2개, 지자체가 운영하는 공립수목원은 40개, 사립 수목원 15개, 학교 수목원 3개이다. 수목원은 식물자원의 수집·증식·보전 및 자원화를 위한 연구와 국민에게 자연 학습장 및 휴식 공간을 제공하기 위하여 지방자치단체에서 운영하는 공립수목원이 지속적으로 증가하는 추세에 있다.

5. 걸음마 수준인 우리나라의 생물자원관리

2016년, 우리나라는 네덜란드로부터 나리(백합) 알뿌리 600만 달러(약 76억 원)어치를 수입했다. 그런데 이 나리 알뿌리는 우리나라의 토종인 하늘말나리, 털중나리, 참나리 등을 교접해 만든 새로운 식물 종이라는 것이다. 결국 우리나라의 토종생물들이 해외에 반출되어 해외에서 새로운 식물 종으로 변종 되어 다시 이를 수입하여 사용하는 꼴이 되었다.

크리스마스트리로 쓰이는 구상나무, 미국 라일락 시장의 30%를 차지하는 '미스킴 라일락'도 우리나라의 고유종이 해외로 유출되어 외국에서 기업이 특허권을 취득, 판매하고 있는 것이다.

한편 2005년, 농촌진흥청이 발표한 보고서에 의하면 "거액을 들여 개발한 신품종인 '조생황금 배' 등이 중국으로 유출되었고, 신품종 묘목도 여러 번 반출을 시도하다가 적발된 사례가 있다"고 밝혔다. 결국 국내에서 비싼 비용으로 개발된 신품종일지라도 해외에 유출되는 사례가 빈번하게 이뤄지는 국부 유출 사례가 많이 발견되고 있다.

환경부는 동물 1만 7천여 종 가운데 한국 고유종은 3,000종인데 이 중 420종을 제외한 기본표본이 해외로 유출되었다고 한다. 결국 국내에 남아있는 고유종은 420종에 불과하다는 것이다. 이는 우리나라는 고유종의 기본표준을 관리할 수 있는 시스템이 구축되지 않아 발생했던 불상사이었다.

지난 10년 사이에 재래작물의 품종 약 2만 품종 중 74%에 해당하는 14,800 생물종의 기본표준이 사라졌다. 즉 고유종의 기본표준관리 체제가 정립되지 않았고, 정부의 생태자원관리가 생산성 제고 위주로 이뤄지고 있었기 때문에 발생한 일이다.

아무리 우리나라 토종생물일지라도 생물 주권을 행사하려면 자국의 고유종이라는 사실을 증명해 보여야 한다. 이를 위해서 유엔에 우리나라 고유종으로 등재하여야 한다.

따라서 언제부터, 어느 지역에, 어떻게 분포했는지 또한 시간이 흐르면서 어떻게 변화했는지 등 고유종의 역사를 기록한 토종생물에 대한 기록이 있어야 한다. 이에 정부는 뒤늦게 2005년에야 국가종합관리 방안을 마련하고 2006년 9월에 국가 생물자원 확보 관리체계 구축 방안을 마련하여 실시하고 있다.

가. 기준 표본

기준 표본이란 새로운 종이 발견돼 학명을 지을 때 쓰인 표본으로 사람으로 치면 주민등록등본과 같은 것이다. 한국 고유 동물은 약 3,000종이라 여겨지지만, 국내에 보관 중인 기본표본은 420종에 불과하다. 즉 외국학자, 선교사에 의해서 우리나라 토종생물에 대한 조사가 먼저 이뤄졌고 유출된 기준표본을 토대로 품종 개량했을 경우 생물 주권을 주장하기란 사실상 어려운 상황이다.

생물 다양성의 핵심 중 하나는 생물을 자원으로 보고 미래 세대를 준비하자는 것이다. 은행잎에서 징코민이 나오고 아스피린은 버드나무에서 나온다.

생물은 모든 약의 원천이고 모든 먹거리의 원천이다. 모든 화장품의 원천이고 신소재의 원천일 뿐만 아니라 소위 바이오미미크리(biomimicry, 생체모방)를 기반으로 하는 모든 기술의 원천이기도 하다.

지네가 많은 발을 이용하여 움직이는 원리를 연구하여 2010년에 한국의 젊은 과학자가 우주선과 고층빌딩을 청소하고 수리하는 기술을 개발했다. 동물들이 자연에서 생존하며 자신들이 터득하고 진화시킨 능력을 기술로 옮겨오는 학문은 오늘날 첨단산업의 핵심기술을 개발하고 있다.

자동차에서도 바퀴벌레가 가만히 있다가 빠른 속도로 이동하는 것으로 보고 급정지를 하는데, 조금도 흔들리지 않는 기술을 찾아낸 것이다. 이같이 요즈음 기술 혁신의 60% 이상이 생체 모방 기술이라고 할 정도로 지구생태계에서 새로운 기술을 찾아내고 있다.

나. 생물자원관

2007년 10월, '생명 연구 자원의 확보 · 관리 및 활용에 관한 법률'이 제정되면서 국가생명연구자원 정보시스템을 구축하여 산발적으로 관리되어 오던 생명연구자원을 '국가적 자산'으로 체계적으로 관리할 수 있도록 되었다.

현재 국내 생물자원관은 2007년에 인천에 개관한 국립생물자원관과 2015년, 경북 상주에 담수 분야 전문의 생태 연구 및 전시관을 갖춘 낙동강생물자원관이 있고 2015년, 충남 서천에 개관한 국립해양생물자원관이 건립되었다. 이같이 국내에는 3곳의 생물자원관이 운영되고 있다.

미국은 전국적으로 1,170여 개의 생물자원관을 갖추고 있고 일본은 150개, 중국은 20개, 인도도 10개의 생물자원관을 갖추고 있다. 이런 점을 감안할 때 우리나라의 생물자원 관리는 걸음마 수준이라고 할 수 있다.

6. 우리나라의 생물자원관

생물자원관은 생물자원을 체계적으로 보전 · 관리하고 생물자원 교육의 장으로 역할을 담당하는 국가기관으로 생물다양성 협약을 주도적으로 실행하는 곳이다.

2007년 10월, 동양 최대 규모의 수장 시설을 갖춘 국립생물자원관이 개관되었다. 인천시 서구 경서동 수도권매립지와 맞붙어 위치 해 있으며 척추 모양을 본뜬 수장 · 연구동과 나뭇잎을 본뜬 전시 · 교육관으로 구성되어 있다. 이곳은 국가적인 차원에서 생물표본을 보존, 관리하고 국가 생물자원의 소장과 연구를 총괄하게 된다.

2015년 4월 30일, 충남 서천에 개관된 국립해양생물자원관은 서천지역 갯벌 매립을 통한 장항산업단지 조성 포기에 대한 범정부 대안 사업으로 추진됐다. 총 1,383억 원을 투입하여 32만 5,000m² 부지에 연구 행정동, 씨큐리움, 교육동 등 3개 건물을 건립하였다. 특히 전시동 '씨큐리움'은 7,500여 점의 해양생물 표본들이 전시되어 있다.

바다선인장, 가는 바늘산호, 물렁가시붉은새우 등 이름만큼 생김새도 신기한 생물표본들이 가득하다. 우리나라 해역에는 1만여 종의 해양생물이 서식하고 있다고 하지만 학계에서는 3만 종이 넘을 것으로 추정하고 있다.

낙동강생물자원관은 우리나라의 담수 생태계의 생물자원보전을 위해서 필요한 조사·연구를 하는 환경부 산하 담수생물 전문 연구기관이다. 설립 (15.6.) 이후로 기관경영평가에서 우수한 성적을 거두는 등 연구·전시·교육 등 다양한 분야에서 중추적 역할을 담당하고 있다.

민물고기의 경우 국내에는 212종이나 되며, 그중 60종 이상이 고유종이다. 비록 중국의 경우 1,000종 정도의 민물고기가 서식하지만 중국이 한반도에 비해 국토에 40배 이상 넓은 것을 감안하면 절대로 적은 종수가 아니다.

가. 국립 생태원

500여 종의 동·식물이 살아 숨 쉬고 있는 국립 생태원이 온·항습기능을 완벽히 갖춘 '에코리움'은 열대관, 사막관, 지중해관, 온대관, 극지관 등 세계 5대 기후대 생태체험을 할 수 있는 공간이다.

현지 생태계를 그대로 재현한 에코리움의 각 온실에는 기후대별 어류, 파충류, 양서류, 조류 등 2,400여 종의 동식물이 살아 숨 쉬고 있어 미지의 세계를 탐험하는 재미를 톡톡히 누릴 수 있다.

국립 생태원은 현지 생태계를 그대로 재현, 세계 5대 기후대 생태체험을 할 수 있는 각 온실에는 기후대별 어류, 파충류, 양서류, 조류 등 2,400여 종의 동식물이 살아 숨 쉬고 있어 미지의 세계를 탐험하는 재미를 톡톡히 누릴 수 있다.

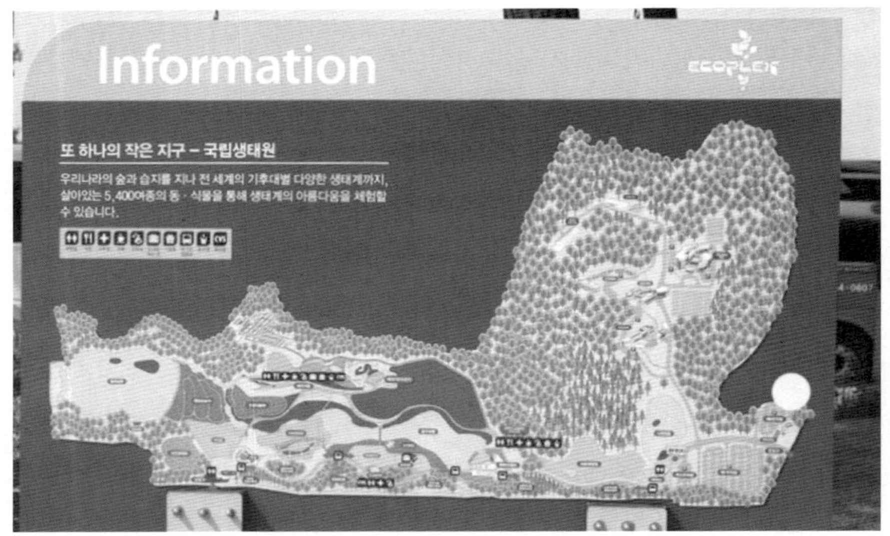

에코리움에는 특히 2개의 상설 주제전시관이 마련되어 있어 생태계에 대한 이해를 심층적으로 할 수 있다. 단체오리엔테이션, 강연 등을 진행할 수 있는 에코랩에는 연령대별 생태 관련 도서와 E-book을 열람할 수 있는 공간이 별도로 마련되어 있다.

에코리움은 생태체험과 학습의 묘미를 더할 수 있는 4D 영상관도 마련되어 있다. 이곳에서 상영되는 영상물을 보고 즐기다 보면 지구생태계의 중요성을 뼛속까지 느낄 수 있는 환경보존 이야기가 펼쳐진다.

외래종의 위협으로 위기에 처한 마을을 구하는 강산이와 오름이의 모험 이야기가 4D 애니메이션으로 상영된다.

인간에 의해 멸종된 도도새 이야기를 2D 애니메이션으로 들을 수 있고, 미래에서 온 손자와 함께 지구를 구하기 위해 비밀 물질을 찾는 모험영화 '구하라'가 상영된다.

나. 국립해양생물자원관

국립해양생물자원관은 해양생물자원에 대한 수집, 보존, 관리, 연구, 전시, 교육 등의 업무를 수행하여 해양생물자원에 대한 국민의 이해를 높이고 해양의 유용한 생물자원을 개발, 보급하는 중요한 역할을 하고 있다.

그중 전시, 교육 시설인 씨큐리움은 바다+질문+공간의 합성어로 바다에 대해 호기심을 가지고 질문을 던지며 해답을 찾아가는 전시, 교육의 공간이란 의미를 담고 있다.

씨큐리움에는 7,000점 이상의 다양한 해양생물 표본이 전시되어 있다.

해양생물다양성, 미래해양산업, 해양주제 영상, 4D 영상 등과 함께 기획전시 기능을 갖춘 지하 1층 지상 4층 규모의 전시관으로 구성되어 있다. 그리고 전시관 로비에는 엄청난 규모의 '씨드뱅크'에 5,200개의 표본병으로 우리나라 해양생물의 다양성을 연출하고 있다.

다. 국립낙동강생물자원관

국립낙동강생물자원관은 국가 담수생물 주권 실현 및 생물자원의 지속 가능한 이용에 기여하고자 설립된 국가를 대표하는 담수생물 전문 연구기관이다. 상주시 도남동에 위치하고 있다. 부지 면적은 123,592㎡ 건축 연 면적은 23,458㎡에 달한다.

연구.수장시설, 전시.교육시설, 전시온실, 연구온실, 방문자 숙소 등을 갖추고 있으며, 특히 동식물 표본, 유전자원 등 550만점 이상 생물표본을 수장

할 수 있는 시설을 보유중이다.

전시.교육시설에는 체험학습실, 기획전시실, 전시시청각실 및 2개의 전시실이 있다. 지구 전체 및 한반도의 생물다양성을 보여주는 전시물 5,000여점과 체험형 전시물, 살아있는 생물을 비치하여 자생생물에 대한 호기심을 자극하고 있다. 그리고, 전문 강사들이 최신설비와 기자재를 활용한 양질의 교육 프로그램을 운영하고 있다.

담수 생태계는 우리 생활에 가장 가깝게 다가와 있는 것은 서울 수돗물 아리수도 한강에서 끌어온 것이기 때문이다. 실제로 한강은 남한 국토의 20% 이상을 차지하고 있어, 남한 국민의 50%는 사실상 한강에 직, 간접적으로 의존하고 있다.

여름이 되면 사람들은 하천이나 계곡, 개울을 방문하여 물놀이를 즐기고 하천과 산과 나무가 조화를 이루는 모습은 아름다운 장면을 연출하고, 사람들의 기분을 좋게 해준다.

대부분 사람은 멸종위기종을 장수하늘소나 사슴벌레, 두루미, 반달사슴곰이라 답한다. 하지만 금개구리, 맹꽁이, 가시고기 등 하천에 살고 있는 맹꽁이나 가시고기 같은 경우에는 보호종에 선정되었다는 것조차도 모른다.

강원도 평창에서는 '퉁가리 보쌈 축제'를 열어 국내 민물고기 고유종인 퉁가리를 식탁에 올리는 행사를 열기도 했다.

7. 생물자원 보전을 위한 마스터플랜

1992년 6월, 브라질 리우에서 열린 유엔환경개발회의(UNCED)에서 기후변화협약과 생물다양성 협약 그리고 사막화 방지협약 3대 국제협약이 채택되

　　　　　　　　　　　　　　　　　　　　한 권으로 끝나는 생태 위기

었다.

생물다양성 협약에서는 '생물종의 멸종은 이용 가능한 생물자원의 감소뿐만 아니라 먹이사슬이 단절되고 생태계의 파괴를 가속해 지구생태계를 위기에 빠뜨린다. 생물 다양성의 보전과 지속 가능한 이용을 위하여 생명공학기술의 이전과 개도국에 대한 재정지원이 필수적'이라는 내용을 담고 있다.

사실 유엔에서는 70년대부터 멸종위기에 처한 야생동식물종의 거래를 금지하는 '국제 거래에 관한 협약(CITES)'을 체결하였다. 그런데도 80년대 중반 들어 열대림이 다량 훼손됨에 따라서 많은 생물종이 멸종하게 되었다.

이에 개도국들이 열대림을 보전할 수 있도록 하는 새로운 국제적인 제도적 장치가 마련되어야 한다는 필요성을 절감하게 되었다.

2002년, 생물다양성 협약 193개 회원국은 "2010년까지 생물 다양성 손실률을 현저히 줄이겠다."고 합의하였다. 그렇지만 대부분 국가는 이에 별다른 노력을 하지 않았으며 생물 다양성 손실률을 감축시킨 국가는 하나도 없다는 사실이 밝혀졌다.

이에 2010년, 일본 나고야에서 개최된 제10차 당사국 총회에서 '2011~2020년 생물다양성 전략계획'이 채택되어 향후 10년간 생물다양성 협약의 이행을 위한 국제적 지침이 제시되었다.

그리고 생태계의 복원력을 높이고 생물 다양성 손실을 줄이기 위한 5개의 전략목표와 20개의 세부 목표를 설정하고 2020년까지 손실률을 절반 이하로 감소시키겠다는 결의를 하였다.

그동안 우리나라는 개발 위주의 국토관리로 인하여 생물 다양성 및 서식 환경의 훼손이 심화 되어 생물자원 보전 여건은 지속적으로 악화되고 있다. 따라서 적극적인 보전 관리 대책이 요구된다.

생물자원은 BT기술과 접목되어 신약 등 고부가가치 제품으로 개발될 수 있는 소중한 자원으로, 이를 활용한 생물 산업은 저탄소 녹색성장을 실현할 수 있는 블루오션이자 핵심 산업으로 부각되고 있다. 따라서 고유생물자원의 유전체 정보축적 등 활용 기반을 마련하기 위한 체계적인 연구 지원 시스템을 구축하여, 국내 생물자원산업을 체계적으로 육성해야 한다. 한편, 선진국들은 생물자원의 효율적인 활용을 위한 국가 차원의 육성 체계를 강화하고 있다.

국제적으로 생물종 및 유전 자원의 중요성을 인식하여 국가 소유 생물자원의 권리인정 등 지식재산권 대응 체제가 강화되고 있는 생물자원의 보존 관리 체계 선진화 및 활용 극대화를 위한 다양한 사업을 전개하고 있다.

우리나라에서도 생물자원의 보전, 관리 및 이용을 종합적으로 연계하여 생물자원의 활용을 극대화하기 위한 전략 및 실천 계획으로 마스터플랜을 수립하였다. 즉 '한반도 고유생물자원 확보, 생물자원의 관리능력 배양 및 국가생물주권기반확립' 등을 목표로 하며 이를 달성하기 위해 선정한 5대 전략 및 47개 추진 과제를 선정하였다.

<생물자원관리 마스터플랜>
1) 생물자원 조사 발굴 전략

전국 자연환경 조사 및 각종 생태계 정밀 조사를 통하여 체계적으로 생물자원을 조사, 발굴하고 그 결과를 바탕으로 한반도 생물지도 및 생물도감을 발간한다.

더불어 생물자원 확보, 수장시스템 등 관련 정보를 표준화함으로써 생물자원 인벤토리 및 생물종 확충 표본 시스템 등을 구축하여 생물 주권을 확보해 나가고자 한다.

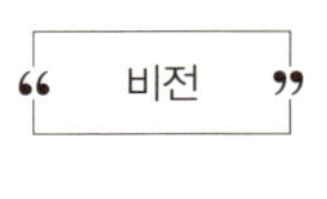

생물다양성과 인간존중의 생태경제가 살아있는 행복한 강원도!

현명한 생태보전이 지속가능한 지역발전으로 연결,
강원도의 '삶의 질'이 제고될 수 있는 생물다양성

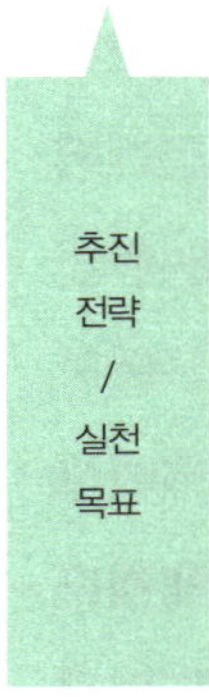

〈전략 1〉 생물다양성의 주류화	〈전략 2〉 생물다양성의 위협요인 관리	〈전략 3〉 생물다양성 보전 및 증진
① 도민인식 증진 및 참여 활성화 ② 생물다양성 활성화를 위한 정책추진기반 강화 ③ 생물다양성 증진을 위한 재정적 지원방안 마련	① 강원도 생물다양성 평가를 통한 SWOT 분석 ② 서식지 손실저감 및 회복방안 ③ 생태계 교란종 방지 방안 마련	① 보호지역 확대 및 효율적 관리 ② 멸종 위기종 등 주요 생물 및 서식처 보호 ③ 야생동물 보호 및 관리강화 ④ 생태우수지역 관기강화 방안 마련
〈전략 4〉 생물다양성 이익공유 및 지속가능한 이용	〈전략 5〉 이행력 증진기반 마련	〈전략 6〉 생물다양성 협력체계 마련
① 강원도 유용생물자원 발굴 및 보전방안 마련 ② 생물자원 및 전통지식 통합관리 DB 구축 ③ 분야별 생물산업 육성전략 마련	① 강원도 생물다양성 통합 운영체계 구성 ② 강원도 생물다양성 자문위원회 운영 ③ 강원도 생물다양성 경제성 분석	① 생물다양성 보전과 생물산업 육성을 위한 강원권 생물다양성 네트워크 구축

2) 생물자원 보전, 관리전략

멸종위기종 증식, 복원, 야생동물 질병 관리 및 외래종, 유전자변형생물체(LMO) 안전관리강화, 생물자원국외반출 승인제도 개선 등을 통하여 주요 생물종 및 서식지별 관리기법, 생물자원의 유형별 관리 기반을 마련한다.

기후변화 생태계 적응 기술 및 기후변화 대응형 도시생태계 조성, 관리 기술을 개발하여 기후변화에 따른 생태계 변화를 예측하고 적응 능력을 향상하는 등 기후변화에 대한 대응성이 높은 도시생태계를 조성하고자 한다.

3) 생물자원 이용 및 활용 전략

야생생물유전자원센터, 대국민 생물종 동정 서비스 및 유전자(DNA) 바코드 시스템 등의 운영을 통하여 생물자원 활용 인프라를 구축하고 유전 자원 등 관련 정보를 확보해 산업계에 공여하고 자생생물에 대한 검색시스템 및 분류, 검색 체계를 표준화한다.

한편 자생생물 탐색 기술, 생물자원 증식, 배양 및 보전 기술, 고유생물자원을 이용한 생태계 복원 기술 등을 개발하여 각종 생물 소재를 국산화하고 야생생물 추출 물질의 산업적 활용 기반을 마련하여 생물자원 산업을 육성할 계획이다.

4) 생물자원 해외 협력 강화전략

생물 다양성 및 철새 보호 관련 국제협력을 강화하되 특히 유전 자원의 접근 및 이익공유(ABS)에 대비한 국내 대응 방안을 마련하기 위하여 범부처 협력 체제를 구축한다. 아울러 해외 반출 생물자원을 되찾기 위한 국제협력을 강화하고 동북아 근연종 조사를 통하여 한반도 고유종의 실체를 확인할 계획이다.

5) 생물자원 정책, 제도 정비 및 인프라 구축 전략

국가 생물다양성법을 제정하고 생태원, 생물자원관, 습지센터 등 네트워크 형성으로 생물자원 관리 기반을 강화한다. 한편 생물자원 DB 통합정보시스템 구축과 생물 다양성 통합정보센터 운영 등을 통해 생물자원 보호, 관리 및 이용의 효율성과 안정성을 확보하고자 한다.

8. 정책 프레임워크를 제시한 쿤밍 선언

2021년 10월, 중국 쿤밍에서 제15차 당사국 총회가 개최되었다. 이는 2010년 나고야 회의에서 채택된 국제 생물 다양성 전략을 평가하고 향후 10년간 추진할 생물 다양성 전략을 채택하기 위한 총회이었다 그런데 지난 4년간(2019-2022) 개도국들은 재정 부담을 이유로 부정적인 의견을 내놓는 논란으로 심각한 갈등이 지속되었다, 결국 2022년 12월, 캐나다 몬티리올에서 열린 제15차 생물다양성 협약 당사국 연속총회에서 타결이 이뤄졌다.

여기에는 '자연과 조화로운 삶'이라는 비전으로 2050년까지 달성해야 할 사회 경제 전 분야에 걸친 구조적인 변혁을 내용으로 담고 있다. 이는 2015년 파리협상 때문에 새로운 기후변화협정에서 '2050 탄소중립'에 맞먹는 '2050 생태중립'이 완성되었다고 할 수 있다. 구체적인 내용은 2030년 실천 목표 23개와 2050 실천 목표 4개로 담아내고 있다.

비전 (2050 Vision)	자연과 조화로운 삶(Living in harmony with nature)
미션 (2030 Mission)	지구와 인류의 이익을 위해 2030년까지 생물다양성을 회복할 수 있도록, 생물다양 성 보전, 지속가능한 이용, 유전자원 활용 이익의 공정하고 공평한 공유의 보장 을 위한 사회 전반에 걸친 긴급 조치 마련·수행
목적 (2050 Goals)	자연생태계(면적, 연결성, 온전성) 최소 15% 증대, 멸종위기종 멸종률 10배 감소, 멸종 리스크 반감(50% 감소), 유전자 다양성 보호 및 유지(최소 90%), 자연이 주는 혜택 가치화, 유전자원(금전적·비금전적 이익 공유, 재정 및 이행수단 격차 축소
	생물다양성 위협요인 저감 ① 지구의 모든(100%) 육지와 해양 이용 변화 생물다양성 통합 공간계획 수립 보장 ② 훼손된 담수, 해양 및 육지 생태계의 최소 20% 복원 보장 ③ 생물다양성과 생태계서비스에 특별히 중요한 육상·해양지역의 최소 30% 이상 관리 ④ 종의 복원 및 보전 야생종순화종의 유전다양성 관리 인간―야생동물 갈등 방지 및 경감 보장 ⑤ 야생종의 지속가능하고 합법적이며 인간 건강에 안전한 이용매매수확 보장

가. 2030년까지 23개의 실천 목표

첫째, 전 지구적으로

① 육상 및 해상의 최소 30%를 보호지역 등으로 보전관리하고

② 훼손된 육지 및 해상 생태계를 최소 30% 복원하며

③ 과잉 영양 유출을 절반으로, 살충제 및 유해화학물질로 인한 부정적 위험을 줄이고

④ 침입외래종의 유입 및 정착률을 절반으로 줄이는 이전과 비교해 구체적이고 도전적인 실천 목표를 설정토록 하고 있다.

둘째, 생물 다양성 손실을 막는 데 필요한 재정과 현 수준의 격차를 해소하기 위한 전 세계가

① 생물 다양성에 유해한 보조금을 매년 최소 5천억 달러씩 점진적으로 줄이거나 개혁하고

② 공공 민간 등 모든 종류의 재원으로부터 매년 최소 2천억 달러씩 동원하여 개도국으로 지원하는 국제적 재원 흐름을 2025년까지 매년 최소 200억 달러씩, 2026년부터 2030년까지 최소 매년 300억 달러씩 증대시키는 목표를 내세우고 있다.

나. 2050년 4개의 실천 목표

첫째, 모든 생태계의 온전성, 연결성, 복원성을 유지 강화하고 복원시키며 생물종 멸종을 중단. 또는 멸종 위험성을 10분의 1로 감소시킨다. 이를 위해서 토착종의 개체수를 건강하고 복원가능하게 증대시키고 야생종 및 가축 종의 개체군 내 유전 다양성이 유지되어 적응력을 보호토록 해야 한다.

둘째, 생물 다양성이 지속 가능하게 이용 관리되며 생태 가능 및 서비스 등 자연이 인간에게 주는 혜택이 가치화되고 유지되도록 이를 강화해 나간다.

셋째, 유전자, 유전 자원이 관련된 디지털 서열정보 및 전통 지식 이용에서 발생하는 금전적, 비금전적 이익이 토착민과 지역 사회 등에게 공정, 공평하게 공유되고 대폭 증가되며 국제적 합의 된 유전 자원의 접근 및 이익공유 체제에 따라 관련 전통 지식이 적절히 보호되도록 한다.

넷째, 이 같은 프레임 워크를 이행하기 위한 수단인 재원, 역량개발, 과학기술협력, 기술에 대한 접근 및 이전이 모든 당사국(특히 개도국, 최빈국, 군서도서개도국, 시장경제전환국 등)에게 보장되고 매년 7천억 달러의 생물 다양성 격차를 점진적으로 줄이고 재정 흐름을 프레임 워크에 동조화시키도록 한다.

다. 생태 복원 사업 본격화

미국의 옐로우스톤에서는 먹이사슬 최상위 포식자인 늑대를 복원하자 나무와 풀을 과도하게 섭식하던 엘크의 수가 줄어들었고 나무가 다시 자라게 되었다. 그러자 나무를 이용해 서식지를 만드는 비버들도 나타나 지금은 아주 빼어난 자연경관을 유지할 수 있게 되었다. 이같이 지구생태계를 파괴하는 장애물을 제거한다면 지구생태계는 복원시켜 나갈 수 있다.

따라서 생태 보호구역을 확대하고 다양한 생물들과 사람들이 공존하는 환경이 다함께 만들어나갈 때 우리들은 지속 가능한 지구생태계를 유지시켜 나갈 수 있게 된다. 이 같은 생태보존을 통하여 생물 다양성을 유지시켜 나가야 지구생태계는 안전성을 유지할 수 있게 돼 지구환경이 복원될 수 있는 기틀이 마련되는 셈이다.

라. 우리나라의 도시생태복원사업 강화

도시생태복원사업은 도시 내 훼손된 생태계를 복원하여 생물다양성감소와 기후·환경 문제 해결을 도모하고, 도시민의 생활환경을 개선하기 위한 것으로 2020년부터 시작해 현재까지 전국에 23개 사업이 진행되고 있다. 그러나 사업추진 지연 등으로 실 집행률 저조, 사업 효과성 검증 및 모니터링 확대 필요성 등 문제가 제기되고 있다. 그래서 환경부는 2023년 7월에 도시생태복원사업 지침서를 강화하여 추진체계를 대폭 개선했다.

도시생태축복원사업 가이드라인 주요 개정 내용은 ▲ 신규사업 사전심사 강화를 위해 현장평가 의무화 ▲ 정책과의 부합성 검토를 위해 도시기본계획-공원녹지기본계획-환경계획 연동 ▲사후관리 강화를 위한 모니터링 기간 확대 ▲ 신속한 사업추진 도모를 위한 사전 행정절차 공유 ▲평가 배점 조정 ▲ 지원 제외 대상 강화 ▲생물 다양성 증진을 위해 자생종 대원칙 제시 ▲인위적 시설 설치 최소화 협력 구역 비율 축소 등이 있다.

먼저, 신규사업 선정 시 도시생태복원 대상지와 주변 생태 축과의 연결성, 부지확보 여부 등을 종합적으로 검토하기 위해 현장평가를 의무화하는 등 사전심사 절차를 강화했다. 유지관리도 3년에서 5년으로 확대하고, 사업추진 전과 비교하여 사업추진 후의 효과성을 검증하도록 하는 등 사후관리 방법도 강화했다.

대상지 여건에 따라 이행해야 할 각종 행정절차 정보를 공유하고, 사전 준비와 추진 의지가 높은 지자체의 사업대상지가 선정될 수 있도록 사전 준비 및 추진 의지, 모니터링 계획의 구체성 등의 평가 배점을 상향 조정하여 신속한 사업추진을 유도했다. 특히 도시생태복원사업 본연의 취지를 살린 생물 다양성 증진을 위해 식물 식재 시 동일 종 10% 이하, 동일 속 20% 이하, 같은 과

30% 이하 식재라는 '10-20-30' 원칙을 적용하고, 자생종을 먼저 심는다.

곤충 등 생물이 유입되도록 곤충의 먹잇감이 되는 식물을 심으면서 교목 · 관목 · 초본이 어우러지는 다층 식재를 고려하도록 했다. 유네스코 생물권보전 지역 내 놀이시설, 편의 · 휴게시설 등 인위적인 시설물은 전체 면적의 10% 이하로 설정되었지만, 최소화를 위해 5% 이하로 변경했다.

9. 쿤밍-몬트리올 글로벌 생물 다양성 프레임워크

2022년 12월 7일부터 19일까지 캐나다 몬트리올에서 제15차 생물다양성 협약 당사국 총회(COP15)에서 개최되었다. 여기에서 "지구 내 육상, 해양 면적의 30%를 생태 보호구역으로 설정하자"는 합의가 이뤄졌다. 그리고 멸종된 생물종 30%를 복원시켜 나가자고 선언하였다.

세계자연보전연맹에 따르면 현재 해양 면적의 7.96%, 육상면적의 16.7%가 보호구역으로 지정되어 있다. 특히 한국의 경우 해양 2.12%, 육상 17.15% 수준에 머물러 있어 큰 부담으로 작용할 수밖에 없다. 결국 앞으로 6년 내에서 해양 면적의 4배, 육상면적의 2배 이상을 생태 보전 구역으로 지정하여야 하는 부담을 갖지 않을 수 없다.

이미 지구생태계의 3분의 2나 멸종된 상태 이어서 이를 되살리기 위해서 불가피한 조치라고 하지만 매일매일 생활하기조차도 힘겨운 실정에서 추가적으로 생태보존구역을 설정, 생태를 복원시키는 일까지 도맡아서 해야된다는 것은 사실상 거의 불가능한 일이라고 여겨진다.

쿤밍 · 몬트리올 글로벌 생물 다양성 프레임워크는 지구생태계의 생물 멸종을 방지하기 위해서 '자연과 조화로운 삶'이라는 비전을 제시하고 2030년까지 전 지구적으로 △육상 및 해양의 최소 30%를 보호지역 등으로 보전·관리하고, △훼손된 육지 및 해양생태계를 최소 30% 복원하며, △과잉 영양 유출을 절반으로, 살충제 및 유해화학물질로 인한 부정적 위험을 줄이고, △침입외래종의 유입 및 정착률을 절반으로 줄이는 등 이전과 비교해 구체적이고 도전적인 실천 목표가 채택됐다.

더욱이 2050년까지는 전 지구적으로 육상 및 해양의 50%를 생태 보호지역으로 지정하겠다는 방침이다. 결국 세계 경제가 지구환경을 되살려내기 위해서는 탄소중립과 생태 보전이라는 2개의 날개로 비상할 수 있는 저탄소 녹색성장을 생활화하여야 한다.

이어서 생물 다양성 손실을 멈추기위해 필요한 재정과 현 수준의 격차 해소를 위해 2030년까지 전 세계가 △생물 다양성에 유해한 보조금을 매년 최소 5,000억 달러씩 점진적으로 줄이거나 개혁하고, △공공·민간 등 모든 종류의 재원으로부터 매년 최소 2,000억 달러씩 동원하며, △개도국으로 지원하는 국제적인 재원 흐름을 2025년까지 매년 최소 200억 달러씩, 2026년부터 2030년까지 최소 매년 300억 달러씩 증대시키는 실천 목표도 포함됐다.

가. 우리나라의 생태 보호지역 지정 및 관리 방안

우리나라의 보호지역은 2022년 5월 기준 현재 5개 부처가 17개 법에 근거하여 각각의 목적에 따라 보호지역을 지정 및 관리하고 있어 이를 체계적으로 관리할 수 있는 제도적인 장치가 마련되어야 하는 시급한 과제가 부각되고 있다.

그리고 육상보호 구역은 2021년 12월 기준 국토 면적 대비 육상보호 지역이 27.63%, 해양 보호지역은 3.32%로 발표하고 있다(KDPA, 2022). 그렇지만 2010년 제10차 생물다양성협약 당사국총회에서 제시한 아이치 타켓(2020년까지 육상 17%, 해상 10% 보호지역 지정)의 국제적 협약이행을 위해 2010년과

2020년 사이 보호지역 확대가 비약적으로 이루어졌기 때문이다. 이 중 중첩 지정된 보호지역의 면적을 제외하면 육상 17.15%, 해양 2.21%로 육상은 아이치 타켓 목표를 달성한 것으로 추정된다.

보호지역 중 가장 큰 면적을 차지하고 있는 것은 자연환경보전지역(24.4%)이나 자연환경보전지역은 국토이용에 관한 법률에 근거하여 국토관리 목적으로 전 국토를 용도 구분한 것으로 보호지역의 정의에 정합 되는 것으로 보기 어렵다.

수산자원보호구역(8%) 또한 관할은 해양수산부로 되어 있으나 국토관리 목적에 따라 국토부가 지정하며 환경부 관할의 특별대책지역, 상수원보호구역, 수변보호구역 등도 국제사회에서 생물다양성 증진을 목적으로 하는 여타의 보호지역과 그 지정 목적이 다르다.

환경부는 국립공원, 생태경관보전지역, 습지보호지역(육상), 야생동물보호구역 등 육상과 연안해양 보호구역 모두를 관할하고 있으며 관리 면적이 가장 넓다. 육상 국립공원 중 8개 국립공원이 백두대간보호지역에 포함된다. 환경부 관리 보호지역 중 두 번째로 넓은 보호지역(5%)인 특별대책지역은 환경 오염이나 훼손, 또는 자연생태계의 변화가 현저하거나 그럴 우려가 있는 지역, 환경기준을 자주 초과하는 경우 지정 고시하는 지역이다. 그렇다면 현재 육상 17.15%, 해양 2.21%에 불과한 생태보존지역을 2030년까지 어떻게 30% 이상으로 끌어올리느냐? 하는 문제가 가장 큰 현안 과제로 부각되고 있다.

이 같은 기후환경 정책은 국가나 기업의 생존 문제로 제기되고 있어 이를 선도적으로 추진해 나가는 환경 선진국이 되어야 국가도 기업도 살 수 있는 시대가 개막된 것이다.

만일 이에 실패한다면서 국제적으로 고립되는 것은 물론 국민경제는 점차 위축되어 지속적인 성장 기반이 무너지게 되는 것이다.

나. 지속적인 지구생태계 파괴

1982년, 유엔 총회에서 제정한 '세계자연헌장'에서 "모든 형태의 생명은 유일하며, 인간에게 유용한 여부와 상관없이 존중돼야 한다."고 선언하였다.

산업혁명 이래 250년간 세계 인류는 시장경제라는 틀 위에서 경쟁적으로 경제성장만을 위해서 무한 질주를 해왔다. 그래서 현대 과학 문명을 꽃피웠지만 대량 생산, 대량 소비, 대량 폐기라는 지구환경의 악화는 수많은 생명체에게 큰 위협이 되고 있다.

유례없는 성장에 따른 물질적 풍요는 결국 자연을 훼손하는 대가로 얻은 결과물이라고 할 수 있으며 산림, 초지, 습지 등 중요한 생태계가 파괴되고 황폐화시키는 주된 원인이 되었다. 이에 1992년, 유엔 지속 가능한 발전 정상회의(리우+20)에서 '기후변화협약과 사막화방지협약 그리고 생물다양성협약'의 3대 협약을 결의하게 되었다.

2020년 세계자연기금(WWF)이 펴낸 '2020 지구 생명 보고서'에서는 "야생생물 개체군 2만 1천 개를 분석한 결과, 1970년부터 2016년까지 관찰된 포유류, 양서류, 파충류, 어류의 개체군 크기가 평균 68% 줄어든 것"으로 나타났다. 그리고 "1700년 이래 전 세계 습지 가운데 약 90%가 사라졌고 특히 기후변화로 뜨거워진 바다에는 산호초 폐사, 생물종의 지역 이탈 등 여러 악영향이 발생했다."고 밝히고 있다.

이같이 지구생태계는 농경지, 산림, 담수, 목초지, 관목지, 사바나, 산악지대, 해양, 연안지대, 도시지역 할 것 없이 지구촌 곳곳에서 생태계가 중병을 앓고 있다는 사실이 밝혀졌다. 특히 이 보고서에서는 "인간의 건강과 자연의 건강이 긴밀히 연계되어 있다는 사실과 다른 하나는 인간의 생명을 지탱하는 시스템인 자연이 심각하게 빠른 속도로 나빠져 결국 인간의 건강과 생존이 심각하게 위협받는 상황이다."라는 사실을 밝히면서 이에 대한 대책 마련을 서둘러야 한다고 경고하고 있다.

세계 인류는 지금까지 지구생태계를 지속적으로 파괴하여 세계 인류 스스로가 건강과 환경, 경제 전반에 막대한 피해를 보게 된다는 사실을 명심하고 지구생태계를 보전시켜 나가지 않으면 우리는 살 수 없다는 사실을 명심해야 할 것이다.

다. 중국의 쿤밍 보고서

지구생태계는 '수많은 생명이 함께 짓는 거대한 그물망'이다. 이는 '숱한 생물과 함께 공존해 나갈 때 지속적인 생명력을 유지할 수 있다'는 사실은 과학적으로 증명된 진실이다. 이에 1993년부터 시작된 생물다양성협약은 14차례 당사국총회가 이어지면서 많은 결실을 맺었다.

2021년에도 10월, 중국 쿤밍에서 제15차 생물다양성 당사국총회에서는 역사상 최초로 '생물다양성과 기후변화에 관한 워크숍 보고서'를 공동 발표하게 되었다. 그동안 기후 위기와 생태 위기는 별개로 활동하였지만 이젠 이를 하나의 의제로 연결시켜 공동으로 대처하여 나가기로 하는 논의가 진행되고 있다.

중국 쿤밍보고서는 "생물다양성의 감소(유전적 다양성, 종 다양성, 생태계다양성)를 현재 수준에서 동결하기 위해 더 이상 지체해서는 안 되며, 국제적, 국가적, 지역적으로 모든 가능한 수단을 동원해야 한다."는 내용을 담고 있다.

이번에 아이치 생물다양성 목표를 수정한 새로운 생물다양성 목표 21개가 제안됐다. 그런데 가장 큰 문제는 국제질서에서 가장 힘 있는 미국이 공식적으로 참여하지 않았다는 점이다.

미국은 생물다양성협약의 당사국은 아니지만 보통 옵저버로 참여하는데, 이번에는 중국에서 개최되는 관계로 거의 참여하지 않았다. 그리고 이번 총회가 비대면으로 이루어지다 보니 구조적으로 어떤 합의를 끌어내기가 어려웠다.

그렇지만 "새로운 생물다양성 목표 21개를 2030년의 목표에 맞춰 좀 더 구체적으로 수정하고, 각국에 구체적 실행 계획과 평가지표를 설정해 이를 실행해 나갈 수 있도록 해야 한다"는 구체적인 실행단계에 접근해 나갈 수 있게 되었다.

라. 멸종위기종 보전은 생물다양성 보전의 첫걸음

카르타헤나 의정서는 2000년 1월에 캐나다 몬트리올에서 열린 생물다양성 특별 당사국 회의에서 채택. 나고야의정서와 함께 2개의 부속 의정서 중 하나이다. 이는 생물다양성에 부정적 영향을 미칠 가능성이 있는 유전자 변형 생물체(LMO)의 안전한 이동, 취급 및 사용에서 적절한 수준의 보호를 목적으로 한다.

한편 나고야의정서는 2010년 10월 나고야에서 열린 제10차 생물다양성협약 회의에서 채택. 생물다양성협약 적용 범위 내 유전자원과 관련한 지식에 대한 접근과 이 자원의 이용으로 발생하는 이익공유를 목적으로 한다. 그리고 이치 생물다양성 목표는 2010년 일본 나고야 아이치현에서 개최한 제10차 총회에서 결정된 생물다양성 목표로 10년간인 2010년부터 2020년까지 세계 각국이 이행해야 할 목표를 제시했다.

생물다양성은 생태계, 종, 유전자의 3가지 수준에서 다양성이 확보됨에 따라서 보전된다. 이를 위해서는 생태계 네트워크의 형성과 건전한 물순환 확보를 통하여 삼림, 녹지, 하천, 습지 등의 자연환경에 따른 동식물과 생태계 보전을 꾀해야 한다. 또한 현존하는 종의 멸종을 방지하기 위해서 희귀 야생동식물의 보호도 중요하다.

깊은 산에서 바다로 흐르는 물의 관계와 숲과의 관계, 저수지나 삼림의 다양한 자연환경을 녹지나 물가와 연결하고 야생동식물이 이동할 수 있는 생태계

  한 권으로 끝나는 생태 위기

의 연결인 '생태계 네트워트' 형성에 힘써야 한다. 그리고 멸종위기에 처한 종의 파악과 보호, 농림수산업에 대한 피해가 빈발하는 멧돼지 대책, 이입종에 의한 생태계의 영향을 완화하는 대안을 마련하여 실행해야 할 것이다.

우리들의 생활과 산업활동은 자연 자원에 크게 의존함으로써 성립되고 있다. 이로 인해 농림수산업과 제조업 등 모든 산업활동에 있어서 생물다양성에 배려하고 그 혜택을 미래 세대도 이용할 수 있도록 쾌적하고 생활하기 편한 생활환경을 만들어 나가야 한다. 이를 위해서 생태계의 시스템을 과학적으로 이해하면서 자연에 영향을 주는 행위에 대하여 재빠른 예방적 대책, 생태계의 변화에 순응적인 대응을 통하여 인간과 자연의 공생 방법을 모색하는 에코 시스템 어프로치 사고를 정착시켜서 지역 개발과 생물다양성 보전의 조화를 꾀하여야 할 것이다.

이같이 생태계란 '동식물과 이를 둘러싼 물, 공기, 토양 등의 자연환경 전체'를 가리키는 것으로 이런 생태계에서는 다종다양한 생명체들이 살아갈 수 있도록 숲과 물가 등 동식물에게 필요한 환경을 통합적으로 보전하는 것이 중요하다는 것을 명심하고 이를 실행해야 할 것이다.

지구환경 변화에 따른
세계 인류의 생활패턴 변화

요즈음 미국 청년의 47%가 기후변화에 대해 느끼는 스트레스가 일상에 부정적으로 작용하고 있다고 밝혔다. 이에 심리학자들은 기후 위기가 정신건강에 미치는 영향을 무시하면 안 된다고 경고했다.

미국 온라인 조사기관인 해리스 폴은 지난 2019년 12월 12일~16일에 미국 심리학협회를 대신해 18세 이상 성인 2,017명을 대상으로 조사했다. 미국 성인 절반 이상(55%)은 기후변화가 오늘날 사회가 직면한 가장 중요한 문제라고 답했다. 40%는 기후변화를 최소화할 수 있도록 개인적인 노력을 하고 있지 않다고 답했다.

70%는 기후변화에 대처할 수 있을 것으로 답했지만 51%는 어디서부터 시작해야 좋을지 모르겠다고 밝혔다. 반면, 60%는 기후변화를 줄이기 위해 기꺼이 행동을 바꿀 수 있다고 했으며 73%는 변화를 위한 동기가 있다고 밝혔다.

기후변화 해결을 위해 이미 행동을 바꿨다고 답한 응답자들에게 그 이상의 행동을 하지 않는 이유를 묻자 26%는 변화를 위한 시간이나 자금, 기술 등이 충분하지 못하다고 답했다. 행동을 바꾸지 않았다고 답한 응답자 가운데 29%는 변화를 위한 동기가 없다고 밝혔다.

이번 조사로 성인 중 3분의 2 이상(68%)이 기후변화와 그로 인한 영향에 대해 불안해하는 '환경 불안증'을 가지고 있다는 것을 알 수 있다.

임상 심리학자인 카렌 나이트 박사는 "기상이변과 식량 부족, 그로 인한 충돌 등이 정신건강과 직결될 수 있다."며 "공포심과 트라우마가 심리적 웰빙을 저해할 수 있다."고 덧붙였다.

기후변화는 물리적, 신체적 영향뿐 아니라 정신건강에도 큰 영향을 미친다. 최근에는 기후 우울증 또는 기후 불안증이라 불리는 증상으로 호소하는 환자들이 늘어나고 있다. 기후 우울증이란 지금까지 기후 대응에 실패한 원인 등을 이유로 더 이상 희망이 없다고 느끼거나, 극심한 기후변화에 대해 불안해하는 증상을 말한다.

초록우산어린이재단이 청소년 500명을 대상으로 설문 조사를 실시한 결과 청소년의 88.4%가 기후변화가 일상에 미치는 영향을 걱정한다고 답했다. 기후 우울증은 이미 전 세계 청년에게 일어나고 있다.

영국 배스대 등 6개 대학이 10개국의 만 16~25세 청년 1만 명을 공동 설문 조사한 결과, 응답자의 60% 가까이가 기후변화를 극도로 걱정한다고 답했다. 45% 이상은 기후변화에 대한 불안이 일상생활에 영향을 미친다고 응답했고 56%는 '인류가 망했다'고 여기는 것으로 나타났다.

가뭄, 홍수, 산불 등의 기후변화를 겪으면서 삶의 터전을 위협받은 아이들은 '기후 위기 트라우마'에 시달리도 한다. 가장 안전해야 할 안식처인 집이 더 이상 안전하지 않을 수도 있다는 불안감이다.

2018년 뉴욕타임스가 20~45세에게 물었을 땐 미국 커플의 3분의 1이 기후변화가 자녀를 적게 낳는 데 영향을 줬다고 응답했다. 서구 사회에서는 출산파업 운동도 나타났다.

영국 사회운동가이자 음악가인 블라이스 페피노가 이끈 이 단체는 2018년부터 세계 지도자들이 기후 위기를 막기 위한 대책을 내놓지 않으면 아이를 낳지 않지 않겠다는 캠페인을 벌이고 있다.

기후 위기 해결책으로 저출산을 거론하는 것은 어리석다는 반론도 있다. 아이를 적게 낳으면 탄소 배출량은 줄겠지만 고령화로 인류는 심각한 도전에 직면할 수 있다. 개인의 선택과 행동이 온실가스 배출에 미치는 영향은 극히 미미한 만큼 화석연료 중심의 에너지 산업 구조를 근본적으로 바꿔야 한다는 지적이 나온다.

1. 우리가 사는 지구에서의 당면과제

뉴욕 타임스지의 칼럼니스트인 토머스 프리드먼은 세 차례나 퓰리처상을 받았다. 그는 지구를 마치 흡연자와 같다고 표현하고 있다.

수백 가지의 독성물질을 안고 있으면서 폐암 등 수많은 암의 원인이 되는 담배를 피우는 흡연자에게 주변 사람들은 간곡하게 끊으라고 권유한다. 그런데도 흡연자는 약간의 기침, 약간의 답답함은 있지만, 어디 아픈 것도 아니고, 바로 죽는 것도 아닌데, 끊어야 하느냐고 되레 반박한다.

이같이 지구는 바로 흡연자와 같이 수백 가지의 독성물질을 안고 주변 사람들을 괴롭히고 있는데도 담배를 끊지 못하는 것과 같이 세계 인류는 화석연료를 중단시키라고 아우성을 치고 있는데도 이를 중단시키지 못하고 있다.

지구가 몸살을 앓고 있는 것은 바로 화석연료 때문이다. 그래서 우리가 사는 지구는 '뜨겁고(Hot), 평평하고(Flat), 붐비는(Crowded)'것으로 변해가고 있다. 뜨거운 세계란 온난화로 인해 지구의 온도가 올라가고 있는 현상을 의미하며, 평평한 세계는 글로벌화로 세상 왕래가 자유로워짐을 말한다. 그리고 붐비는 세계란 신흥 개도국을 중심으로 급격히 늘어나는 인구를 의미한다고 할 수 있다.

이런 문제를 즉각적으로 해결하지 않으면 지구는 더 이상 생명력을 잃어갈 수 있는데도 세계 인류는 별다른 움직임을 보이지 않고 있다.

이에 토머스 프리드먼은 이를 해결하려는 방법으로 '코드 그린 전략'을 제시하고 있다. 코드 그린 전략이란 생물다양성 보전, 화석연료 사용감축, 그리고 이를 기필코 완성시켜 나가야 할 운명이라고 여겨야 한다는 것으로 요약될 수 있다.

가. 생물다양성 보전

화석연료를 연소시키면 각종 오염물질이 배출되어 지구온난화와 함께 지구생태계의 생물체들이 3분의 2 이상이 멸종하고 있다. 그리고 인도네시아 및 아마존의 삼림 훼손과 신흥 개발국의 많은 온실가스 배출은 여전히 지속돼 지구생태계의 동식물 멸종은 더욱 확산되고 있다.

한 종이 멸종하게 되면 이와 먹이사슬로 연결된 다른 종들도 도미노같이 무너지게 된다. 결국 지구생태계는 생명의 네트워크로 연결되어 있어 전멸해 나가고 있다고 할 것이란다.

이를 결국 먹이사슬의 맨 위에 있는 인류에게도 치명적일 수밖에 없다. 따라서 생물체의 다양성을 되살려 더 이상 지구생태계가 멸종되어 가는 것을 방지해야만 세계 인류가 안심하고 살 수 있다고 했다.

나. 화석연료 감축만이 살길

"샤워는 짧게 하라", "휘발유를 절약할 수 있는 운전법", "집 안에 전등 하나 끄기" 등 이미 세계 곳곳에서는 에너지 절약과 환경보호를 위해 많은 사람이 행동하고 있다. 그렇지만 근본적이고, 혁신적인 대책은 에너지 인터넷을 구축하여 에너지의 효율성을 높이고 자원을 재활용하여 자원고갈을 막아내는 길이다.

에너지 인터넷이란 IT와 ET(Energy Technology)가 융합되어 각 가정의 모든 에너지 시스템은 정보시스템과 연결돼 청정전기를 사용. 저장. 발전, 심지어 구입과 판매까지도 함께 일어지는 대규모 통합 플랫폼을 구축하는 일이다.

기존 전기생산에서는 석탄 연소 과정, 피크 타임, 송배전 등으로 에너지의 84% 이상을 버리고 있다. 사실 버려지는 에너지의 6%만 사용한다고 해도 탄소중립의 절반가량은 실현할 수 있다.

그래서 세계 인류는 에너지 인터넷을 구축하여 버려지는 에너지를 최소화해 나가는 데 초점을 맞춰야 한다. 그리고 재생에너지 전환, 에너지 효율성 제고, 자원순환 등을 통하여 완전한 탄소중립을 실현시켜 나가야 한다.

다. 그린은 선택이 아니라 운명

앞으로 그린화 기업들만이 생존해 나갈 수 있는 세상이 되고 있다. 세계 각국이 그린 뉴딜정책을 내세워 적극적으로 기업의 환경경영체제를 구축하도록 지원하고 있다.

이런 대열에서 빠지게 된다면 결국 기업들은 낙후되어 파산 위기에 몰릴 수밖에 없다. 그래서 국가나 기업이나 개인까지도 환경을 우선적으로 생각하고 이를 배려하는 것을 선택이 아닌 운명이라고 여기고 적극적으로 참여해 나가야 할 것이다.

이 같은 탄소중립의 또 다른 움직임으로 우리들은 어메니티(Amenity, 쾌적성)을 경쟁력으로 삼아나가는 것이라고 생각 된다.

2. 지구 속의 우주, 심해에서의 자원전쟁

지금까지 많은 사람들은 심해에서는 소수의 적응된 생명체만 살고 있을거라고 생각해 왔다. 그런데 심해의 블랙 스모커 지역에는 열대우림지역보다 더 많은 종류의 생물이 사는 생태계가 있다. 즉 해양생물 조사프로그램이 발족 된 이래 세계 각국의 해양생물학자들은 2010년을 기준으로 5,600종이 넘는 신종 생물을 발견했다.

채집 조사를 나갈 때마다 새로운 생물을 발견하고 있는데, 이는 바다 생명체의 5%에도 미치지 못하는 정도라고 한다.

아직 초기 단계에 불과 하지만 해양 바이오테크놀로지는 화학, 제약산업에 혁명을 가져올 것으로 기대하고 있다. 즉 심해 박테리아를 이용한 바이오 플라스틱은 시간이 지나면 저절로 분해되며, 제품의 용도에 따라 개성 있는 플라스틱을 만들 수 있다.

심해 미생물로 만든 세제는 얼음같이 차가운 물에서도 기름때를 녹일 수 있다. 심해 생물체들에서 항생제, 진통제, 항암제를 추출하는 것도 많은 부분 연구되었고 실용화된 것도 있다. 수술에 사용되는 봉합실의 경우 이미 해저 미생물로 만든 것이 사용되고 있다.

이같이 심해는 지구의 보물창고이며, 미래의 번영과 생존을 위한 제3의 골드러시가 이루어지고 있다. 지구 표면적의 60%를 차지하는 이 손대지 않은 지역에 이제 인간은 경쟁적으로 개발에 참여하고 있다.

1977년, 해양 전문가들은 처음으로 발견된 심해의 블랙스모커 주변 광물 퇴적층을 발견하였다. 그곳에서 1톤당 평균 5~20그램의 금과 1,200그램의 은을 채취했으며, 근처의 광석을 연구한 결과 전체의 50%는 아연, 15%는 주석을 함유하고 있다는 사실을 밝혀냈다.

이 중에서도 망간단괴가 주목받았는데 구리, 니켈, 코발트 등의 성분이 있어 자원 부족국들의 호기심을 자극하였다. 그 외에도 메탄 하이드레이트, 석유, 천연가스 등의 값어치 있는 자원이 심해에는 많이 있다.

육지에 있는 광산에서 토사 1톤당 금 1그램을 발견해도 개발할 만하다고 하는데 1톤당 금 20그램이 나온다고 하니 횡재가 아닐 수 없다. 이러한 자원은 보통 수심 4,000미터 이하의 심해저 바닥에서 발견된다.

따라서 심해 자원에 관심이 있는 나라들은 심해의 95%를 탐색할 수 있는 수심 6,000미터용 로봇을 운영하고 있다.

현재 프랑스, 영국, 노르웨이, 포르투갈, 러시아, 일본, 한국, 캐나다, 호주, 미국은 수심 6,000미터 이상 잠수할 수 있는 로봇을 확보하고 있다.

가. 심해에서의 자원전쟁

전 세계 석유 매장량의 7.5%, 천연가스 매장량의 30%를 차지할 것으로 추측되는 북극 해저의 권리를 차지하기 위해 러시아, 미국, 캐나다, 그린란드, 노르웨이 등이 신경전을 펼치고 있다.

포클랜드 제도를 둘러싼 영국과 아르헨티나 간의 갈등도 제도에 있는 유전과 가스전에 있다.

우리나라와 일본이 관련된 독도 문제에도 양국이 30년 동안 쓸 수 있는 에너지자원, 메탄 하이드레이트가 있기 때문이다.

석유가 매장되어 있다고 예상되는 스프래틀리 군도에는 무려 7개국, 중국, 대만, 베트남, 말레이시아, 인도네시아, 브루나이, 필리핀이 영유권을 주장하고 있다.

이같이 심해에서의 자원전쟁은 새로운 세계 갈등의 원천이 되고 있다. 아직까지 심해에 대한 갈등을 해결해 나갈 수 있는 기술적으로나 법적인 해결 방안이 마련되지 못하고 있는 실정이다.

나. 심층 해저의 생태계

인류는 20세기 후반에 잠수정이 개발되면서 본격적으로 심해를 관찰할 수 있게 되었다. 그렇지만, 아직도 잠수정 개발 및 운용 기술에는 비용이 많이 들어 몇몇 국가의 일부만 탐험이 가능하다.

심층 해저는 지하자원의 개척지이자 수산자원의 새로운 어장으로의 가능성뿐 아니라, 이산화탄소 등의 폐기 물질 처리장으로서도 활용 가능성이 커 여러 나라가 이에 관심을 갖고 있다.

해양 표층에서는 식물성 플랑크톤이 광합성으로 성장해 개체수를 늘려간다. 이 식물성 플랑크톤을 동물성 플랑크톤이 먹고 동물성 플랑크톤을 어류가 먹는다.

어류를 피해 살아남은 동물성 플랑크톤이 수명이 다해 죽으면 해저로 낙하하는데 여러 플랑크톤이 엉겨 붙어 하얀 덩어리를 이뤄 내려간다. 이 모습이 마치 눈처럼 보인다 해서 '해양의 눈'(marine snow)이라고 한다.

햇빛이 도달하지 못하는 해저에서는 광합성이 불가능해 식물성 생물이 없다. 이 때문에 심해 생물들은 주로 위에서 내려오는 마린스노를 먹고 산다. 마린스노의 양이 많지 않아 심해 생물의 개체수는 제한적이다.

1977년 미국의 심해 조사선이 갈라파고스섬 먼바다의 심해에서 해양탐사를 수행하던 중 그때까지 알고 있던 심해저 생태계 상식으로는 이해할 수 없는 아주 이상한 현상을 발견했다.

해저 바닥에서 검은 연기가 분출하고 그 주위로 다양한 해양생물들이 높은 밀도로 서식하는 광경을 본 것이다.

해양생물들은 수심 2,500m 심해에서 마린스노를 먹고 살아갈 수 있는 해양

생물들이 훨씬 많았다는 사실을 확인할 수 있었다.

다. 심해 생태계의 환경

바다의 밑바닥에 300℃ 정도의 아주 높은 온도를 지닌 온천지의 존재는 이미 오래전부터 예상됐다. 지하 깊은 곳으로부터 뿜어 오르는 차가운 물에 포함된 유황 가스나 메탄 등의 물질은 심해저에서의 화학합성 생태계를 이루게 하는 근원이다.

그렇다면 이런 신비의 세계에는 열수분출구에 가까이 갈수록 심해 새우와 말미잘, 눈이 퇴화된 게, 새우류 등 갑각류의 밀도가 서서히 높아진다.

분출구 근방 수 m에는 홍합류, 흰패각 조개류, 그리고 커다란 관벌레가 용암의 틈 사이에 밀집하고 있다. 이 생물은 황갈색의 관에서 아가미와 비슷한 움직임을 갖는 선홍색 혀 모양의 구조를 수중에 내놓고 있다. 이 관 위로 진화사적으로 아주 오래된 소형 권패류가 떼를 지어 있다.

30℃ 이상의 고온인 열수를 분출하는 굴뚝 표면에는 갯지렁이처럼 털이 많은 다모류가 자리잡고 있다. 이 분출구의 위에는 심해 게 종류가 지나다니면서 다모류를 잡아먹는다.

이러한 해저 열수구 생물군집의 가장 큰 특징은 높은 생물량이다. 비슷한 수심의 심해저에는 생물량이 많아야 1g/m2 정도인 데 비해, 해저 열수구는 대표적인 동물의 생물량만 15kg/m2를 넘을 정도다.

심해저에는 수만km의 커다란 산맥과 수천km에 이르는 해구, 수백km 뻗어 있는 해저협곡이 있고, 심해 평원에는 높이 수천m의 해산이 있다.

심해에는 이렇게 다양한 지질학적 환경에 걸맞게 다양한 생물이 살고 있다. 지형이나 수심이 달라지면 당연히 해수의 움직이는 방향이 변하고, 생물이 뿌리를 내리는 방법과 먹이를 잡는 방법도 달라진다. 결국 심해 환경에 따라 다른 생활 형태를 가진 독특한 생물군집이 형성된다.

라. 심해 생물체의 특징

식물이 살 수 없는 심해저에서는 광합성에 의한 유기물질 생산이 불가능하다. 그리고 심해는 육지보다 수천 배나 높은 기압을 자랑하고 있기도 하다.

이렇게 육지와는 아주 다른 환경, 즉 유기물이 적고, 생물의 서식밀도가 낮은 아주 엄밀한 세계에서 살아남기 위해서 생물은 무엇인가 육지와 다른 적응 전략을 세워야 한다. 그래서 심해 생물들은 몇 가지 특징을 갖고 있다.

첫째, 감각 기관의 특수하다.

어두운 심해에서 빛을 내는 발광 기관을 발달시키면 먹이를 쉽게 찾을 수 있다. 또한 움직임을 느끼는 진동(소리) 감각 기관을 발달시키거나, 자신이 필요한 화학물질을 감지하는 수용기들이 발달되어 있다.

둘째, 적응 전략으로 먹이를 구하는 방법에 맞춰 자신을 변화 시킨다.

돌아다니면서 먹이를 찾는 육식성, 잡식성 생물은 몸집이 커지고 근육질이 된다. 한편 뻘이나 모래 속에서 먹이가 되는 퇴적물이 떨어지기를 기다리는 인내형 생물은 몸집을 작게 만들고 운동기관이 없다.

셋째, 번식 전략이 다르다.

심해 생물들은 크기와 알을 얼마나 자주 산란할지를 고심해 선택한다. 암수가 쉽게 만나기 힘든 조건이기 때문에 수컷이 암컷에 기생하거나 우연히 만난 상대방에 맞춰 성전환을 하는 경우도 있다.

넷째, 덩치가 작아 에너지 효율을 높인다.

아주 적은 양의 유기물에 의존해 생명을 유지하는 심해 생물은 에너지를 효율적으로 사용하는

것이 중요하다. 그런 연유로 대형저서생물에 비해 중형저서생물(0.032-1mm 사이의 생물)이 상대적으로 많이 살고 있다. 몸집이 작으면 필요한 에너지의 양이 절약되기 때문에 대형저서생물의 일부가 중형저서생물의 크기까지 작아진 경우도 있다.

심해 중형저서생물의 군집 중 가장 많은 것은 유공충류와 선충류다. 가장 오래된 생물의 하나인 유공충류는 석회질로 된 껍데기에 싸여 있는데, 먹이를 잡는 가늘고 긴 위족을 갖고 있는 점이 특징이다.

선충류는 몸이 가늘고 양 끝이 뾰족한 줄 모양으로 생긴 적응력이 탁월한 생물이다. 그 다음으로 많은 것은 해양 어디에나 쉽게 적응해 내는 저서성 요각류다. 이 외에도 마디로 이루어진 몸에 털이 많이 나 있는 다모류나 짧고 뭉툭한 몸통에 4쌍의 다리를 가진 완보동물 등이 있다.

3. 산호초가 멸종된다면

세계경제포럼은 2021년 10월에 세계산호초관찰네트워크(GCRMN)의 연구를 바탕으로 '산호초 멸종' 사실을 발표하였다. 남아시아 지역에서 살아있는 산호의 면적은 2009년부터 2018년 사이에 거의 21%의 절대적인 감소를 했다.

산호초가 사라지는 주된 원인은 수온이 상승함에 따른 백화 현상이라고 밝혀냈다. 따라서 이대로 가면 앞으로 10년 후에는 지구상의 산호초가 모두 사라질 것이라는 분석이 나왔다.

2021년, 현재 지구 평균기온은 산업화 이전보다 이미 1.1℃ 올랐다. 그런데, 위성 관측 사진과 기후변화 모델링으로 분석해 보니 기온 상승치를 1.5℃로 저

지한다고 해도 산호초는 사실상 사라질 것이라는 분석이다. 즉 지구 기온이 1.5℃ 높아진 순간, 산호초가 지속해서 살아갈 수 있는 수역이 현재의 0.2%로 대폭 줄어들 것이라는 전망이 나왔다.

IPCC의 2018년 지구온난화 1.5℃ 특별 보고서에서도 지구 평균 온도가 1.5°C 상승하게 되면 산호는 70~90%가 소멸하고, 2.0°C 이상 상승하면 99% 이상이 소멸한다는 전망을 내놓았다.

만일 지구에서 산호초가 사라진다면 지구생태계는 어떤 변화가 일어날 것인가?

산호초에는 말미잘, 해면, 이끼벌레, 대왕조개, 군소, 갯지렁이, 게, 바닷가재, 불가사리, 해삼, 성게, 물고기를 비롯해 4만~ 6만 종의 해양생물들이 살고 있다. 산호초가 차지하는 면적은 전체 바다의 1%도 채 안 되지만, 해양생물 종의 25%가 서식하고 있다.

만일 산호초가 사라진다면 이런 해양생물들도 멸종위기에 직면하게 된다. 그리고 산호초는 해저지진이나 태풍으로 생긴 엄청난 파도나 강한 해류를 완화시켜 육지를 보호해 준다.

만약 산호초 대신 인공적으로 방파제를 세운다면, 1km당 100억 원 이상의 공사비가 요구될 것이라고 한다.

산호는 대기 중의 이산화탄소 농도를 낮춰 지구온난화를 경감시키는 데도 기여하고 있다. 대기 중의 이산화탄소는 바닷물에 녹아 들어가고, 산호는 바닷물에 녹아있는 칼슘과 이산화탄소를 갖고 탄산칼슘 성분의 석회질 골격을 만들기 때문에 자연재해 방어벽으로 지구환경문제의 해결사 역할을 담당하고 있다.

가. 의약품 개발 원료가 되는 산호

최근에는 산호에서 유용 물질을 추출해 항암제, 항생제, 소염제 등 의약품으로 개발하고 있다. 즉 탄산칼슘으로 된 산호의 골격은 사람의 인공 뼈로도 이용되고 있다.

이런 산호초가 사라지고 있다는 것은 인류에겐 큰 재앙이 아닐 수 없다. 따라서 산호초를 되살리는 일에 적극적인 대책을 마련하고 해양 산성화에서 벗어날 수 있도록 하여 바다를 되살려내야 한다.

급속히 훼손되는 산호초를 보호하기 위해 1995년에는 국제 산호초 회의가 열려 산호초 생태계의 중요성과 훼손 원인을 파악하고, 보호 활동을 활발히 하고 있다.

우리나라에서도 한국해양연구원은 산호초의 천국 미크로네시아공화국에
'한 남태평양 해양연구센터'를 설치해 산호초에 살고 있는 해양생물의 다양성
과 생태를 조사하고, 이들로부터 신물질을 추출해 이용하는 연구를 하고 있다.

산호는 무한한 효용 가치를 갖고 있으므로, 앞으로 자연재해 또는 병마로부
터 우리의 생명을 지켜줄 수 있도록 산호초를 보전시켜야 할 것이다.

나. 탄소흡수원으로써 산호

산호초는 산소량이 높고 먹이가 풍부해 바다생물의 4분의 1이 살아가는 생
물다양성의 보고(寶庫)다. 또 1㎡당 1천500~3천700m의 이산화탄소를 흡수하
며 열대우림에 맞먹는 역할까지 한다.

건강한 지구를 위해서는 꼭 필요한 존재지만 지구온난화로 수온이 오르고
각종 쓰레기로 바닷물이 오염되면서 곳곳에서 심각한 위협을 받으며 죽어 나
가고 있다. 그래서 최근 죽은 산호초를 복원하자는 2건의 연구 결과가 잇따라
발표돼 세계 인류의 관심을 끌고 있다.

호주 해양과학연구소(AIMS)에 따르면 이 연구소의 브렛 테일러 박사가 이
끄는 연구팀은 심각한 '백화 현상'을 보이는 산호초 주변의 물고기 개체수를 분
석한 결과를 과학 저널 '글로벌 생물학 변화' 최신 호에 발표했다.

백화 현상은 산호초가 높은 해수면 온도에 장기간 노출될 때 보이는 스트
레스 반응으로, 길게 이어지면 산호가 죽게 된다. 그래서 서태평양의 대보초
(Great Barrier Reef)와 인도양 차고스 제도에서 백화 현상을 보이는 산호초를
대상으로 연구를 진행했다.

그 결과, 백화 현상이 나타난 곳에서 대부분의 어종이 급격히 줄어든 것과는
정반대로 파랑 비늘 돌돔은 개체수가 2~8배 증가하고 각 개체의 몸집도 백화
현상이 없는 산호초에 사는 개체에 비해 20%가량 큰 것을 확인했다.

다. 산호복원에 도움이 되는 파랑비늘돔

파랑비늘돔이 촘촘하게 난 이빨로 산호에 붙어있는 미생물을 긁어먹는데, 이런 행동이 산호의 회복을 도왔을 가능성이 큰 것으로 분석했다. 즉 백화가 진행되면서 산호가 죽어 황폐화한 자리에 미세조류와 남세균이 달라붙게 되는데, 이런 미생물을 먹이로 삼는 파랑비늘돔이 늘어 이들을 잡아먹으면 주변을 깨끗이 청소하여 산호가 복원할 기회를 얻게 된다는 것이다.

이에 연구팀은 산호와 파랑비늘돔이 순환고리를 형성해 산호가 죽으면 파랑비늘돔이 늘어 복원할 기회를 제공하고, 산호가 회복되면 먹이가 줄면서 파랑비늘돔 개체도 줄어들어 서로 균형을 맞추는 것으로 분석했다.

테일러 박사는 약 8천㎞ 떨어진 서태평양과 인도양의 산호초에서 파랑비늘돔 개체가 많이 늘어났다는 것은 이런 순환고리가 지역적 현상이 아니라 산호초 생태계의 고유한 일부분이라는 점을 보여주는 것이라고 했다. 이같이 해양생태계는 자기 생존을 위한 각고 된 노력을 하고 있는데 세계 인류는 이를 외면한 채 해양생태계를 오염만 시키고 있다.

라. 대대적인 산호초 복원 사업 전개

영국 엑시터대학 해양생물학 교수 스티브 심슨 박사가 이끄는 국제 연구팀은 "수중 스피커로 건강한 산호초의 소리를 들려줬더니 어린 물고기들이 황폐화한 산호초로 몰려들었다."는 연구 결과를 과학저널 '네이처 커뮤니케이션스' 최신호에 발표했다.

심슨 박사는 "건강한 산호초 주변에서는 물고기나 딱총새우가 내는 소리가 어우러져 상당히 시끄러우며, 어린 물고기들은 이런 소리를 듣고 서식지를 찾는다"며 "산호가 죽으면 물고기와 새우가 사라져 귀신이 나올 것처럼 조용해지는데 수중 스피커로 건강한 산호 소리를 들려줌으로써 어린 물고기를 다시 유인할 수 있다"고 설명했다.

이런 방식으로 연구팀은 대보초 내 죽은 산호초에서 이런 실험을 진행한 결과, 비슷한 산호초에 비해 두 배에 달하는 물고기가 찾아와 머물렀다. 그리고 생물종(種)도 50%가량 늘어난 것으로 나타났다고 밝혔다.

그렇지만 "죽은 산호초 주변에 물고기를 모은다고 해서 자동으로 살아나는 것은 물론 아니다"며 "물고기들이 산호초 주변을 깨끗이 하고 산호가 다시 자랄 수 있는 공간을 만들어 줌으로써 산호복원을 뒷받침할 수 있다"고 강조했다.

이같이 세계 인류가 해양생태계의 미묘한 진리를 정확하게 이해하고 그들이 살아갈 수 있는 환경을 조성해 줌으로써 해양생태계는 복원시켜 나갈 수 있다는 자신감을 얻게 된다.

4. 전염병 시대 개막

지난 100년 사이에 세계 인간 평균 수명은 2배 이상 길어졌다. 즉 1900년대 인간의 평균 수명은 31세이었으나 2017년 현재 인간 평균 수명은 71세로 늘어났다. 이는 그동안 흑사병(페스트)을 비롯하여 나병, 결핵, 발진티푸스, 매독, 콜레라, 장티푸스, 천연두, 독감 등 대표적인 전염병들이 인류의 생명을 많이 앗아갔기 때문이다. 그러나 19세기 후반 항독소와 예방백신 개발, 1940년대 초 페니실린 스트렙토마이신 등 항생제가 나오면서 이런 전염병은 일시적으로 잠잠해지면서 인간의 평균 수명을 연장시켰다.

지난 6세기 중엽 로마제국이 멸망한 것도 도시 인구의 40%를 죽음으로 몰고 왔던 흑사병 때문이다. 이것이 다시 1300년대 중엽 유럽에 나타나 불과 4~5년 사이에 전 유럽 인구의 3분의 1 이상이 목숨을 앗아 갔다.

이같이 흑사병이라는 전염병으로 인류는 얼마나 많이 희생되었으며 전염병이 얼마나 공포적인 존재이었나를 쉽게 알 수 있는 것이다. 이런 전염병들이

잠잠하다가 1981년에 처음으로 모습을 드러낸 것은 세계적으로 2천만 명 이상
이나 죽음으로 몰아넣은 에이즈가 나타나면서부터이다.

단연 20세기의 페스트로 불릴 만큼 번창하였으나 결국에는 백신 개발로 크
게 감소 되었다. 그렇지만 많은 사람에게 아직도 공포적인 존재로 남아 있다.

우리들의 기억 속에서 멀어져간 말라리아, 매독, 결핵, 페스트, 홍역 등이 가
난한 나라들뿐 아니라 선진국에서도 다시 수면 위로 떠 오르면서 전 세계를 공
포 분위기를 조성하고 있다. 요즈음 신종 바이러스가 확산되면 수 주일 만에
전 세계로 휩쓸어 인류는 전염병의 공포 속에서 벗어날 수 없게 만들고 있다.

가. 전염병 창궐의 위험성

버밍엄 대학교 교수이자 저명한 작가인 토마스 매큐언은 '질병의 기원'이라
는 저서에서 전염병의 조건으로 '대규모 집단, 위생의 결핍, 영양결핍' 3가지를
들고 있다.

21세기에 접어들면서 국제적인 왕래가 빈번하게 이뤄지고 있고 인류의 면역
력이 크게 저하되고 있어 사실상 전염병이 창궐할 수 있는 여건을 갖추고 있다
고 할 것이다.

왕래가 거의 없었던 과거에서는 한 지역에서 발생하는 전염병은 그 지역의
풍토병으로 대부분 남아 있게 되었다. 그래서 다른 지역으로까지 옮겨지는 것
은 병균을 매개하는 인간을 통해서만 이루어질 수 있었기 때문에 무역과 전쟁
이 유일한 통로 역할을 담당하게 되었다.

그중에서도 특히 전쟁은 한 지역에서 다른 지역으로의 급격하고 빈번한 인
구이동을 불러와 광범위한 지역에 전염병을 확산시키는 계기가 되었다.

이에 반해 21세기에는 인구 100만 명 이상의 메가톤급 거대도시가 전 세계
에 즐비하다. 그리고 비행기, 고속도로, 고속철도 등 초특급 이동 수단이 발달
되면서 무역, 관광 등이 활발해져 국제적인 왕래가 빈번하게 이뤄지고 있다.

그 때문에 전염병이 발생하면 과거에는 5년, 10년이나 걸리던 확산 속도가 이젠 불과 수 주일 만에 전 세계로 휩쓸 수 있게 된 것이다.

나. 감염 바이러스 산재

1997년. 세계보건기구(WHO)는 세계 보건의 날을 맞아 "전염병 시대가 개막되고 있다."고 선언하였다. 그리고 세계 각국에 전염병 대응책 마련에 적극적으로 참여할 것을 권고하였다.

이어서 유엔은 '밀레니엄 프로젝트'에서 15개의 도전과제를 제시하고 있다. 그중에 하나로 '신종 전염병 확산'을 포함하면서 "말라리아, 결핵 등 '후진국성 질병'이 여전히 정복되지 않은 채 남아 있으며 지난 40년간 사스, 조류 인플루엔자, 신종 플루 등 약 39종의 전염병이 지구상에 새로 보고되고 있어 이에 따라 매년 약 1,700만 명이 사망하고 있다"고 발표하였다.

요즈음 세계 인류의 사망 원인을 살펴보면 전염병으로 인한 사망자 수는 전체의 10% 미만을 차지하고 있다.

그렇지만 심혈관계 질환이나 암 같은 비전염성 질환으로 인한 사망자가 4,050만 명으로 전체 사망자 수 5,690만 명의 71%나 차지하고 있다.

이는 그간 문명의 발달로 상하수도 등 위생시설이 갖춰졌으며 백신과 항생제가 개발되어 사실상 전염병이 극복되었다고 믿어왔다. 그런데 세계보건기구가 또다시 전염병 시대를 선언하고 있으니 백신이나 항생제로 전염병이 극복된 것이 아니라 사실상 일시적으로 회피해 있었던 것에 불과하다는 것을 알 수 있다.

사실상 감염 바이러스는 세계 곳곳에 잠재해 있어 언제 어디에서나 출현할 가능성이 높아지고 있다. 이같이 전염병이 전 세계로 확산될 위험성은 안고 있어 이에 대응책 마련이 시급한 실정이다.

다. 변종 바이러스 출현

전염병의 원인이 되는 미생물들이 여러 항균제에 대한 내성인 병원체로 변이되거나, 돌연변이나 혹은 유전자의 재조합을 통하여 보다 독성이 강한 새로운 변종 바이러스로 변해가고 있다.

따라서 반코마이신 내성 포도상구균(VRSA)이나 이미 만연된 페니실린 내성 폐렴구균(PRSP)의 내성 확대 등으로 강한 독성 세균이 출현하고 있어 전염병에 대한 위험성은 날로 더욱 높아지고 있는 것이다.

미생물학자들은 기존 항생제에도 듣지 않는 강한 독성을 가진 세균이 출현하게 되면 인류가 전멸하게 될 것이라는 위험성을 들고 있어 전염병에 대해서 안이하게 대처할 수 없는 입장이다. 자칫 전염병으로 인하여 세계 인류는 큰 위협에 직면하게 될 것이라는 사실을 쉽게 짐작할 수 있다.

한편 현대인의 면역력은 점차 저하되고 있어 전염병에 걸리면 사망률은 크게 늘어날 것을 우려하지 않을 수 없다. 보통 면역력이란 70% 정도가 장내 세균에 의해서 이뤄지고 나머지 30%는 정신력에 의해서 주어지게 된다고 한다.

장내 세균은 식생활이 서구화되고 인스턴트식품이 상용화되면서 장내 세균들의 먹잇감인 식이섬유나 효소식품의 섭취가 크게 줄어들었다. 더욱이 바이러스, 세균, 기생충과 같은 미생물들을 불결하다고 무조건 박멸시켜 인류가 오랫동안 공생해 온 미생물조차도 일방적으로 배제 시키는 결과를 가져와 면역력이 크게 약화 되고 있다.

더욱이 현대사회는 복잡다기화되면서 많은 사람들은 과중한 정신적 스트레스로 수면 불안이나 정서적인 불안감에서 벗어나지 못한 채 우울증에 시달리고 있다. 그리고 환경 오염으로 미생물들로 악성으로 변종 되고 있어 전염병의 발생 가능성은 높아졌다고 할 것이다.

이같이 21세기 전염병 시대를 맞이하여 세계 인류는 정신적인 안정을 취하면서 장내 세균의 먹잇감인 식이섬유나 효소식품을 많이 섭취하여 각자가 자기 면역력을 높여나가야 전염병 시대를 극복해 나갈 수가 있는 힘을 키워나갈 수 있는 것이다.

5. 세계 역사를 바꾼 전염병

14세기, 유럽 국가에서는 알 수 없는 질환(사실상 페스트)으로 전체 인구의 3분의 1 이상 사망했다. 그래서 신의 저주 때문에 일어났다고 여겼고 신의 노여움을 달래려는 행동들이 오늘날 풍속들이 그대로 남아 있다. 이는 사육제니 카니발이니 하는 축제로 발전하여 많은 사람이 즐기고 있다.

많은 마을 사람이 갑자기 사망하고 마을이 폐허로 변하면서 논밭은 황무지화되고 흉년과 기근이 또다시 죽음의 공포로 몰아넣었다. 이어서 각종 자연재해와 유행성 독감, 괴혈병, 콜레라 등이 만연되면서 신이 내린 형벌이라고 여겨 불안과 공포에 휩싸인 사람들 사이에는 각종 일들이 벌어졌다.

점술가들은 진주 분말, 말린 두꺼비, 구운 두더지, 늑대와 사슴의 내장, 양의 피, 닭의 위 등 각종 기괴한 약을 만들어 북새통을 이뤘다. 그리고 수도사들은 망토를 입고 가슴에 붉은색 십자가를 걸었으며 채찍으로 끊임없이 자신을 내리치면서 자신들의 고행으로 하나님이 이 '형벌'을 멈춰주시기를 기도했다.

의사들은 대형 새를 연상시키는 방호복을 입고 다녔으며 새 부리처럼 입 부분이 앞으로 돌출된 가면을 쓰고 이 돌출 부위에 약을 넣고 다녔다.

외지에서 유입된 유대인들에게 죄를 뒤집어씌워 유대인들의 학살로 이어졌다. 즉 예수를 십자가에 못 박혀 죽게 한 종족, 탐욕스러운 고리대금업자라고 죄악시하면서 페스트를 유포시킨 죄목으로 체포되어 고문을 받았다.

더욱이 마을 우물이나 냇물에 독약을 풀었다는 죄목으로 학살되었고 이를 계기로 유대인들은 동유럽 전 지역으로 흩어져지는 계기가 되었다.

한편 중세 봉건제도에서 농민들은 땅을 가진 영주 밑에서 노예처럼 영주의 땅에서 농사를 지었던 농민들이 많이 사망하였다. 그래서 일손이 부족해져 농민의 몸값이 올라 2~3배나 비싼 임금을 줘야 했기 때문에 영주 중심의 봉건 체제가 무너지는 계기가 되었다.

중세 유럽 사람들에게는 교회와 성직자가 곧 법이었는데 흑사병에 대한 아무런 대책을 내놓지 못해서 교회에 대한 능력을 의심하면서 불신하기 시작하였다.

이는 곧 종교개혁의 시발점이 되었고 이로써 가톨릭 중심의 교회가 여러 종류의 개신교로 나누는 계기가 되었다.

가. 천연두 때문에 남미 북미 멸망

1532년, 스페인의 피사로의 부대가 잉카제국에 도착하였다. 그들은 106명의 보병과 62명의 기병으로 구성되었는데 이들이 8만 대군을 보유하고 있는 잉카제국을 붕괴시킨 것이다.

이는 전투가 아닌 천연두라는 전염병 때문이었다. 즉 유럽 사람들에겐 이미 천연두가 창궐한 뒤라 천연두에 대한 면역력이 있었으나 평생 천연두 균을 접해 본 적이 없던 잉카제국에서는 속수무책으로 천연두 때문에 대부분 주민이 목숨을 잃게 되었다.

게다가 천연두가 멕시코 일대를 비롯해 과테말라, 남아메리카의 잉카제국이 순식간에 퍼져 스페인 군대는 아무런 전투도 하지 않고 남아메리카 지역을 손쉽게 정복할 수 있는 계기가 되었다.

이어서 영국과 프랑스가 북아메리카를 정복하게 된 것도 역시 천연두가 큰 역할을 했다.

1617년, 영국의 청교도가 미국 플리머스에 도착하기 전에 이미 원주민의 90% 이상이 천연두로 사망했다. 그래서 유럽 국가들로부터 유입되는 이민을 북미대륙에서는 아무런 저항 없이 받아들이고 손쉽게 북미대륙을 지배하는 계기가 되었다.

유럽인들의 탐욕을 위해 노예로 끌려온 2천만 명의 아프리카인들을 따라서 황열병까지 유입되었다. 아프리카인들은 이미 면역성이 있었지만, 노예 주인들인 백인들에겐 그렇지 않아 북아메리카에서 노예제도가 몰락하는 계기가 되었다.

이는 나중에 북아메리카 대륙 전역에서 흑인들의 인권운동에도 큰 힘이 되어 링컨이 노예를 해방시킬 수 있는 여건을 만들었다.

나. 파나마 운하 건설 중단

16세기 초, 프랑스는 파나마 운하를 계획하고 이를 1880년부터 건설하기 시작하였다. 그러나 프랑스는 말라리아나 황열병 같은 아프리카 질병으로 21,900명이나 되는 노동자가 사망하여 결국에는 이를 포기하게 되었다.

1900년대 초, 미국이 이를 재시도하게 되었고 말라리아나 황열병 같은 전염병은 모기 서식지에 석유를 뿌려 극복하고 1914년 8월 15일에 77km나 되는 파나마 운하를 완성했다.

이 같은 파나마 운하는 유럽과 아메리카 대륙과 동아시아 지역을 정치 · 경제 · 군사적으로 긴밀하게 통합된 세계 규모의 네트워크로 연결되었다. 이는 곧 대서양과 태평양의 해군력을 하나로 통합해 막강한 힘을 발휘할 수 있는 동력으로 작용하여 오늘날 미국이라는 독보적인 존재로 성장할 수 있는 계기가 되었다.

다. 평화조약 체결

제1차 세계 대전은 1914년 7월 28일부터 1918년 11월 11일까지 4년 만에 마무리되었다.

이는 스페인 독감 때문에 전 세계에서 2천만 명에서 1억 명에 이르는 사망자가 발생하였기 때문이다. 즉 전장에서 사망한 군인은 4만 3천 명에 불과한데 전염병으로 엄청난 사망자가 속출함에 전쟁을 마감하고 베르사유 평화조약을 체결시키는 데 결정적인 역할을 하게 되었다.

사실 제1차 세계대전은 그동안 강대국들이 탱크, 장거리 대포, 잠수함 그리고 독가스를 개발하여 무장하고 패권을 장악하기 위한 전쟁이었다. 즉 1914년 6월 28일, 오스트리아의 프란츠 페르디난트 대공이 보스니아 헤르체고비나의 수도인 사라예보를 방문했다가 암살되었다. 이를 계기로 전 세계의 경제를 두 편으로 나누는 거대한 강대국 동맹들끼리의 충돌이 발생하였다.

한쪽 편은 대영제국, 프랑스, 러시아 제국이 동맹의 한 협상국이었으며, 다른 한편은 독일 제국과 오스트리아-헝가리 제국이 있는 동맹국이다.

이 자리에서 뒤늦게 참석한 미국 대통령 윌슨은 자신이 새롭게 구상한 14개조 평화 원칙을 국제사회에 공표, 스스로 주권을 갖고 국가 간의 협력해야 한다는 국제연맹을 제안하게 되었다. 이는 전 세계 전쟁을 방지하는 국제연맹이 탄생하는 계기가 되었고 오늘날 유엔을 창립하는 기반이 되었다.

한편 이런 협상 결과에 불복한 독일에서는 파시즘으로 무장한 히틀러가 부상하면서 유럽의 민족주의 부활과 함께 제2차 세계 대전이 시작하는 계기가 되었다.

　　　　　　　　　　　한 권으로 끝나는 생태 위기

6. 코로나 백신 혁명

2019년 중국 우한에서 처음 코로나-19가 발생하였고 그 후 3년이 지난 지금 세계 인류의 8%에 해당하는 6억 5천만 명의 확진자가 발생하였고 664만 명이나 사망하였다. 그런데도 아직도 변이 바이러스로 인하여 코로나 -19는 지속적으로 확산되고 있어 세계 인류는 고통스러운 나날을 보내고 있다. 이런 코로나 -19는 세계 인류에게 백신 혁명이라는 큰 선물이 안겨주었으며 앞으로 무병장수 시대를 열어나갈 단초가 마련되었다.

중국 과학자들이 신종 코로나바이러스 유전물질의 염기서열을 공개하였다. 그리고 이를 바탕으로 미국의 생명공학회사 모더나가 mRNA(메신저 리보핵산) 백신을 설계하여 66일 만에 백신 개발에 성공하였다.

성공적인 임상실험을 맞추고 2020년 12월부터 코로나 백신이 공급되면서 전 세계 인류들은 코로나 팬데믹으로 벗어날 수 있게 되었다.

mRNA 백신이란 지금까지 우리들이 알고 있는 백신과는 전혀 다른 방식으로 새로운 병원체가 체내에 들어오면 항원은 면역반응을 일으켜 항체를 생성하도록 되어 있다. 지금까지 사용하던 백신은 미리 약화 되거나 비활성화된 항원, 즉 백신을 체내에 미리 투입해서 항체를 생성시켜 전염병을 예방할 수 있게 만들었다. 그래서 백신 개발을 위해서는 약화된 항체를 양성시켜 백신 주사를 만들어야 하고 이를 위해서는 최소한 5년이라는 시간과 큰 비용이 요구되어 사실상 전염병이 발병해도 백신 개발은 꿈도 못 꿨던 것이다.

그런데 mRNA 백신은 그간 과학자들은 이미 수십 년 동안 진행된 생명 공학기술을 활용하여 스파이크 단백질의 유전정보를 변형시켜 백신 역할을 담당토록 하는 유전자 혁명을 실현한 것이다.

앞으로 mRNA(메신저 리보핵산)를 이용해서 우리 몸에 부족한 유전자를 도입하는 '유전자 치료' 방식이 가능해 무병장수 시대가 열리게 될 것이다.

mRNA는 설계와 생산이 쉽고 빨라서 플랫폼만 잘 갖추어 놓으면 얼마든지 각종 질환에 대한 제약 개발이 수개월 이내에 이뤄질 수 있게 되었다. 즉, 질환의 유전적 원인만 파악되면 이에 대응할 백신 및 치료제 개발은 비교적 손쉽게 이뤄져 초기 개발 비용이 저렴하기때문에 각종 중병 질환에 대한 치료제가 쏟아져 나올 수 있게 되었다.

지금까지 시장 규모가 작아 개발이 어려웠던 희귀성 질환의 치료제도 앞으로 얼마든지 개발할 수 있게 되었다. 그리고 기존 약물 개발에 십 년 이상의 시간과 수천억 원이 드는 것과 대조적으로 저렴한 비용으로 손쉽게 개발할 수 있게 된 것이다.

이에 미래학자인 레이 커즈와일은 살아있는 사람을 기준으로 해마다 수명을 1년 연장할 수 있는 '수명 탈출 속도'라는 개념을 제시하고 이런 시대가 앞으로 10년 내외에 이뤄질 것으로 전망하였다.

이런 환상적인 '수명 탈출 속도'를 뒷받침해 줄 수 있는 기술들이 지속적으로 개발되면서 앞으로 유전성 빈혈 질환 치료에 성공적인 결과를 낸 3세대 유전자 가위 크리스퍼까지 등장하게 되어 유전자 치료개발은 속도를 낼 수 있게 되었다.

가. 무병장수 시대 개막

우리들의 신체에서 그들만의 생태계를 이루어 사는 미생물인 '마이크로바이옴'의 비밀을 밝혀지면서 미생물을 통하여 몸속에 각종 질환을 탐색하게 되며 각종 치료제도 개발하는 새로운 학문이 등장하게 되었다. 특히 장수로 인해 찾아오는 '저주'라고 불리는 치매를 극복할 기술로 뇌-컴퓨터 인터페이스(BCI) 기술이 개발되면서 치매를 해결할 수 있는 길도 열리게 될 것이다.

치료 방식도 코로나19로 급격히 원격치료 가능한 네트워크도 구축하게 되면서 널리 확산할 수 있게 될 것이다.

신약 개발에 평균 12년이 걸리던 기간을 불과 몇 개월 만에 인공지능을 통하여 개발할 수 있는 무병장수 시대가 열리게 된 것이다.

유엔에서 발간한 '세계 미래 보고서'에서는 코로나19가 4차 산업혁명 시대를 5~10년 앞당겨질 것이라는 낙관적인 전망을 내놓고 있다. 코로나19가 그간 세계 인류가 꿈꿔 오던 무병장수 시대를 열게 되고 인공지능, 빅데이터, 사물인터넷(LoT) 등이 만들어 나가는 로봇에 의한 스마트화가 사회, 경제, 도시, 개인의 삶 등 전반에 걸쳐 구조개혁을 하게 되는 새로운 스마트 시티를 만들어 나가게 될 것이다.

'스마트 시티'는 보다 편리한 삶을 위해서 친환경적이고 안전한 도시 생활을 위한 각종 기술개발이 집중적으로 이뤄져 새로운 세상을 만들어 나간다. 개인 생활의 안전 도모를 위한 기술이 다양하게 개발될 것이며 수직농장, 3D 음식 프린터, 블록체인으로 관리되는 식자재 등 신기술이 적용된 안정된 식생활도 누릴 수 있게 된다. 그리고 환경파괴에서 벗어날 수 없었던 축산업도 이를 대체하는 줄기세포 기술 등으로 인공 배양육류가 일반화되면서 사양화를 걷게 될 것이다.

나. 스마트 시티라는 교통혁명 시대 개막

자율주행차의 보편화는 자동차 소유를 없애고 새로운 대중교통 문화를 정착시킬 것이다. 특히 비행기를 취급하는 기업들이 관심을 갖는 비행 자동차의 기술과 인프라가 급격하게 발전하게 될 것이다.

실제로 많은 기업들이 도심 항공 이동 수단(Urban Air Mobilit)인 UAM 사업에 큰 관심을 갖고 있으며, 우리나라에서도 현대차가 이 사업에 본격적으로 뛰어들고 있다. 이에 따라서 유통물류 분야에서도 혁명적인 구조 전환이 이뤄질 것이다.

이 밖에도 경제와 일자리, 거버넌스, 교육, 첨단기술 등 대중의 관심이 높은 분야와 함께 인류의 지속 가능한 미래를 위해 환경과 에너지, 우주 개발 분야에서도 큰 진전이 이뤄질 것으로 전망하고 있다.

바빠지는 인간의 삶에서 쇼핑은 온라인을 중심으로 스마트하게 변하면서 개인별 경험에 바탕을 둔 마케팅 전략이 개발되면서 기업의 성패를 가늠할 수 있는 열쇠가 될 것이라고 한다.

항공우주 분야에서 최근 민간 항공우주 기업 스페이스X가 유인우주선을 발사해 우주정거장과 도킹에 성공하였다.

이로써 민간 우주 탐사 시대가 개막하게 될 것이며 결국 인류는 앞으로 우주로 가는 길이 열릴 것이고 이는 또 다른 지구를 찾는 모험도 진행될 것으로 전망하고 있다.

앞으로 인공지능이 전문가 수십 명을 투입한 것보다 더 빠르게 기술개발에 참여하게 될 것이며 효과적인 임상실험도 온라인을 통하여 손쉽게 이뤄지면서 집단지성 체제가 사회 각 분야에 새로운 동력을 작용하게 될 것이다.

그리고 일상에서는 비대면 접촉이 늘어나면서 온라인 쇼핑을 비롯해 드론, 로봇의 기술이 주목받고 있으며, 원격근무, 원격수업 등이 가능하도록 하는 디지털이 크게 진화 발전하고 있다.

다. 보편적 기본 소득 시대 개막

많은 사회과학자는 이제 보편적 기본 소득을 도입할 때라고 주장하고 있다. 그렇지만 일부 선진국에서 실험적으로 적용해 보기도 했지만 아직은 성공적인 결과를 얻지는 못했다.

그동안 '보편적 기본 소득은 교환 가치'를 바탕으로 성립된 공유경제 체제에서 노동과 교환 없이 화폐가 주어진다는 점에서 새로운 복지 수단으로 인식되었다. 하지만 코로나19가 이런 오래된 경제적 고정관념을 바꿔 나갈 것으로 보여줘 '보편적 기본 소득'이 최소한의 생활을 보장해 주는 복지가 아니라 소비를 활성화시켜 경제를 돌아가게 하는 수단이라는 점을 확인시켜 주고 있다.

즉 중산층이 많이 늘어나야 일자리나 경제, 사회에 대한 모든 것들이 선순환 체제를 유지할 수 있다는 사실이 밝혀짐으로 지역 화폐를 중심으로 하는 지역 자치 마을들이 탄생하게 되어 인류의 미래는 다양한 시나리오에 의해서 발전할 수 있는 기틀이 마련되고 있다.

현재와 같이 살기에 급급한 우리에게 낙관적인 미래를 갖기란 쉽지 않다. 사실 중국처럼 방역과 대인 커뮤니케이션 등에 드론이나 로봇을 사용한 사례는 세계 어느 곳에서 찾아볼 수 없다.

원격수업은 쌍방향 지원 플랫폼을 갖추지 못했을 뿐만 아니라 접속 폭주로 수업에 접근조차 못 해서 교사와 학생, 학부모 모두를 진땀 빼고 있는 경우가 허다하게 발생한다.

원격진료 역시 시스템을 갖추지 못해 전문가들의 반발을 사게 되고 결국 신기술의 힘을 빌려 방역 전쟁을 치른 것이 아니라, 의지와 집념으로 치러내야만 실생활에 적용될 수 있는 것이다. 즉 기술개발과 이를 실생활에 적용하여 활용한다는 것은 전혀 다른 접근방법이 요구된다.

아무리 훌륭한 기술개발이 이뤄졌다고 해도 이를 사회에서 통용되기 위해서는 부작용을 극복하고 이를 뒷받침할 인식 전환이 이뤄져야 가능한 일이다.

따라서 새로운 기술개발과 함께 이를 실생활에 활용하기 위해서는 4차 산업 혁명에 대한 인식 전환이 뒷받침되어야 하고 잠복 기간을 최소화시켜 나가야 선진기술이 우리들의 몫으로 되돌아올 수 있게 되는 시대가 개막되고 있다.

7. 팬데믹 이후의 위험한 사회 도래

2020년 1월, 세계보건기구(WHO)가 코로나19를 팬데믹을 선언한 후 4년 차 지속되고 있다. 더욱이 변이 바이러스가 나타나면서 확장세는 꺾이지 않고 지속되고 있다. 우리나라에서만 그간 확진자 수가 전체 인구의 60%인 3천만 명을 넘어섰고 사망자도 무려 3만 3천 명이나 되는 사상 초유의 엄청난 전염병이 전 세계를 휩쓸고 있다.

경제사학자인 애덤 투즈 미국 컬럼비아대 교수는 '셧다운'이라는 그의 저서를 통하여 "코로나 팬데믹은 예측할 수 없는 돌발적 위험이 아니라 충분히 예측할 수 있는 위험이었다"라고 밝히고 있다. 이런 위험이 미리 충분한 준비 없이 맞이하게 됨에 따라서 전 세계가 엄청난 희생을 당하고 있는 꼴이라는 것이다.

사실 바이러스 학자들은 "독감과 비슷하고 전염성이 강한 인수 감염병은 동아시아 전역에 존재하는 박쥐 서식지를 발원지로 하여 지속적으로 발생할 가능성이 높으며 이는 글로벌 운송과 여행 경로를 따라 빠르게 전 세계로 확산될 것이라고 전망했다."던 것이다.

앞으로도 코로나19와 같은 인수 감염병은 점점 더 심각하게 나타날 것인데 이를 그대로 방치해 줄 수는 없는 노릇이다.

1986년, 독일 사회학자 울리히 벡은 그의 저서 '위험사회'에서 "앞으로는 사회는 위험이 중심이 되는 사회로 변하면서 안전의 가치가 평등의 가치보다도 중요해지는 사회로 변하게 될 것이다."라고 전망했다.

이런 위험은 자연재해나 전쟁 같은 불가항력적 재난이 아니라, 정치 경제 사회적인 환경과 결합 돼 나타나는 재난이라고 보았다. 그래서 사람에 의해 만들어지는 '생산된 위험', '생산된 불확실성'이라고 불렀다.

이런 위험은 오늘날 대규모 개인정보 유출, 해킹, 미세먼지, 지구온난화, 플라스틱 폐기물, 남미와 아프리카의 자연 파괴, 테러, 미국과 이슬람 국가들과의 전쟁, 두 차례의 세계 금융위기, 일본 후쿠시마 원전 사고, 서식지를 잃은 야생동물 바이러스에 의한 역습 등으로 나타나고 있다.

디지털 시대, 초연결사회인 21세기 위험의 전염성은 빠르다. 특정 지역이나 계급과 상관없이 어디서든 발생할 수 있고 과학 발전에 비례해 위험 인식도가 높아지고 있다. 그래서 '안전'의 가치가 가장 중요해지면서 물이나 전기처럼 공적 소비재에 대한 안전이 무엇보다도 중요해지고 있다.

2011년에 나온 '컨테이젼(전염병)'이라는 영화는 미국 기업 벌목 사업으로 밀림에서 쫓겨난 박쥐 배설물을 통해 미국 전역에 퍼진 전염병이 사회를 파멸시키는 것으로 코로나 팬데믹을 연상시키게 한다.

이는 "핵 단추를 눌러 국가를 멸망시키는 것과 같은 위험성을 안고 있는 것이다. 이런 사회에서는 신뢰와 협력을 바탕으로 소통이 중요하며 협력을 통하여 재난을 최소화시켜 나가는 노력이 뒷받침되어야 한다"고 울리히 벡은 주장하고 있다.

가. 지구생태계 의존도 16배 높아져

지난 100년 동안 인구가 4배로 증가했는데 인구 1인당의 생산량 또한 4배 이상이 증가했다. 이는 결국 인간의 지구생태계의 의존도는 16배나 높아졌다는 사실을 확인시켜 준 셈이 된다.

이같이 과학 문명이 발달하고 인구가 늘어날수록 지구의 생태계 파괴라는 대가를 통해서 인류는 편안한 문화생활을 누리고 있다고 할 수 있다.

코로나19와 같은 인수공통 감염병의 근본 원인은 인간에 의한 생태계 파괴다. 팬데믹과 동시에 세계 각지에서 끔찍한 기상이변이 속출하고 호주, 아마존, 시베리아, 캘리포니아 등지의 기록적인 산불이 발생하면서 인류는 자연을 착취하고 환경을 파괴한 결과를 더 이상 외면할 수 없게 되었다. 특히 지구온 난화 문제가 갈수록 심화되면서 과학자들은 인류문명 생존의 위기를 경고하고 있다.

결론적으로 인간의 욕망 충족을 위해 자연을 정복하고 착취하는 문명에서 자연과의 공존을 추구하는 문명으로 전환하지 않으면 안 되는 변곡점에 다다른 것이다. 이는 또한 지금까지의 세상과 전혀 다른 세상에서 세계 인류는 살아가야 한다는 의미이기도 하다.

나. 사라지는 생물다양성

경제성장이 우선이고 환경은 뒷전인 시대는 지났다. 탄소 국경세, RE100, ESG 투자 등이 급격하게 확산되고 있어 환경을 무시하고 온실가스를 많이 배출하는 기업은 세계 경제에서 점점 설 자리를 잃게 되고 있다.

우리나라도 2050년 탄소중립을 목표로 설정하고, 관련 법과 제도를 정비하면서 본격적인 탈탄소의 길에 나서고 있다. 변화에 대한 저항도 있지만, 가야만 하는 길이며 가장 효율적이고 가장 공정한 전환을 위해 머리를 맞대야 한다.

사회생물학자 최재천 교수는 "기후변화와 그로 인해 사라질 생물다양성, 그 두 문제에 코로나19로 연결되어 있다"며 "인간이 자연생태계를 파괴하고, 자연 속에서 잘 살던 그들이 우리한테 바이러스를 털어버릴 수밖에 없는 상황을 자꾸 만들어서 감염병이 확산되고 있다"고 설명하고 있다.

지구생태계가 다양한 생물체의 먹이사슬로 연결되어 있다. 지구생태계가 멸종되어 생물의 다양성이 파괴된다면 바이러스도 소수의 생물종에 집중되지 않을 수 없다. 만일 생물다양성으로 많은 생물종이 존재한다면 '희석 효과'를 발휘하여 전염병이 퍼질 가능성은 훨씬 낮아진다. 하지만 지구생태계가 멸종되고 생물다양성이 줄어든 생태계는 단순해질수록 바이러스 확산 효과는 더욱 커지게 되는 것이다.

유엔환경계획(UNEP)은 산업형 공장식 축산 시스템에서 가축이 매개 역할을 하여 야생동물과 인간 사이에 바이러스를 전파 시킨다는 연구 결과를 발표했다.

공장식 축산의 배후에는 자본주의적 거대 농축 산업이 있고 산림벌채, 광산 개발, 댐 건설, 도로 개통 등으로 야생동물이 살 수 있는 서식처는 더욱 침범당하게 된다. 인구 증가와 도시 증가는 '질병의 승수 요인'이 되고 있고 세계화로 이주, 여행, 운송이 급증하여 바이러스 이동이 용이해져 바이러스 확산 속도는 더욱 빨라졌다.

흔히 온실가스 감축을 기후 위기를 극복해 나가는 알파요, 오메가라고 한다. 물론 탄소중립은 지구온난화를 극복해 나가는 핵심과제이다. 그렇지만 탄소중립만으로 지구환경이 되살아나기를 기대할 수는 없는 노릇이다.

거대한 지구생태계라는 생물체의 먹이사슬이 무너지고 있고 이를 해결해 나가지 않으면 지구환경은 되살아날 수 없는 것이다. 따라서 기후 위기를 극복하기 위한 탄소중립은 물론 지구생태계를 보전시켜 나가는 각종 대안까지도 마련하여 다 함께 지구환경을 되살려 나가도록 세계 인류가 힘을 모아야 할 것이다.

8. 코로나 펜데믹 이후 부상할 뉴노멀(New Normal)

코로나 팬데믹은 기존의 경제 질서를 붕괴시키고 새로운 경제 질서를 형성시켜 나가는 새로운 뉴노멀 시대를 개막시켜 나가고 있다.

본래 뉴노멀이란 2008년 블룸버그 칼럼니스트 모하메드 엘 에리언이 쓴 '새로운 부의 탄생'이란 저서에서 처음 나온 말이다. 금융위기 이후 세계 경제 질서가 저성장이라는 '뉴노멀(new normal)시대'가 개막되면서 새로운 경제 질서를 만들어 나가고 있다는 데에서 비롯되었다.

사실 금융위기 이후 세계 경제는 전반적 투자 부진, 저임금, 기술혁명이 가져온 고용 없는 성장, 고령화로 인한 생산가능 인구 감소 및 복지 부담 증가 등으로 세계 각국은 저성장이 일상화되는 경제구조로 전환되고 있었다.

이런 저성장과 고위험이 공존하는 가운데 세계 경제는 구조적으로 장기침체 국면에 접어들면서 이를 탈피하려는 방안으로 정보기술을 활용하여 저비용과 효율성 향상에 초점을 맞춰 나가는 기술 혁신이 지속적으로 이뤄졌다. 이를 경제학자이자 미국 재무부 장관이었던 래리 서머스는 디지털 혁명이라고 불렀다.

이같이 뉴노멀이란 세계 경제환경이 변화됨에 따라서 지금까지의 경제 기준이 새롭게 바뀌어 새로운 경제 질서를 형성해 나가는 것을 의미한다.

결국 금융위기 이후 저성장이라는 뉴노멀이 저비용과 효율성 향상을 위해서 디지털 혁명이라는 새로운 경제 질서를 형성시켜 나가게 되었다. 즉 세계 곳곳에서는 기존의 방대한 데이터를 새로운 아키텍처로 통합하는 클라우드 데이터센터가 탄생하게 되었고 가상화 기술을 활용한 새로운 마케팅 전략이 개발되어 큰 성과를 거두게 되었다.

쇼룸에서 실물을 확인하고 인터넷에서 값싼 상품을 사는 쇼루밍 상거래가 일상화되는 모습을 보이고 있다. 그리고 고객 경험을 중시하는 인터랙티브 인터페이스가 부상하면서 새벽 배송과 샛별 배송 등 '라스트 마일리지'라는 새로운 서비스가 창출됐다. 그리고 정보기술과 비즈니스의 결합이 새로운 플랫폼 사업자가 대거 등장하면서 기존 시장을 와해시키고 고객의 니즈와 선택이 폭넓게 적용되는 새로운 시장으로 변모하게 되었다.

 한 권으로 끝나는 생태 위기

코로나 T세포 백신

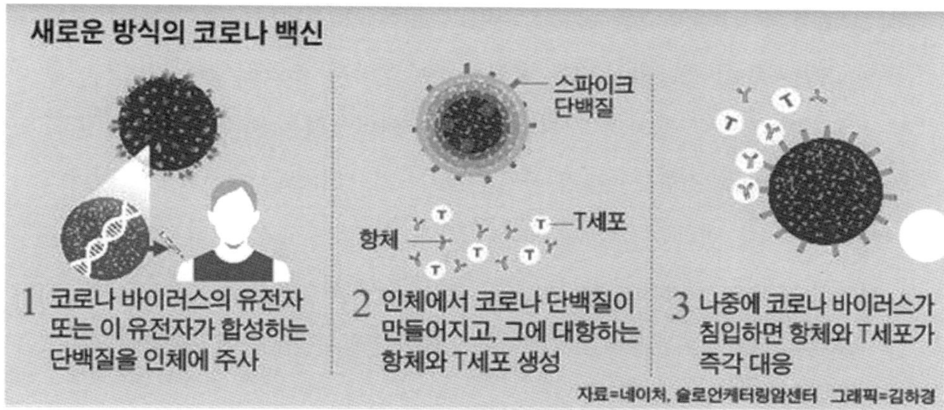

　　이 밖에 블록체인 기술이 등장하면서 글로벌 금융위기로 드러난 구조적 문제점을 해결하려는 노력도 이어지고 있다.

　　이런 블록체인은 중앙집중형 금융 시스템의 대안으로 모색되고 있으며 투명성 기반의 분산관리 시스템과 암호화폐를 제시하여 기존 금융 질서를 새롭게 혁신시켜 나가는 계기가 되고 있다.

　　아직까지 제도권에서 수용되지 않고 있지만 앞으로 이런 기술들이 어떻게 진화 발전할지는 알 수 없는 일이다. 이같이 2008년 금융위기가 저성장이라는 뉴노멀 현상으로 새로운 경제 질서를 형성시켰던 것과 같이 코로나 팬데믹으로 어떤 뉴노멀 현상을 야기시켜 세계 경제 질서를 어떻게 전환시켜 나갈지 궁금하지 않을 수 없다.

가. 경제 마취 시대를 극복하는 방안 모색

　　코로나 팬데믹 직후 캘리포니아, 뉴욕 등 미국 각 주정부는 강제로 자가격리 조치를 취했다. 이에 따라서 유통, 마케팅, 관광 등 업종들은 거의 폐점 상태에 머물러 있어 시장경기가 급랭 현상을 보이고 있다. 그리고 메리어트 호텔은 전 세계 직원 3분의 2를 해고 조치했고 미국에 있는 보잉, 혼다, 닛산, GM 등은 공장 가동이 중단되어 많은 실업자들이 쏟아져 나오고 있다. 이 같은 현상이 전 세계적으로 확산하면서 영국에서는 서비스업은 81%, 제조업은 75%나 기존 활동이 감소했고 2분기 실질 GDP가 지난해 같은 기간보다 마이너스 35%로 나타나고 있다.

이어서 프랑스 통계청이 발표한 최근 경제 동향을 살펴보면 "민간 경제활동은 예년보다 41% 쪼그라들었고, 가계소비도 33%나 줄어들어 경기 급락으로 사실상 경제가 마취 상태에 빠졌다."고 밝히고 있다.

국내에서도 글로벌 경제가 멈춰서면서 항공, 호텔, 유통을 비롯하여 정유, 화학 등에 리스크가 빠르게 번져나가고 있다. 이에 신용평가회사들은 이들 업체들에 대한 무더기 신용등급 하향을 발표하고 있어 파산되는 기업들이 크게 늘어 날 것으로 예상된다. 그런데 국내 최대의 인터넷 플랫폼 기업이자 소프트웨어 기술업체인 네이버는 광고비 매출이 크게 감소했는데도 불구하고 커머스, 페이, 웹툰 등이 효자 노릇을 하여 전체 영업 매출이 15%나 늘어나는 호황을 누리고 있다.

이같이 경제적 위기란 항상 위험과 기회가 공존하고 있어 어느 측면에서는 위험적 요소가 크게 부각 되어 큰 위기로 몰아넣기도 한다. 그렇지만 다른 한편에서는 기회적 요소가 크게 부각 되면서 호황을 누리는 업체도 발생하여 새로운 경제 질서를 형성하는 계기가 되고 있는 것이다.

한편 백화점, 대형 마트는 폐점 상태인 데 반해 온라인 몰은 오히려 확장세를 보이고 있고 영화관은 폐쇄되었는데 넷플릭스는 고객들이 크게 늘어나고 있다. 한편 학교 수업이 온라인으로 대체되면서 학교 교사들은 스타강사들의 인터넷 강의와는 경쟁을 피할 수 없게 되었다.

 한 권으로 끝나는 생태 위기

이런 간극 현상을 어떻게 만회시켜 나갈 것인지 새로운 학교 교육 환경을 형성시켜 나가는 요인이 될 것이다.

즉 학교 교사는 지식을 전달보다는 감성에 바탕을 둔 교육 위주로 학생과의 접근성, 배려감, 윤리성이 강조되는 교육방식을 도입하여 차별화를 시도해 나갈 것으로 전망된다.

이같이 코로나 팬데믹은 세계 경제 각 분야에서는 각종 영향을 미치게 되고 기존 경제 질서를 붕괴시키면서 새로운 경제활동을 형성시켜 결국에는 새로운 경제 질서를 모색해 나가게 되는 새로운 뉴노멀 시대를 열어나가고 있다.

나. 비접촉 시대 개막

코로나 팬데믹은 사람과 사람과의 접촉을 최대한 억제하는 사회적 거리 두기를 강제적으로 실시하고 있다. 이는 곧 많은 국민은 각자 집에서 나오지 않고 집에서 경제활동을 하게 하는 비대면, 비접촉이 일상화되는 양상으로 발전해 나갔다.

그래서 집 안에서 다양한 경제활동이 이뤄지는 홈코노미(home+economy)현상이 가속화되고 있다. 그리고 업체들은 제한된 범위 내에서 적극적으로 영업활동을 하려는 가두리 경제가 더욱 활성화되고 있다. 따라서 코로나 팬데믹은 홈코노미와 가두리 경제라는 뉴노멀 현상을 만들어내어 새로운 세계 경제 질서를 형성시켜 나가고 있다.

본래 가두리 경제란 가두리 양식에서 나온 말로 제한된 주변 환경을 충분히 이용하여 새로운 진로를 모색하여 나가는 경제활동을 의미한다.

가두리 양식이란 파도가 심하지 않은 바닷가나 내륙의 인공호 및 자연 호소에 그물 등으로 울타리를 치고 그 안에 물고기를 가두어 기르는 방식을 말한다. 그물코를 통하여 가두리 안팎의 물이 자유로이 통과하므로 가두리 안의 수질이 나빠지지 않고 작은 시설에 많은 양의 어류를 기를 수 있어 시설 면에서 매우 경제적이다.

이런 가두리 양식과 같이 코로나 팬데믹이라는 제한된 경제 속에서 업체들은 새로운 경제활동을 하게 될 것이며 이는 새로운 뉴노멀로 나타나고 있다.

하루 평균 고객 수가 80%가량 급감한 키즈 카페는 단독 대관이나 시간별 예약제로 영업을 이어나가고 있다. 즉 시간대별로 예약된 인원만 받고 이용이 끝나면 다시 소독하는 형식으로 영업을 이어나가고 있다.

한편 오프라인 홀 매장만으로 운영하던 유명 맛집들도 밀키트를 개발해 온라인에서 판매하거나 배달을 병행하는 방식으로 마케팅을 변화시키고 있다. 카페들도 음료 배송 서비스를 하거나 커피백 세트를 온라인으로 판매하고 있다.

요즈음 도쿄올림픽, 두바이 세계박람회, 영국 글로스고우 기후변화총회 등 2020년의 글로벌 대형 이벤트가 중단되었다. 그런데 최근 방송사들도 공개방송이 중단된 상태에서 온라인 화상 공개방송이라는 새로운 방식을 도입하여 인기를 모우는 프로그램을 제작하고 있다.

이같이 글로벌 대형 이벤트들도 새로운 형태로 진화 발전하여 나갈 수 있는 계기가 될 수 있는 것이다.

요즈음 비대면, 비 접속 경제활동으로 원격진료, 온라인 교육, 화상회의 시스템이나 업무용 메신저 같은 도구가 일상화되면서 새로운 뉴노멀로 자리 잡아 우리들의 일상생활을 변모시켜 나가고 있다.

다. 사회적 거리 두기

인간이란 본래 인간사회를 떠나서 생존할 수 없는 존재이기 때문에 사회적 거리 두기라는 강제 단절 조치는 오히려 인간관계를 돈독히 하는 계기로 발전시켜 나갈 수 있다. 즉 사회적 약자나 취약계층을 돕고자 하는 사회적 동지 관계로 발전할 수 있는 계기가 되어 다 함께 공생 발전하는 기틀이 마련되는 뉴노멀이 생겨날 수도 있는 것이다.

국내 이동통신 3사들은 이와 같은 추세에 발맞춰 가상현실(VR)과 증강현실(AR)을 활용한 각종 서비스를 내놓고 있다. 그리고 과학학습 만화나 브리태니커 백과사전을 VR이나 스마트폰을 통해 즐길 수도 있도록 하고 있다.

그리고 KT는 삼성병원과 협력해 CT나 MRI로 찍은 환자 영상을 서로 다른 장소에서 동시에 열람하고 화상통화를 이용해 진단할 수 있도록 원격진료방식을 모색하여 나가고 있다.

SK텔레콤의 내비게이션 T는 이미 길 안내 이상의 정보를 전달하고 있으나 이를 3차원 지도나 위성지도는 기본이고 고해상도의 지역 사진과 지역 정보를 제공하며 이를 차 안의 플랫폼으로 성장시켜 나가는 길을 모색해 나가고 있다.

이런 뉴노멀 현상이 4차 산업혁명의 첨단기술들이 뒷받침하게 될 것이니 그 변화의 폭은 자연스럽게 넓어질 수밖에 없고 이는 엄청난 세계 경제를 변화시키는 동력으로 작용하게 될 것이다.

라. 홈코노미와 가두리 경제라는 뉴노멀

일본에 코이라는 잉어가 있는데 그 잉어는 주변 환경에 따라서 그 크기가 달라진다. 즉 작은 수족관에서는 2~3인치에 불과한 것이 큰 수족관에서는 6-10인치까지 자란다. 만일 강물에 방류한다면 36~48인치까지 자라는 특성을 갖게 되어 주변 환경이 변화하면서 자신의 모습까지도 달라져 이에 적응하려는 생존법을 모색해 나가는 것이 지구생태계인 것이다.

인류는 다른 동물들과 달리 이성적인 판단을 내리고 감정을 조절할 수 있는 지적 기능을 갖고 철학, 종교에 대한 신앙심 등도 뇌에서 담당하는 유일한 동물이라고 한다. 그래서 인류는 다른 동물과 달리 감정이 풍부하게 하는 감성적인 센스가 발달 되었고 창의력을 발휘하는 능력을 갖추고 있어 코로나 팬데믹이라는 위기를 지혜롭게 극복하여 나갈 것이다.

이는 또한 새로운 경제 질서를 창출해 내 세계 경제를 엄청나게 변모시켜 나갈 것이다.

코로나 팬데믹은 집안에서 모든 경제활동이 이뤄지는 홈코노미과 제한된 범위내에서 영업활동을 하려는 가두리 경제라는 뉴노멀은 4차 산업혁명의 기술이 뒷받침되어 세계 경제 질서를 얼마나 변모시켜 나갈지 모른다.

9. 되새겨 보아야 될 '인간 없는 세상'

기후 위기와 코로나 팬데믹을 겪으면서 우리들은 지구생태계와의 어떤 관계인가를 새삼 되새겨 보게 된다.

산업혁명 이후 화석연료를 대량 사용하여 과학 문명이 발달 된 오늘날을 만들어 왔다. 환경주의자들은 '대량 생산−대량 소비−대량 폐기'라는 시장경제가 지구생태계를 망쳐왔다고 주장한다. 이에 반해 성장주의자들은 여전히 환경 문제는 과학기술의 힘으로 극복할 수 있으며 인류는 지구생태계를 지배하는 주인 역할을 해야 된다고 주장한다. 그렇다면 인간이 없는 지구생태계는 어떤 모습일까? 궁금해진다.

때마침 '인간 없는 세상'이라는 저서를 내놓은 미국의 유명 저널리스트이자 애리조나 대학 국제 저널리즘 교수인 앨런 와이즈먼은 과학 논픽션을 내놓아 이에 관심을 갖지않을 수 없다.

그는 "지구상에 갑자기 인간이 사라진다면 어떤 일이 벌어질까?"란 해답을 얻기 위해서 한국의 비무장지대를 비롯하여 터키와 북키프로스에 있는 유적지들, 아프리카, 아마존, 북극 등 전 세계의 구석구석을 누비는 세계 일주를 하였다. 그리고 고생물학자, 해양생태학자, 지질학자, 한국 비무장지대의 환경운동가 등 다양한 분야의 전문가들과 만나서 의견을 나눈 내용들을 나름대로 정리해서 만든 책이라고 한다.

이에 타임지는 이를 "세계가 함께 읽어야 할 올해 최고의 논픽션"이라는 극찬을 하였다. 그리고 뉴스위크는 "21세기 인류에게 계시록으로 남을 책"이라는 찬사를 아끼지 않았다.

인간이 사라진 바로 다음 날, 자연은 곰팡이나 흰개미, 왕개미, 바퀴벌레, 호박벌, 작은 포유류에 의해서 건물은 점거당하게 될 것이다. 그리고 인간이 없어 난방되지 않는 건물에는 배관이 터져버리고 압력 때문에 유리창이 깨지고, 수영장은 거대한 화원으로 변하게 될 것이다.

인간이 만들어 놓은 것 중 몇천 년 동안 잔존 할 가치가 있다고 보는 예술품, 건축물 등은 아무런 의미를 갖지못하게 된 것이다. 다만 용기 부식으로 인한 시한폭탄이 되는 물건들이 수시로 터질 것이란다.

전기가 없어 방어력이 사라진 것, 페인트칠을 하지 않아 녹이 슬어버린 도시의 다리에는 코요테를 비롯한 다양한 동물들이 점거하게 될 것이다. 오히려 지하 밑의 건물들과 바다 밑으로 가라앉은 건축물이 더 안전할지도 모른다.

당연히 생태계에서도 큰 변화가 일어날 것이다. 특히 인간에게 적응해서 살았던 동물들은 대부분 사라질 것이고 예전에는 존재했지만 지금은 지구상에 존재하지 않는 다양한 생물들이 있었던 것처럼 되살아 날 것이다.

지구가 멸망해도 끈질긴 생존력을 보일 것 같던 무적의 강자 바퀴벌레도 사라질 것이다. 즉 바퀴벌레가 열대 출신이라 난방 없는 아파트 건물에서 동사하게 될 것이다.

인간이 버린 쓰레기에 의존하고 살던 쥐들은 쓰레기가 없어지면서 아사하거나 불타버린 고층 고층 건물에 둥지를 튼 맹금류에 의해 잡아먹히게 될 것이다. 그리고 인간에게 길들여진 마차와 공원 경찰이 이용하던 말들도 야생 상태로 돌아가 번식하지 않는 한 사라져 결국 제일 타격을 입는 것은 인간에게 적응해서 살았던 동물들이라는 것이다.

가. 사라질 수밖에 없는 인공 조형품들

폐허가 된 도시. 사람의 흔적은 찾아보기 힘들고 제멋대로 자란 풀들과 빌딩 전체를 감아올린 넝쿨. 깨진 유리창과 허물어져 내린 벽. 번쩍거렸을 고층 건물을 그 높이만 겨우 알아볼 정도로 너덜너덜해지고 부식된 기둥은 언제라도 무너질 것 같은 불안감을 줄 것이다.

갈라진 아스팔트 사이로 나무들이 자라있고 다수의 새와 곤충, 동물들이 어우러져 마치 도시의 흔적을 가진 밀림의 모습으로 변화할 것이다.

폴란드의 옛날 푸차 원시림을 통해 보여주는 경이로움이 인간이 자연을 관리하겠다는 것이 얼마나 큰 오만인지를 알게 만들었다. 그리고 대한민국의 민간인통제선(민통선)이라는 구역의 비무장지대에 반세기 동안 사람이 거의 살지 않았고 인간이 없어지자 생물들이 가득한 곳으로 변했다.

한때 동족의 원수가 되어 싸우던 지옥 같은 곳이었는데 사라질 뻔한 야생동물들의 피난처가 되었다. 결국 인간이 개발한다는 것은 자기네들이 편리한 생활을 위한 방안일 뿐 지구생태계에는 오히려 큰 부담이 되고 있다는 사실을 우리들은 쉽게 이해할 수 있는 것이다.

인간이 이루어낸 많은 문명은 결국 그렇게 인간들의 생활방식에 맞게 자연을 바꾸어 낸 것들이어서 인간과 함께 사라지게 된다. 기존의 화학성분들을 재배열해서 가공하고 땅속에 머물러 있던 것들을 밖으로 끄집어내었던 것들이 사라지게 돼 지구생태계는 자연순환의 원리에 따라서 진화 발전해 나갈 것이다.

　　　　　　　　　　　　　　한 권으로 끝나는 생태 위기

나. 생태 본래 모습으로 복귀

뉴욕의 공원을 예로 들자면 셰익스피어의 작품에 나오는 분위기를 내고자 유럽에서 공수해 온 새와 식물들을 낯선 땅에 옮겨놓고 토종의 힘에 죽게 하지 않기 위해 정원사의 끊임없는 보살핌을 받고 있다.

단순히 인간의 판단하에 저마다 대륙에 살던 것들을 다른 지역으로 인위적으로 이동시킴으로써 생태계에 변화를 주어 토종생물을 멸종시키는 데 지대한 영향력을 미치기도 했던 것이다.

인간이 사라지면 이 모든 것들이 본래의 것이 더 강한 힘을 찾아 서서히 회복하고 저마다 제자리를 찾게 되며 기존 생태계의 모습이 되살아나게 될 것이다.

우리들은 번창했던 마야문명을 고고학자들에 의해 발견되기 전까지 기억할 수 없었던 것처럼 인간이 사라지면서 인간이 누렸던 문명도 사라지면서 지구 생태계는 원래의 모습을 되찾아 가기 마련이다.

다. 다시 되새겨 볼 인디언의 자연관

인디언이라 불리는 아메리카 원주민은 "생물이든 무생물이든 만물에 영혼이 깃들여 있다."고 믿고 있다. 세상에 존재하는 모든 것은 인간과 뿌리를 함께하는 형제자매라고 여긴다는 것이다. 이런 사상은 위대한 문화예술을 창조해 냈지만, 콜럼버스 이후 무참히 말살되고 말았다.

요즈음 세계 각국에서는 '인디언의 자연관'에 큰 관심을 보이면서, 인디언문화 발굴·복원에 많은 관심을 갖고 있다. 우리들이 즐겨 부르는 '천 개의 바람이 되어'라는 노래도 인디언 추장이 죽기 전에 유언으로 남긴 詩라고 한다.

"내 무덤 앞에서 울지 말아요/나는 거기 없어요/잠들어 있는 것이 아니지요/천 갈래 바람이/ 천 갈래 바람이 되어/저 넓은 하늘을 떠다니고 있지요/가을에는 햇살이 되어 농토를 비추고/겨울엔 다이아몬드처럼 반짝이는 눈이 되고/아침엔 새가 되어 당신을 깨우고/저녁엔 별이 되어 당신을 지킵니다".

죽는 사람이 오히려 살아 있는 사람을 위로하는 노래. 죽음은 이별이 아니라, 영혼이 되어 온갖 모습으로 변하면서, 살아있는 사람과 함께한다는 애니미즘 사상이 나타나고 있다.

일본에서 '천 갈래 바람이 되어'란 제목의 책이 나오고, TV 드라마, 연극·영화가 만들어지고, 모든 장례식장에서는 이 노래가 울려 퍼지고 있다고 한다.

기후 위기와

팬데믹으로 갖은 시련을 겪고 있는 세계 인류에게 인디언의 자연관은 큰 위로가 된다. 우린 다시 인디언의 자연관으로 되돌아갈 수는 없는 노릇일까? 다시 한번 되새겨보면서 지구생태계에 고해성사라도 해야 하지 않겠느냐는 교황의 교서를 되새겨야 할 것이다.

시애틀 추장의 답장

1852년, 미합중국 정부는 나날이 늘어나는 미국 국민을 이주시키고자 시애틀 추장에게 그 부족의 땅을 팔라고 제의하는 편지를 보냈다.

이에 시애틀 추장은 장문의 답장을 보내왔다. 그런데 이는 오늘날 우리에게 자연과 인간관계를 되새겨 보게 되는 대단히 중요한 자료로 널리 활용되고 있다.

초원에 날리는 흙먼지 사이로 그 흔적마저도 사라진 지 아득한 옛날, 우리가 사랑하는 이 땅, 아메리카에는 아주 오래된 종족들이 살고 있었습니다. 그들은 수천 년 이곳에 살면서 초크타우, 체로키, 나비호, 이로키 족들의 문화를 비롯한 위대한 인디언문화를 발전시켜 왔습니다.

그런데 어느날 백인이 밀려왔습니다. 백인들은 인디언을 상대로 무자비한 살육 전쟁을 일으켰습니다.

한 사람이 살 수 있는 시간만큼도 채 안 되는 시간에 백인들은 온 땅을 자기들 소유로 차지해버렸습니다. 그리고 인디언들에게 손바닥만한 땅을 내주면서 거기 가서 살라고 했습니다. 기나긴 전투가 끝나갈 무렵이었습니다.

시애틀 추장은 워싱턴에 있는 대통령으로부터 우리 땅을 사고 싶다는 편지를 받았습니다.

하지만 하늘을 어떻게 사고팝니까? 맑은 대기와 찬란한 물빛이 우리 것이 아닌데 어떻게 그걸 사겠다고 합니까? 지구라는 땅덩어리 한 조각, 한 조각 우리들의 백성들에게 신성한 것인데 어떻게 사고팔라고 합니까?

요즈음 지나친 화석연료를 사용하여 온실가스와 환경 오염물질이 너무나 많이 배출되어 지구온난화와 지구환경이 오염되어 지구생태계는 멸종위기를 겪고 있습니다. 그 이유는 인간이 만물의 영장이라면서 지나친 자만심으로 지구환경을 마구 짓밟아도 괜찮다고 여기고 당연히 그럴 권리가 있다고 생각한 결과라고 여겨집니다.

만일 세계 인류가 그 당시 시애틀 추장과 같은 마음으로 지구를 바라볼 수 있었다면 지구생태계가 이렇게까지 망가뜨리지 않았을 것이다. 뒤늦은 후회일런지 모르겠지만 그 당시 인디언 추장의 생각이 옳았다는 생각을 새삼 인정하지 않을 수 없다.

인간은 지구생태계의 일원일 뿐 만물의 영장도 아니고 지구생태계를 마구 짓밟아서는 안 되는 일이다.

결국 우린 지구환경을 짓밟은 결과 심각한 기후 위기를 겪고 있으면서 만성질환으로 시달리면서 살아가야 되는 형벌을 받고 있다고 생각된다.

뒤늦게나 인디언 추장의 답장을 되새겨보면서 우리의 잘못이 무엇인지를 반성해야 할 것이다.